U0963836

海南省基层气象台站简史

海南省气象局 编

气象出版社
China Meteorological Press

内容简介

《海南省基层气象台站简史》是为纪念新中国成立60周年而编纂的。该书反映了海南省基层气象台站在各个历史时期、各项气象工作中的先进典型和突出事例，弘扬爱岗敬业、精益求精的职业道德，淡泊名利、艰苦奋斗的创新精神，发展创新、争创一流的时代风范，激励广大气象工作者奋发图强，团结拼搏，开拓进取，为气象事业科学发展、为建设国际旅游岛和社会经济发展再立新功。该书反映了海南省基层气象台站的概况、历史沿革、管理体制、气象业务与服务、法规建设与管理、党建工作和气象文化建设、台站建设等内容，是海南省基层气象台站发展历史的资料工具书，是为海南省气象事业留下的一份精神财富。

图书在版编目(CIP)数据

海南省基层气象台站简史/海南省气象局编．—北京：气象出版社，2012.4

ISBN 978-7-5029-5462-8

Ⅰ．①海… Ⅱ．①海… Ⅲ．①气象台-史料-海南省 ②气象站-史料-海南省 Ⅳ．①P411

中国版本图书馆CIP数据核字(2012)第053923号

Hainansheng Jiceng Qixiangtaizhan Jianshi

海南省基层气象台站简史

海南省气象局　编

出版发行：气象出版社

地　　址：北京市海淀区中关村南大街46号　　**邮政编码**：100081

总 编 室：010-68407112　　**发 行 部**：010-68409198

网　　址：http://www.cmp.cma.gov.cn　　**E-mail**：qxcbs@cma.gov.cn

责任编辑：黄红丽　白凌燕　　**终　　审**：赵同进

封面设计：燕　彤　　**责任技编**：吴庭芳

印　　刷：北京中新伟业印刷有限公司

开　　本：787 mm×1092 mm　1/16　　**印　　张**：12.25

字　　数：310千字　　**彩　　插**：6

版　　次：2012年4月第1版　　**印　　次**：2012年4月第1次印刷

定　　价：45.00元

本书如存在文字不清、漏印以及缺页、倒页、脱页等，请与本社发行部联系调换。

《海南省基层气象台站简史》编纂委员会

主　编：吴岩峻

副主编：徐友光　王玉祥　李天富

委　员：（按姓氏笔画为序）

万才能　苏少霞　辛吉武　陈小丽

陈葵阳　罗建平　钟业诚　胡玉蓉

高　峰　符大良　曾圣农

海南省基层气象台站史志编纂工作领导小组

组　长：徐友光（兼）

成　员：辛吉武　陈小丽　罗建平　万才能

总 序

2009年是新中国成立60周年和中国气象局成立60周年，中国气象局组织编纂出版了全国气象部门基层气象台站简史，卷帙浩繁，资料丰富，是气象文化建设的重要成果，是一项有意义、有价值的工作，功在当代，利在千秋。

60年来，气象事业发展成就辉煌，基层气象台站面貌发生翻天覆地的变化。广大气象干部职工继承和弘扬艰苦创业、无私奉献，爱岗敬业、团结协作，严谨求实、崇尚科学，勇于改革、开拓创新的优良传统和作风，以自己的青春和智慧谱写出一曲曲事业发展的壮丽篇章，为中国特色气象事业发展建立了辉煌业绩，值得永载史册。

这次编纂基层气象台站简史，是新中国成立以来气象部门最大规模的史鉴编纂活动，历史跨度长，涉及人物多，资料收集难度大，编纂时间紧。为加强对编纂工作的领导，中国气象局和各省（区、市）气象局均成立了编纂工作领导小组和办公室，制定了编纂大纲，举办了培训班，组织了研讨会。各省（区、市）气象局编纂办公室选调了有较高文字修养、有丰富经历的人员从事编纂工作。编纂人员全面系统地收集基层气象台站各个发展阶段的文字、图片和实物等基础资料，力求真实、客观地反映台站发展的历程和全貌。我谨向中国气象局负责这次编纂工作的孙先健同志及所有参与和支持这项工作的同志们表示衷心感谢。

知往鉴来，修史的目的是用史。基层气象台站史是一座丰富的宝库。每个气象台站的发展史，都留下了一代代气象工作者艰苦奋斗、爱岗敬业的足迹，他们高尚的精神和无私的奉献，将永远给我们以开拓进取的力量。书中记载的天气气候事件及气象灾害事例，是我们认识气象灾害规律、发展气象科学难得的宝贵财富。这套基层气象台站简史的出版，对于弘扬优良传统和作风，挖掘和总结历史经验，促进气象事业科学发展，必将发挥重要的指导和借鉴作用。

中国气象局党组书记、局长 郑国光

2009年10月

前 言

《海南省基层气象台站简史》的出版问世，起着承上启下，继往开来，服务当代，有益后世的作用。同时是传承文明，资政育人，服务社会的有益工作，对海南气象事业发展具有重要的现实意义和深远的历史意义。

新中国成立60周年来，特别是海南建省办经济特区21年来，海南气象事业发展取得了前所未有的巨大成就。在中国气象局和海南省委、省政府的正确领导下，海南省广大气象工作者奋发图强，团结拼搏，开拓进取，用智慧和汗水谱写了海南气象事业发展的辉煌篇章。

60年来，海南气象事业从新中国成立之初的百废待兴、百事待办的艰苦创业时期，到气象业务现代化、气象防灾减灾能力和气象服务水平快速发展时期，气象现代化建设实现跨越式发展，气象服务效益显著提高；从21世纪初贯彻落实“公共气象、安全气象、资源气象”发展理念，到以科学发展观统揽全局，按照海南省气象局提出的“一流装备、一流技术、一流人才、一流台站、一流管理、一流服务”标准，全力推进具有全国先进水平的海南现代气象业务体系建设。海南省气象工作者成功探索了一条适合海南气象事业科学发展的道路，大力促进了海南气象事业的蓬勃发展。

截至2008年底，海南省气象部门已建成地基、空基和天基相结合，探测手段比较齐全，探测设备比较先进，布局基本合理的，由3个气象卫星云图接收站、2部新一代天气雷达、2部L波段探空雷达、343个各类自动气象站等组成的气象综合观测系统；建成了由高性能计算机、省级千兆速率和市县百兆速率的局域网络等组成的气象信息网络系统；建立了技术装备保障、计量、供应配套的两级气象保障体系；建立了以数值预报为基础，人机交互系统为平台，综合运用多种技术方法的气象预报预测系统；对台风等灾害性天气的预报能力明显增强，中短期常规要素预报、短期气候预测等业务技术水平明显提高，粮食产量预报、风能评估等技术达到全国先进水平；建成了由广播、电视、电话、手机短信、网络、电子显示屏等组成的气象预警信息发布系统，公共气象服务体系涵盖全省各市县，服务能力明显提高，服务效益愈发显著;建设一支高素质的气象科技人才队伍,其中本科以上人员比例达47.2%,高级职称比例达10.4%;不断深化"业务发展依托科研、科研开发推动业务技术进步"的一体化科研管理机制,科技创新能力显著增强;新建16个市县气象局业务办公楼,基层气象台站的面貌焕然一新;精神文明建设硕果累累,海南省气象局荣获海南省级部门首个"文明系统"称号,全省19个基层台站100%进入县级以上文明单位行列,省级文明单位占60%和国家级文明单位占30%。率先在全国省级气象部门实现无纸化办公,科学管理水平不断提高。气象法规、气象科技服务和气象文化建设等方面也都取得了可喜的成就。

《海南省基层气象台站简史》是一部反映海南省基层气象台站发展历史的资料性工具书。本书力求按照客观、真实、准确、全面的要求记述海南省基层气象台站的发展变化概况;本书为海南省气象事业留下了一份丰厚的精神财富,功在当代,利为后人;本书记载资料的时间界限截至2008年底。

以《海南省基层气象台站简史》作为小结,继往开来,团结奋进,争创一流,愿海南气象事业更加辉煌。

海南省气象局党组书记、局长

2009年12月

1960年3月，中央气象局副局长饶兴（中）在广东省气象局局长刘铁平（中右）、海南行政区气象局局长刘漠坤（中左）陪同下到海南检查工作

1994年6月18日，全国人大常委会委员长乔石(右三)慰问西沙群岛军民，并慰问了西沙气象台职工

1995年1月18日，海南省政协主席陈玉益（左三）、海南省副省长毛志君（右二）等慰问西沙气象台

1997年5月9日，中国气象局名誉局长邹竞蒙(左一)、海南省领导阮崇武(右三)、蔡长松(右五)、韩至中(右四)等观看海南省综合气象信息系统工程开通演示。邹竞蒙通过9210工程卫星小站与黑龙江省气象局通电话

2001年4月7日，中国气象局局长温克刚（中）视察琼海市气象局

2005年1月30日，中国气象局党组书记、局长秦大河（左三）率领慰问团慰问西沙气象台

2005年1月31日，中国气象局局长秦大河（左三）视察东方市气象局

2006年1月20日，中国气象局副局长王守荣(前右一)视察海南省气象台

2006年9月2日，中国气象局副局长郑国光（左一）视察海南省气象台

2008年2月23日，中国气象局副局长许小峰（左二）到海南省气象局视察工作

2008年8月14日，海南省省委书记卫留成（前左），省委副书记、省长罗保铭（前中）等领导视察省政府政务服务中心气象审批窗口,听取省气象局局长吴岩峻（前右）汇报防雷工作情况

2007年9月29日，海南省气象台进行台风预报视频会商

2008年12月30日，海南省气象局与三亚市政府共建旅游气象服务中心签字仪式举行

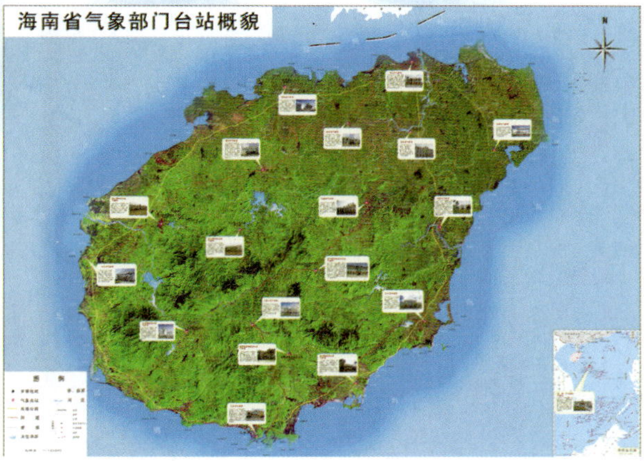

海南省气象部门台站分布图

海南省气象监测站网分布图

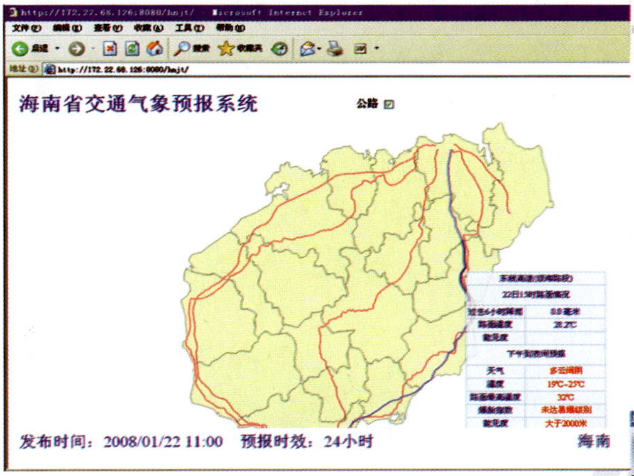

2008年，海南省交通气象预报系统建成

2007年，全省气象台站观测环境视频监控系统建成

2008年，海南省气象局高性能计算机（浮点运算速度：峰值2800亿次每秒）投入业务运行

2006年3月，西沙L波段探空雷达投入业务运行

2007年，海南省各气象台站全部配备流动火箭人工增雨作业车

1992年6月6日，海南省气象局在定安县仙沟镇开展农业气象适用技术推广工作

1983年10月，橡胶林生态环境气候自动站在海南三亚立才农场建成

2007年6月27日，琼州海峡浮标自动气象站投入业务运行

2004年建成的白沙黎族自治县遥测自动气象站

2006年建成的万宁市乌场中尺度乡镇自动气象站

2006年建成的东方市雷电监测站

1997年建成的海南省气象局气象大厦

1978年建成的海南行政区气象局业务楼

2007年10月建成的海口市气象局业务办公楼

1953年建成的海口气象台办公楼

2008年2月建成的三亚市气象局办公楼

2005年建成的儋州市气象局办公楼

2006年10月建成的琼海市气象局办公楼

2005年建成的屯昌县气象局生态大院

2007年建成的澄迈县气象局办公楼

2006年建成的白沙黎族自治县气象局办公楼

台站面貌

2006年10月，海口新一代天气雷达建成

2008年12月，西沙新一代天气雷达建成

2002年建成的定安县气象站观测场

2005年建成的昌江黎族自治县气象局观测场

2008年12月31日，乐东黎族自治县气象局新观测场投入业务使用

2008年建成的陵水黎族自治县气象局观测场

2007年3月3日，海南省气象局党组书记、局长吴岩峻与省气象局直属单位负责人、市县气象局局长签订党风廉政建设责任书

2005年3月23日，海南省气象局工作人员进行人工增雨作业装备科普宣传

2008年5月6日，海南省西南中沙群岛气象台魏启强（左二）参加2008奥运火炬接力传递

2006年11月14日，海南省气象局职工自编自演的节目《甘霖黎寨》获得全国气象部门首届文艺汇演二等奖。

2007年10月26日，第二届海南省气象职工篮球比赛在海口举行

文明系统
全国气象部门
文明台站标兵
海南省2003-2006年度
文明单位
全国文明服务示范单位
海南省2003-2006年度
创建文明规范行业先进单位
海南省2000-2002年度
文明单位标兵
中共海南省委
海南省人民政府
二〇〇三年三月
全国精神文明建设工作
先进单位
2009年1月
全国精神文明建设工作
先进单位
二〇〇五年十月
女职工建功立业标兵岗
二〇〇六年三月
全国创建文明行业工作
先进单位
中央精神文明建设指导委员会
一九九九年九月
巾帼文明岗
中华全国妇女联合会
全国妇女"巾帼建功"活动领导小组
2007年2月
2002年重大气象服务
先进集体
中国气象局
二〇〇二年十二月

获得的诸多荣誉

目录

总序
前言
海南省基层气象台站概况 ……………………………………………………（1）
气象工作概况 ……………………………………………………（1）
天气气候与灾害防御 ……………………………………………………（4）
基层气象台站 ……………………………………………………（5）
主要气象业务 ……………………………………………………（7）
海口市气象局 ……………………………………………………（9）
海口地面气象观测站 ……………………………………………………（15）
海口高空气象探测站 ……………………………………………………（20）
琼山地面气象观测站 ……………………………………………………（24）
三亚市气象局 ……………………………………………………（31）
儋州市气象局 ……………………………………………………（42）
文昌市气象局 ……………………………………………………（52）
琼海市气象局 ……………………………………………………（60）
万宁市气象局 ……………………………………………………（68）
五指山市气象局 ……………………………………………………（76）
东方市气象局 ……………………………………………………（84）
定安县气象局 ……………………………………………………（93）
屯昌县气象局 ……………………………………………………（100）
澄迈县气象局 ……………………………………………………（107）
临高县气象局 ……………………………………………………（115）

昌江黎族自治县气象局 …………………………………………………………… (122)
乐东黎族自治县气象局 …………………………………………………………… (129)
陵水黎族自治县气象局 …………………………………………………………… (137)
陵水九所岭气象雷达站 …………………………………………………………… (145)
白沙黎族自治县气象局 …………………………………………………………… (149)
保亭黎族苗族自治县气象局 ……………………………………………………… (156)
琼中黎族苗族自治县气象局 ……………………………………………………… (164)
西南中沙群岛气象台 ……………………………………………………………… (173)
附录 ………………………………………………………………………………… (183)
后记 ………………………………………………………………………………… (184)

海南省基层气象台站概况

海南省位于中国最南端，是一个热带岛屿省份。海南省行政区域包括海南岛、西沙群岛、中沙群岛、南沙群岛及其海域。全省陆地总面积3.54万平方千米，海域面积约200万平方千米。海南历史悠久，西汉元封元年(公元前110年)，首设建置珠崖、儋耳二郡。宋朝苏东坡首开海南教育之先河，元文宗图帖睦尔当亲王时曾被流放到定安。元朝设海南海北道，是为海南得名的开始，清朝正式称琼崖为海南岛。民国初期，海南设公署，后改为广东省第九行政督察区、特别行政区。解放后，海南改为行政区，设行政公署，为广东省人民政府派出机关。1988年4月13日，海南建省。汉、黎、苗、回族是海南的世居民族，黎族关于鹿回头的美丽爱情传说流传久远。

海南省地处热带，四季常绿。冬种瓜菜，南繁育种，冬季旅游使优越的气候资源得到充分利用。海南省气象局成立于1988年5月，代表省政府主管全省气象行业工作，直接管辖18个市县气象局(站)和西南中沙群岛气象台(以下简称西沙气象台)。

气象工作概况

管理体制 民国元年(公元1912年)，在海口设琼州雨量站，属海务部管理。1947—1950年属珠江水利局管理。1948年，在海口建立榆林气象台，由广州气象台管理。

中华人民共和国成立以后，1950年5月，榆林气象台由海南军区接管，改称海口气象台，属军队建制和领导。1954年1月，海南气象部门由军队转为政府系统建制，实行上级业务部门与当地政府双重领导体制。双重领导以谁为主，在各个时期曾多次变更。其中1954年1月—1958年10月，以上级业务部门(广东省气象局，下同)领导为主；1958年10月—1962年8月，以地方政府领导为主；1962年8月—1968年12月，以上级业务部门领导为主；1969年1月—1971年4月，以地方政府领导为主；1971年4月—1973年9月，气象部门转为军队管理，实行海南军区与海南行政区革命委员会双重领导，以海南军区领导为主；1973年9月—1980年12月，以地方政府领导为主；1980年12月—1988年4月，以上级业务部门领导为主。1988年5月成立海南省气象局，实行海南省人民政府与国家气象局双重领导，以海南省人民政府领导为主；市、县气象部门实行海南省气象局与当地政府双重领导，以海南省气象局领导为主的体制。

台站概况 海南省气象局下辖18个市县气象局和西沙气象台，现有21个地面气象观测站，6个农业气象观测站，3个高空气象探测站，3个天气雷达站，3个辐射观测站，4个酸雨观测站，6个雷电监测站。截至2008年底，全省共有343个各类自动气象站。

人员状况 1953年12月以前，广东省海南行政区气象部门气象人员不足15人。至1957年底，相继建立起了7个气象台站，人员增加到80人。其中，大专学历3人，中专学历12人，多数为经过半年左右业务培训上岗的初、高中毕业生。1958年后，全区各县先后建立气象站，气象人员增加到150人，一批大、中专毕业生充实到各级台站。"文化大革命"期间，部分气象技术人员被调出气象部门或下放"五七"干校，使气象人员相应减少。1971年起，"五七"干校的部分人员陆续返回单位，同时又从退伍军人和社会知识青年中吸收人员。至1972年，全区气象人员增至276人。20世纪70年代后期，随着落实政策人员归队，以及雷达探测、卫星云图接收等新业务的开展，不断补充人员，至1987年，全区气象人员增加到411人。其中，高级职称3人，中级职称99人，初级职称235人。1988年海南建省后，随着省级业务发展的需要，分别从高等院校吸收毕业生，从兄弟省、区、市引进业务技术骨干这两个渠道补充人员。至1990年，全省气象部门人员增至466人。截至2008年底，全省气象部门有人员编制527人，在职人员506人。其中，博士研究生学历2人，硕士研究生学历32人，本科学历197人，大专学历136人，中专学历84人。高级职称49人，中级职称104人，初级职称304人。

文明创建 海南省气象部门从1982年开始开展"双文明"建设活动。1988年建省后，海南省气象部门精神文明建设得到加强，从1992年海南省气象局实行目标管理的第一年起，就把精神文明建设作为台站管理的一个重要内容，逐年设定建设目标，并在资金上给予大力支持，促进全省气象台站的精神文明建设持续发展。各台站艰苦奋斗，自己动手美化环境，使文明创建工作落到实处。1994年，文昌县气象局和万宁县气象局被中国气象局评为精神文明建设先进集体。2001年3月20日，海南省文明委和中国气象局联合发文，授予海南省气象部门"文明系统"称号。截至2008年底，全省18个市县气象局和西沙气象台全部被评为市县级以上文明单位。其中，三亚等9个市县气象局和省气象台获得省部级"文明单位"称号。

气象法规 2002年1月1日，海南省人大常委会通过的《海南省实施〈中华人民共和国气象法〉办法》正式实施。2003年9月14日，海南省政府审议通过《海南省施放气球单位资质管理办法》、《海南省施放气球作业人员资格管理办法》、《海南省施放气球活动审批办法》和《海南省施放气球安全操作规程》4个规范性文件；同年，海南省气象学会颁布《海南省防雷专业技术人员资格管理办法》、《海南省防雷及施放气球技术人员资格考试办法》、《防雷工程专业资质管理办法》等规范性文件。

各市县气象局通过当地人大立法或政府发文贯彻实施各级气象部门颁发的气象法规。如：2003年三亚市政府出台了《三亚市防洪防风规定》，规范了台风暴雨预警信号发布，开创海南省气象发布台风暴雨预警信号之先河；2003年9月24日三亚市政府第十七次常务会议审议通过了《三亚市防雷减灾管理办法》；2004年，屯昌县政府法制办颁布《屯昌县防雷工程设计审核、施工监督和竣工验收管理办法》等。

从2003年5月起,各市县气象局相继成立气象行政执法队,到2006年全省市县气象局均成立了气象行政执法队,执法人员全部通过专业培训,持证上岗。

2005年9月,海口市气象局进入海口市政府服务中心开展行政许可审批服务。2006年,定安、琼海市县气象局进入当地政府行政服务中心开展行政许可审批服务。截至2008年底,全省各市县气象局全部进入当地政府行政服务中心或开设专门窗口依法开展行政许可审批服务。

2002年,儋州市气象局对该市计量所违法从事防雷工程施工做出行政处罚决定。儋州市质量技术监督局就此事于2003年向海南省中级人民法院提起诉讼,省中级人民法院依据最高法院有关司法解释判决维持儋州市气象局做出的行政处罚决定。该案成为全国第一例依据气象法规胜诉的防雷官司。

重要会议 1997—2003年,每年10月上旬,海南省政府在海南省气象局召开"海南省今冬明春冷暖趋势预测专家研讨会",邀请国家气候中心和广东、广西、湖北、江苏、浙江等省区气象专家与省气象局同行研讨海南省冬种反季节瓜菜产销地区冬春冷暖趋势,为海南冬种反季节瓜菜生产提供决策依据。参加会议的有海南省政府及有关部门的领导、各市县政府及有关部门领导和各市县气象局领导。

1998年4月21—30日,由世界气象组织和国际科联联合在海南省海口市召开第四届热带气旋国际学术会议。有40多个国家的140余名热带气旋研究及预报方面的著名专家学者,中国气象局副局长颜宏,海南省政府副省长李东生、王厚宏、韩至中等出席会议。

2002年4月24—27日,第一届中日暴雨实验与研究研讨会在海口市召开。

领导视察 1985年12月31日,中共中央总书记胡耀邦视察珊瑚岛,与该岛气象站人员亲切交谈,并留影。

1995年,全国人大委员长乔石视察西沙气象台,与台领导亲切交谈,并留影。

荣誉 海南省气象台站在各个时期为气象事业及防灾抗灾做出了突出成绩,受到各级政府和上级业务部门多次表彰奖励。其中,获得省、部级表彰奖励36项次,个人33人次。其中:

1957年3月,石碌、儋县气象站和张天义、朱壁松、陈茂盛、袁仲华、周烈被广东省人民委员会分别评为先进集体和先进工作者;同年4月,张天义赴北京参加第一次全国气象先进工作者会议,受到毛泽东主席等中央领导同志的接见。

1978年10月,琼中县气象站、西沙气象台和欧阳雄、詹尊严被中央气象局分别授予全国气象部门"学大庆、学大寨"先进单位和先进工作者称号。受邀出席"全国气象部门'双学'代表大会",受到党和国家领导人的接见。

1981年,文昌县气象局被中央气象局授予"台风预报服务先进集体"称号。

1982年,西南中沙群岛气象台被中央气象局授予"祖国南海风云哨兵"称号;万宁县气象局被中央气象局评为"1980年台风预报服务取得优异成绩集体"。

1983年,昌江县气象局被国家气象局授予"全国气象部门防灾减灾先进集体"称号;陵水县气象局符福晏被国家民族委员会、国家人事劳动部、中国科学技术协会授予"在少数民族地区长期从事科技工作"荣誉证书。

1984年,文昌县气象局被国家气象局授予"国际台风业务试验先进集体"称号。

1985年6月，西沙气象台廖彩坚和昌江县气象局羊红真分别获得国家气象局授予全国边陲优秀儿女银质奖和铜质奖；8月，万宁县气象局被国家气象局评为“1984年重大灾害性、关键性天气预报服务工作中取得优异成绩集体”。

1986年，陵水县气象局被国家气象局授予“8512号台风气象预报服务奖”；9月，万宁县气象局被国家气象局评为“1985年8518号台风预报服务工作中取得显著成绩特别奖”。

1988年，文昌县气象局被国家气象局授予“全国气象部门双文明建设先进集体”称号；保亭县气象局被国家气象局授予“防汛抗洪气象服务先进集体”称号。

1993年，海南省万宁县气象站获国家气象局先进气象站(局)表彰，该站领导李茂青被授予优秀气象站(局)长称号；海南省儋州县气象局黄丕新被被国家气象局授予优秀青年气象工作者称号；4月，万宁市气象局被国家气象局评为“1992年9204号台风预报服务成绩显著奖”。

1994年，文昌市气象局被中国气象局授予“全国汛期气象服务先进集体”称号。

1995年，万宁市气象局被中国气象局评为“1994年汛期气象服务先进集体”。

1996年，文昌市气象局被中国气象局授予“全国气象部门双文明建设先进集体”称号。

2001年3月，海南省精神文明建设指导委员会和中国气象局联合发文，授予海南省气象部门“文明系统”称号。

2003年，乐东县气象局被中国气象局授予“2003年度重大气象服务先进集体”称号。

2005年，海口、儋州、临高、东方4市(县)气象局和海南省气象局后勤服务中心被中国家气象局授予“全国气象部门局务公开先进单位”称号。

2006年1月，东方市气象局被中国人事部、中国气象局联合授予“全国气象工作先进集体”称号；12月，琼海市、琼中县气象局被中国气象局授予“全国气象部门文明台站标兵”称号，琼海市气象局被中国气象局授予“2006年度重大气象服务先进集体”称号。

2007年2月，定安县气象局被全国妇女联合会、全国妇女“巾帼建功”领导小组授予“巾帼文明岗”称号；6月，东方、临高、琼中、屯昌、万宁市(县)气象局被中共海南省委、海南省人民政府授予“2003—2006年度海南省精神文明先进单位”称号。

2008年，昌江县气象局被中国气象局命名为全国气象部门廉政文化示范点。

天气气候与灾害防御

天气气候特点 海南岛属热带海洋性季风气候，夏少酷暑，冬无严寒，年平均气温高，气温年较差小；年降水量充沛，冬春干旱，夏秋多雨，干、湿季分明，终年湿度大；光、热、水气候资源丰富。

海南岛地形为中间高四周低的阶梯状分布。受地形影响，海南岛气温呈中间低四周高的分布；降雨量东多西少；日照时数呈东北少西南多的分布。

南海处热带和亚热带，气候特征类似于海南岛。北部海区和中部海区属于热带季风气候，南部海区属于赤道季风气候。南海海域终年炎热，气温呈南高北低的分布。南海海域降雨量丰富，呈南多北少的分布，降水量冬春少，夏秋多。

主要气象灾害 海南岛气象灾害频繁，主要有热带气旋、暴雨洪涝、干旱、雷暴、低温冷害等。每年夏秋季平均约有7个热带气旋影响海南岛，其中有2～3个登陆海南岛，是海南岛最严重的气象灾害。1973年9月14日，7314号强台风在琼海县登陆造成近千人死亡，台风中心经过的区域90％的房屋倒塌。海南岛年暴雨日数多、强度大，暴雨集中时段为盛夏至秋季。年平均雷暴日数多达百日，主要出现在5—9月。低温冷害主要出现在北半部地区的冬季。

南海海域主要气象灾害有热带气旋、海上强风、海雾、雷暴和龙卷风等。

气象灾害防御　1954年12月起，海口气象台负责指挥海南岛四周沿海风球信号的升降，以电台广播、内部通报、汇报和电报代码形式开展防灾减灾服务。20世纪70年代建成3部天气雷达，2006年后换装新一代天气雷达；2003年后建成海口、三亚、琼海卫星数据接收站，提高对气象灾害的监测能力。1995年1月起，各市县气象台站的城镇天气预报在电视台播出；1997年起，连接各市县的“三防气象信息系统”、“海南省气象灾害防御指挥信息系统”等相继建成，为全省各级党政机关全方位及时的防灾减灾决策提供气象依据。1999年，全省气象台站“121”气象咨询服务电话开通；2006年，开始建设气象预报预警电子显示牌；2000年，MICAPS(气象信息综合分析处理系统)综合气象预报业务平台投入业务运行；至2008年，第三代MICAPS投入业务使用，为全省气象台站提高灾害预报和服务质量提供了有力的技术支撑。2008年建成18个市县的重大灾害性天气手机短信发送终端，扩大了公众获取气象防灾减灾信息的渠道。

1959年起，海南行政区气象部门采用高炮、飞机、火箭等方式开展人工增雨抗旱救灾。截至2008年底，全省共有24年开展人工增雨抗旱工作。全省气象台站共配备21部流动火箭增雨作业车。

各市县气象局分析气候规律，运用农业气象知识，为当地农业改制、区划，趋利避害提供依据，获得显著的效益。1990年，海南省气象局与仙沟镇政府进行了低产田大面积推广气候安全种植期实用农业气象技术的试验，当年晚稻产量首次跃出低谷，总产超过前3年的总和。海南电视台和《海南日报》先后报道了5次。

基层气象台站

地面气象观测站　民国元年(公元1912年)7月在海口，次年1月在临高，民国三年1月在琼山、秀英、文城、清澜、嘉积、中原、万宁、陵水、保亭、藤桥、三亚、崖城、九所、黄流、感恩(现称感城)、北黎(今新街)、东方、八所、那大、加来、福山等地设站观测雨量。琼州、临高站于民国十三年开始观测气温。以上所有测站，因战乱于民国三十二年12月全部中断观测。海口、定安、嘉积3站于民国三十六年1月至民国三十八年10月恢复或设站观测，观测项目为雨量、气温、湿度、风、云、能见度、蒸发量等要素。

1950年5月，海南岛解放，海南军区接管海口榆林气象台；同年下半年，那大(儋县)气象站、北黎(东方新街)气象站、嘉积(琼海)气象站相继建立。1955—1958年，相继建立琼中县、陵水县气象站，莺歌海气象站(于1981年1月被撤销)，西沙群岛武德(永兴)岛气象站，文昌、通什、崖县、屯昌、万宁、白沙、澄迈县气象站。至1965年，全部县市都建立了气象站。1970年，建立通什福安气象后方基地(后方战备气象台)。1975年4月，建立西沙珊瑚岛气象站。1977年重建琼山县气象站。截至1990年底，全省建成国家基本站9个，国家一般站12个。1993年4月1日起，美兰气象站正式观测，至1994年被撤销；同年筹建洋浦气象站，于5月1日正式观测。2005年，地源气象观测站建成运行，至2008年被撤销。

其中，通什气象站于1962年3月扩建为海南黎族苗族自治州气象台。1981年1月成立海南黎族苗族自治州气象局(台)，负责州属8个县气象局(站)的管理；1988年1月，海南黎族苗族自治州气象局(台)机构和管理职能相应撤销，保留通什市气象台(科级)。

县级气象机构在各个历史时期没有多大变化。1979年11月以前，称为县气象站或县气象服务站，为股级单位；1979年11月—1981年5月，陆续改称为县气象局(站)，为科级单位，局下设办公室、预报股、测报股，有农业气象任务的县站增设农气股。

自动气象站 海南省的自动气象站始建于1992年，同年，海口市海甸岛(海南教育学院)多要素自动气象站建成投入使用。1993年5月，在临高县临高角设置了海岛自动测风站，于1994年11月停止运行。

1997年3月，使用广东气象物资装备中心提供的WP31003系统，建成珊瑚岛自动气象站。2002年，使用芬兰维萨拉设备，重建珊瑚岛自动站。同年，为加强港口气象服务，建成海口秀英港自动测风站。

2003年8月，按照中国气象局的统一部署，第一批琼海、陵水、琼中、儋州4个基本站的自动气象站建成；至2005年，全省21个气象台站全部建成自动气象站。2007年1月，文昌翁田、琼海博鳌、三亚南滨、乐东莺歌海、儋州洋浦5个无人自动气象站建成并投入业务使用。

2005年12月15日，第一个中尺度乡镇自动气象站(后改称区域自动气象站)在定安县岭口镇建成，至2006年1月底，全省共建成38个中尺度乡镇自动站。截至2008年底，全省共建成区域自动站304个，其中20个高速公路自动气象站，13个水位监测自动气象站。

2005年，由企业出资建成自用资料收集系统：乐东莺歌海、东方四更和感城、儋州峨蔓和海头、临高马袅、澄迈玉苞7个测风塔。2008年，中国气象局统一部署建成监测系统：临高马袅、儋州排浦、昌江新港、东方四更和感城、陵水黎安、万宁联丰、文昌月亮湾和木兰头9个测风塔。

农业气象观测站 1954年，琼山农业气候站成立。1957—1958年，在琼山建立农业气象试验站；气象部门与农垦部门合作，在儋县建立热带气象试验站。1958—1962年，海南全部的县气象站先后开展了水稻、番薯、甘蔗及果树等作物的物候观测。

1980年以前，农业气象观测机构及观测工作变动频繁，经历撤销、恢复、再撤销、再恢复的过程。直至1980年，根据中央气象局统一部署，逐步建立严密的、正规的农业气象观测站和观测业务。琼山、儋县、琼中、陵水4个县定为农业气象观测一级站，乐东、琼海定为农业气象观测二级站。主要任务为对水稻主要发育期和动植物物候期进行观测。

从20世纪80年代初开始，琼山、儋州农业气象站先后观测过土壤水分。2005年起，全省各市县气象局开展土壤水分及水情监测业务。

高空探测站 1950年以前，海南省没有高空观测业务。海口站于1951年8月开展小球经纬仪测风业务，永兴岛站1957年10月、东方站1957年11月、三亚站1971年2月相继开展此项业务。1990年2月东方站撤销小球经纬仪测风业务。1955年12月起，各高空探测站业务陆续改为探空、大球经纬仪测风;1974 年 4 月后,改为探空、大球 701 雷达综合测风(或雷达单独测风);2006 年 3 月,永兴岛高空探测站改用 L 波段探空雷达综合测风。

天气雷达观测站 海南省最早于 1970 年建成陵水九所岭天气雷达站,雷达型号 843 型,1979 年 12 月被撤销。1972 年 9 月,建成西沙天气雷达站。1980 年 5 月,建成海口天气雷达站。1987 年 10 月,在三亚市鹿回头建立三亚天气雷达站;2005 年 3 月,拆除三亚 713C 天气雷达后在原址建新一代天气雷达。由于种种原因,已经吊装即将投入使用的三亚新一代天气雷达拆迁至田独镇六道岭山顶重建。2006 年 10 月,海口新一代天气雷达建成并投入业务运行。2008 年 12 月,西沙新一代天气雷达建成。

辐射观测站 海口日射观测站始建于 1957 年 5 月,是海南省最早建成的国家甲级日射观测站。1991 年 12 月 1 日,三亚、西沙站开始日射观测。2002 年,海口、三亚布设紫外线观测系统。2008 年,海口、琼海、三亚、东方、琼中、西沙等站安装新的紫外线观测系统。

酸雨观测站 1991 年 7 月 1 日,海口站开始酸雨观测,测定降雨样品中的电导率 K 值和酸碱度 pH 值。1992 年 7 月 1 日,三亚站增加酸雨观测业务。2006 年 7 月 1 日,东方、西沙站增加酸雨观测业务。

雷电监测站 2006 年 9 月,完成雷电监测系统海口中心站和海口、三亚、琼海、琼中、西沙、东方 6 个子站的建设。提供闪电位置、时间、电流强度等信息。

海洋观测站 1955—1956 年,驻岛海军、盐场最早在清澜港、八所港、莺歌海设点开展海洋气象观测。1959 年,气象部门统管海洋水文气象站,总数达 15 个。此后,经过 2 次调整,撤销了 8 个观测站,余下的秀英、八所、清澜、玉苞、新村、莺歌海、西沙 7 个站于 1966 年 1 月全部移交给国家海洋局南海分局。

主要气象业务

天气预报 海口气象台从建台时起开展短期天气预报和服务。1950—1957 年,海口气象台每天向民航部门提供航空安全飞行的情报和预报。1956 年起,气象预报在海南人民广播电台正式向公众播出,预报时效为 48 小时,预报内容为陆地天气预报、海洋天气预报以及灾害性天气警报。1958 年 6 月,陵水县气象站开始制作短期补充天气预报。其后,各市县气象站相继开展县站短期补充天气预报业务,以书面报告、有线广播站广播等形式开展服务。

20 世纪 70 年代以前,县气象站根据省、区气象台的天气预报,结合当地天、物象特征和本站气象要素变化,综合分析制作本县的补充订正天气预报。20 世纪 70 年代,海南行政区气象局组织气象台站以会战攻关方式,大力研发单站预报技术。各气象台站依据省、区人民广播电台广播的天气形势和分区预报,结合单站预报模式制作本站天气预报。20 世纪 80 年代后期,引进 MOS 预报方法,以数值预报产品为背景制作天气预报。1999 年省气象台发布各市县指导预报,各市县气象站据此订正制作本地天气预报。2004 年,由省气象台集中制作并发布各市县天气预报。2008 年底,恢复市县部分天气预报业务,实行市县气象台站对省气象台预报进行订正。

气候预测 从 1960 年起,海南行政区各级气象台站先后开始发布旬天气预报,或针对重大工程项目及其他特殊需要开展专题、专项服务。20 世纪 60 年代后期起，县气象站开展长期天气预报服务。有月预报、汛期(5—10 月)天气趋势预报和冬春(11 月—翌年 4 月)天气趋势预报；也有根据用户的特殊需要，制作专题预报，向社会有关行业提供非常规服务。1979 年起，各气象台站制作短、中、长期气象预报，不做统一硬性规定。气候预测方法以数理统计模式方法为主。

气象服务 海南省气象部门一直把气象服务作为气象工作的出发点和归宿。主要气象服务产品有：天气预报预警、气候预测和评估、农业气象与生态环境监测评估，生活指数、空气质量和旅游城市及景点天气预报，交通、地质灾害和森林防火监测预报，人工增雨抗旱，风能和太阳能气候资源开发利用等。

几十年来，海南省的气象服务工作大致经历了四个主要阶段：一是 1950—1952 年以为军事服务为主；二是 1953—1957 年既为国防建设服务又为经济建设服务；三是 1958—1977 年以农业服务为主；四是 1978 年以后，全面为经济建设服务，重点做好为农业服务工作。

1985 年 6 月下旬，海军某陆战部队，为感谢屯昌县气象局提供主动服务，预报准确、保障导弹发射演习的顺利进行，特意赠送“军地协作巧利时，拥军有功战绩高”的镜屏。

1998 年 7 月初，保亭黎族苗族自治县出现连续 4 天的罕见暴雨，引发山洪，造成县城低洼地区和 161 个村庄受灾。保亭县气象局提前 12 小时做出准确过程预报并开展跟踪服务，每 2 小时向县政府有关部门通报雨情，为县政府部署防灾减灾提供可靠决策依据，及时转移低洼地区群众，加强巡视确保水库安全，使损失降到最低限度，受到县政府的大会表彰，被中国气象局评为“1998 年全国防汛抗灾气象服务先进集体”。

2001 年 8 月下旬，受 14 号热带风暴“菲特”的影响，昌江黎族自治县政府根据气象局准确及时的暴雨预报和防洪建议，迅速转移了昌化江下游和其他低洼地区群众近 10 万人，并抢救了 5000 多名被洪水围困的群众，安全转移粮食 85 万千克。县气象局因此被县政府评为“抗洪救灾先进单位”。

2002 年，在热带风暴“米克拉”影响期间，三亚天气雷达站精心跟踪监测，发挥了雷达导航救援作用，成功引导准备弃船逃命的 3 艘百吨渔船跟随风暴眼区安全返回三亚港，共 31 名渔民获救。

海口市气象局

海南省海口市地处海南岛北端，位于北纬 19°57′～20°05′，东经 110°10′～110°23′。海南岛最大的河流——南渡江下游干流从辖区中部穿过，过境流程 69 千米。唐代已成为琼州城外港，宋初设海口浦，明代称海口都，清代辟为通商口岸，民国初期称海口镇。1926 年 12 月，设立海口市政厅（后改为市政局）。1950 年 5 月海南岛解放后，6 月设立海口市。现辖秀英、龙华、琼山、美兰 4 个区，面积 2304.84 平方千米，人口 180 万。海口市先后为广东省海南行政区公署、广东省海南行政区人民政府、海南省人民政府驻地。1951—2002 年，海口市与原琼山县（市）有过几次行政区域部分或整体合并。1951 年，琼山县府城镇划归海口市，琼山县治迁往岭脚镇，1955 年 11 月，府城镇划归琼山县，琼山县治迁回府城镇。1959 年 4 月，撤销琼山县，其行政区域全部划归海口市管辖；同年 10 月，琼山县恢复原来的县辖行政区域和行政建置。2002 年 10 月 16 日，琼山市和海口市合并。

海口市属热带海洋性季风气候区，年平均气温 23.8℃，最高平均气温 28.0℃，最低平均气温 18.8℃，年平均日照时数 2225.2 小时。年无霜期 365 天，终年无冰雪。雨热同季，气候资源丰富。主要气象灾害有：冬春季节的低温阴雨、夏秋季节的热带气旋、季节性干旱、局地性强对流天气、暴雨、雷暴以及强降水引发的洪涝等。

机构历史沿革

历史沿革　2003 年 5 月 16 日，海口市气象局成立，为正处级事业单位。管理原海南省琼山市气象局和原属海南省气候中心下属的海南省海口地面气象观测站、海南省海口高空气象探测站的全部人员和业务。市气象局机关设于海口市琼山区琼州大道 23 号原琼山市气象局大院。

管理体制　编制 32 人，海口市气象局实行海南省气象局与海口市人民政府双重领导，以海南省气象局领导为主的体制。

机构设置　海口市气象局 2003 年机构设置：办公室、预警中心、海口地面气象观测站、海口高空气象探测站、琼山地面气象观测站。2008 年设置：办公室、海口执法队、预警中心、琼山地面气象观测站、海口地面气象观测站、海口高空气象探测站。

单位名称及主要负责人变更情况

单位名称	姓名	职务	任职时间
海口市气象局	林　熙	局长	2003.05—2007.09
	黄丕新	副局长(主持工作)	2007.09—

人员状况　截至2008年底，海口市气象局在编人员32人，其中本科学历12人，大专学历8人，其他10人；中级职称9人，初级职称20人，其他3人。中共党员16人(其中退休党员5人)。

气象业务与服务

1. 气象业务

①地面气象观测

海口市气象局下辖海口地面气象观测站和海口市气象台琼山地面气象观测站。

海口地面气象观测站　担负国家基准气候站任务和酸雨、太阳辐射观测，实行自动观测与人工观测双轨运行，主要业务是完成地面基本气象要素的观测，每天向广州区域气象中心和海南省气象台传输8次定时观测电报，制作气象观测月、年报表。每天进行24时次地面气象定时观测，并编发02、05、08、11、14、17、20、23时8个时次的定时天气报。

琼山地面气象观测站　由海口市气象台(科级)管理，担负国家一般气象观测站任务，延续原有的24次自动地面气象定时观测和08、14、20时3次定时人工观测，每旬末拍发气象旬(月)报。制作气象观测月、年报表。2005年1月1日，地面自动气象观测站投入业务运行。自动观测项目有：温度、湿度、气压、风向、风速、降水、地面温度、草面温度、浅层和深层地温等。

②区域自动气象站网建设

2004年10月至今，海口市气象局建成区域自动气象站30个。其中，六要素站5个、五要素站2个、四要素站23个(含水位自动站2个、高速公路自动站3个)。

中尺度区域自动气象站观测项目有：气温、风向、风速、降水、湿度。

③高空气象探测

海口高空气象探测站的主要业务是完成高空气象观测，每天进行01、07、19时3个时次高空探测业务。每天向中国气象局和海南省气象台传输3次定时高空气象观测电报，其中02时次为雷达单独测风。

④农业气象观测

原海南省琼山市气象站属国家一级农业气象观测站，海南省海口市气象局成立后，其农业气象业务由海口市气象台管理，延续原来的双季早晚稻发育期观测、楝树、木棉、家燕、蛙和气象、水文现象物候观测。

2005年1月1日起，开展自然坡地、旱地作物、橡胶林3种地段的土壤湿度和凤潭、风圮2座水库现达水位、现达库容2项水库水情数据观测业务。观测数据上传海南省气象局。

⑤天气预报

2003年,海口市气象台使用地面卫星接收站和MICAPS预报业务平台开展天气预报工作至2004年底。2008年,根据《海南省气象局关于全省乡镇预报业务调整的通知》(琼气预发〔2008〕6号),同年8月起开展乡镇天气预报业务,时效为48小时,由省气象预警中心负责在相关媒体上发布。

2. 气象服务

①公众气象服务

海口市气象局加快发展地方气象事业,积极做好公众气象服务。努力争取地方政府支持,抓好气象灾害监测和预警系统、防御与减轻气象灾害工作体系的建设。从2008年1月开始,建立起稳固的逐年增长的地方财政支撑机制,当年投入气象建设资金15万元。2008年5月,海口市气象局建成气象灾害预警决策短信发布平台,实现可同步向市、区、镇(街道)、村(社区)4级党政领导和相关部门、企业、学校领导发布气象预警手机短信息,提高信息的传播速度和覆盖面。

2008年11月,海口市气象局争取海口市人民政府财政支持70万元,建立了气象应急救援车载移动指挥系统。

②决策气象服务

2003年5月海口市气象局成立以来,始终把为地方经济建设和农业生产服务放在首位,把防灾减灾、保护人民生命财产安全作为工作重点,全力做好气象监测、预报、预警和服务工作。

2005年9月25—28日,海口市遭受超强台风"达维"的影响,全市普降暴雨、局部大暴雨并伴有10～13级的大风。市气象局提前8天向市委、市政府汇报台风情况,提前5天准确预报强台风的登陆时间、地点,为市委、市政府及早组织防灾减灾提供决策依据,最大限度地减少了灾害损失,受到市委、市政府的表彰。

2007年10月2日夜间,台风"利奇马"在三亚市沿海地区登陆,给海口市带来严重影响,全市普降暴雨、局部大暴雨,沿海最大风力9～10级,内陆最大风力8～9级。市气象局提前4天做出准确预报,为市领导提供科学决策依据。由于预报准确,服务主动,领导重视,措施有力,部门联动,最终将台风造成的损失减少到最低限度,实现了台风影响期间的零伤亡目标,取得了显著的社会、经济和生态效益。海南省委常委、海口市委书记王为路在市气象局报送的《关于0715号台风气象服务情况的报告》上做了重要批示:"市气象局的服务保障工作是到位的,报告中所反映的问题,请政府统筹考虑。"

2008年10月12—14日,海南省出现持续性强降雨导致南渡江出现新中国成立以来第五大洪水,龙塘水文站水位超出警戒水位2.39米,海口市区大部被浸水,多个村庄被洪水围困。市气象局及早发布暴雨预报、预警信息,跟踪报告降雨实况,为市委、市政府组织抗洪抢险救灾提供决策依据,确保全市无一人死亡,无一水库和堤坝溃决。市政府致函海南省气象局,建议对市气象局给予通报表彰。

③专业与专项气象服务

人工增雨作业 2004年,海口市人民政府拨款20万元,购置1套流动火箭增雨作业车进行人工增雨作业，有效增强了作业的灵活性和作业效果。

2004年7月、8月、11月和2005年2—6月，海口市气象局先后开展火箭人工增雨抗旱作业，效果非常显著，受到海口市委、市人民政府的通报表彰(海办字〔2005〕51号文件)。

防雷技术服务 2003—2004年，海口市政府办公厅先后下发了《关于加强防雷工作的通知》(海府办〔2003〕195号)和《关于进一步加强防雷减灾工作的通知》(海府办〔2004〕154号)，明确了防雷减灾工作归口市气象局管理。2004起，市气象局每年与市安全生产监督管理局、市消防局、市教育局等单位组成联合防雷安全专项检查组，对全市的石油、化工行业和易燃易爆场所、主要工业企业、各大中小学校、各医院和公共聚集场所的防雷安全情况进行检查。2005年，市气象局进驻市政审批服务中心设立气象行政许可服务窗口，开展防雷工程设计审核和工程竣工验收和施放气球审批工作。

④气象科普宣传

海口市气象局每年均利用“3·23”世界气象日、安全生产月、科技活动月、“12·4”法制宣传日等契机，通过科普展板、多媒体、报纸、广播、电视、专题讲座、公益广告等形式，开展气象法律法规、防灾减灾宣传。科技人员进乡村、进企业、进基层、进学校、进工地等开展科普宣传活动，切实履行社会管理和公共服务职能。2008年，开通海口市气象局门户网站，扩大宣传气象部门工作。

⑤气象科技成果

海口市气象局科技人员积极开展业务科研活动，效果显著。2003—2008年，海口市气象局共发表科技论文21篇，其中5篇发表于科技核心期刊；获得海南省气象部门科技成果奖15项，其中一等奖2项：陈统强的《海南荔枝保花保果栽培措施》、《海南杂交早稻减产原因分析及最佳播种期选定》；二等奖8项：王刚的《海口地区杂交早稻产量构成因素的气象条件分析》，李春鸾的《近年来海口市酸雨状况分析》，陈统强的《海口地区自然物候特征及应用》、《海南早造水稻植期问题探讨》、《海南荔枝控冬梢促花芽分化技术》，吴文娟的《海口地区低温阴雨特征及其对早造水稻的影响》，苏定凤的《海口永庄气候平均差值的订正分析》，黄勇的《海口市55a气温变化分析》；三等奖5项：冯增丽的《影响高空探测高度的若干因素及提高探测高度的对策》，李春鸾《人工与自动站浅层地温观测差异的统计特征》，吴立新的《701C雷达高空探测系统运行的经验小结》等。

市气象局完成科研项目2项：2006年7月—2007年6月苏定凤主持的《海口永庄气候平均值误差订正方法探讨》；2006年12月—2007年11月陈统强主持的《稻—稻—瓜菜种植制度下早稻高产植期气象条件研究》。

气象法规建设与管理

依法行政 2005年9月，海口市气象局的施放气球活动审批、防雷装置设计审核和竣工验收3项行政许可项目，进入海口市政府服务中心服务窗口开展了规范运作，为市民开展服务。

海口市气象局加强探测环境保护工作，于2004年11月8日从海口市国土资源局得到原琼山市气象局实际使用土地732平平方米的国有土地使用权证。2005年，将有关法律、法规和文件在海口市规划、建设部门进行了备案。2007年，为了落实中国气象局《关于加强气象探测环境备案审批工作的通知》要求，再次将气象探测环境保护范围和保护标准向海口市规划、建设部门进行了备案，重申了有关部门在制定、审批可能影响气象探测环境和设施的城镇发展规划和重要建设项目时，应当事先征求市气象主管机构的意见。近年来，海口市无影响和破坏气象探测环境的案件发生。

政务公开 2005 年，海口市气象局为贯彻落实《中华人民共和国行政许可法》，将本部门的行政许可事项、实施机关、审批依据、审批条件、应提交的材料、收费依据和标准、审批期限、相应的表格、办理地点和联系人、联系电话等向社会公示。并在海口市市政府服务中心气象服务窗口公示实施行政许可的全部材料目录和申请书示范文本，统一受理行政许可申请、送达行政许可决定，出具符合法定要求的书面凭证。申请人提交申请材料不全或不符合法定形式时，遵守有关规定，实行一次告知申请人必须补正的全部内容。通过职工大会、局务公开栏、网上办公系统 3 种形式，定期规范执行政务公开工作，广泛接受民主监督。公开内容有：财务收支、干部任免、目标考核、基础设施建设、工程招投标、工资福利发放等，取得显著成效。

2008 年，海口市气象局贯彻落实国务院《政府信息公开条例》，并根据市政府的要求，制订了政务信息公开指南和目录，制订了《海口市气象局政务信息公开实施细则》、《海口市气象局政务信息公开责任制度》、《海口市气象局政府信息公开责任追究制度》等 5 项公开制度。

党建与气象文化建设

1. 党建工作

党组织建设 2003 年 12 月，经中共海口市直属机关工作委员会同意，成立中共海口市气象局党支部委员会，共有党员 16 名(其中退休党员 5 名)。

2008 年 7 月，中共海口市气象局支部获得海口市直机关工委授予“2007—2008 年度先进基层党组织”称号。

党风廉政建设 海口市气象局坚持党风廉政建设工作规范化、制度化、科学化。根据海口市委的统一部署，2005 年 8—11 月，以“提高党员素质，加强基层组织，服务人民群众，促进各项工作”为目标，在全局共产党员中开展以实践“三个代表”重要思想为主要内容的保持共产党员先进性教育活动。2008 年 4—12 月，深入开展以“执政为民、勤政廉洁、提高效率、优化环境、促进发展”为主要内容的机关效能建设，使机关内部管理明显改善，作风建设明显好转，工作效率明显提高，依法行政明显加强，源头治腐的成效明显。

2. 荣誉

2003 年 5 月—2008 年 12 月，海口市气象局共获得中国气象局、海南省气象局等单位授予的集体荣誉 18 项。其中，2005 年度，海口市气象局被中国气象局授予“全国气象部门局务公开先进单位”称号；2007 年，海口市气象局被海南省气象局授予“重大气象服务先进集体”称号；2008 年，海口市气象局被中国气象局授予“全国重大气象服务先进集体”称号，被中国气象局授予“全国气象部门局务公开示范单位”称号。

台站建设

海口市气象局自成立以来，一直注重搞好台站建设。2007 年 10 月 29 日，投资 70 多万元，建筑面积 420.7 平方米的新业务楼投入使用。其中行政办公室 4 间，业务值班室 3 间，多功能会议厅 1 间，计算机网络交换机房 1 间。

2008 年 5 月，市气象局大院环境综合改造工程开工，历时 8 个月，总投资 137 万元，建成了富有文化特色的大门、长 48 米的文化长廊、长 165 米的护栏式围墙、塑胶地面羽毛球场 1 个、攀藤休闲凉亭 1 座、鹅卵石曲径 1 条，安装 10 套健身器材和 1 套视频监控系统，栽种花草树木绿化庭院，硬化全部道路，站容站貌焕然一新。

海口市气象局成立初期接管建于 20 世纪 80 年代的原琼山县气象局业务办公楼

2007 年 10 月建成的海口市气象局业务办公楼

2007 年建成的海口市气象局大门

2007 年综合改造后的海口市气象局大院新貌

海口地面气象观测站

机构历史沿革

历史沿革 民国元年(公元1912年)7月在琼州(今海口市)设观测站开始观测雨量。民国十三年(公元1924年)开始观测气温。因战乱于民国三十二年(公元1943年)12月全部中断观测。民国三十六年(公元1947年)恢复观测,观测项目为:雨量、气温、湿度、云、能见度、蒸发量等要素。

1950年5月,海南岛解放,原海口气象台恢复工作,更名为海南军区司令部海口气象站,下设地面气象观测组。1953年8月,海南军区司令部海口气象站更名为广东省海口气象台。1958年9月,更名为广东省海南行政公署气象台。1959年1月,水文与气象合并,地面气象观测业务由广东省海南水文气象研究所负责。1960年8月,为实现县县都有气象站的目标,成立广东省琼山县气象服务站,海口地面气象观测业务移交该站管理。1969年1月,广东省琼山县气象服务站被撤销,地面气象观测业务迁回海南行政区水文气象服务台管理。1971年5月,水文与气象分开,地面气象观测业务回归广东省海南行政区气象台管理。1971年9月,地面气象观测业务单独划出,成立广东省海口地面气象观测站(正股级)。1980年1月为国家基本气象站。1988年4月海南建省,5月更名为海南省海口地面气象观测站,同年10月起为正科级单位。1991年1月为国家基准气候站,气象信息参加全球资料交换。

管理体制 1950年5月—1953年8月,归海南军区司令部海口气象站管理。1953年9月—1958年9月,归广东省海口气象台管理。1958年10月—1958年12月,归广东省海南行政公署气象台管理。1959年1月—1960年7月,归广东省海南水文气象科学研究所管理。1960年8月—1968年12月,归广东省琼山县气象服务站管理。1969年1月1日,广东省琼山县气象服务站撤销,归广东省海南行政区气象服务台管理。1971年4月—1973年9月,受广东省海南行政区气象水文服务台革命委员会领导,归军队管理。1971年5月,气象与水文分开,归广东省海南行政区气象台管理。1973年9月—1988年4月,归属海南行政区气象局管理。1988年5月—1994年3月,归属海南省大气探测资料中心管理。1994年4月—2003年5月,归属海南省气候中心管理。2003年5月,归属于海南省海口市气象局管理。

单位名称及主要负责人变更情况

单位名称	姓名	职务	任职时间
海南军区司令部海口气象站	林中	站长	1951.01—1951.06
	董大星	站长	1951.07—1952.06
	何心广	站长	1952.07
	罗学昌	站长	1952.08
	杨佩林	站长	1952.09—1953.07
广东省海口气象台	王　科	台长	1953.08—1954.09
	袁文会	台长	1954.09—1956.01
	邱永良	台长	1956.02—1956.10
	刘莫坤	台长	1956.11—1958.09
广东省海南行政公署气象台			1958.09—1958.12
广东省海南水文气象研究所		所长	1959.01—1960.07
广东省琼山县气象服务站	庄裕武	站长	1960.08—1962.07
	彭志诚	站长	1962.08—1965.10
	陈武爵	站长	1965.11—1968.12
广东省海南行政区水文气象服务台	郭世昌	台长	1969.01—1971.08
广东省海口地面气象观测站	谢　省	站长	1971.09—1973.10
	陈汉光	站长	1973.11—1975.03
	谢　省	站长	1975.04—1977.07
	翁诗发	站长	1977.08—1978.03
	胡粤安(女)	站长	1978.04—1981.08
	云婉婷(女)	站长	1981.09—1984.03
	张　力	站长	1984.04—1988.04
海南省海口地面气象观测站			1988.05—1994.07
	蒙美裕	站长	1994.08—1997.09
	王林光	站长	1997.10—2002.04
	苏定凤	站长	2002.05—2008.09
	黄　勇	站长	2008.09—

人员状况　截至2008年底，海口地面气象观测站在编人员9人。其中，大专以上学历2人；中级职称2人，初级及以下职称6人。在职党员1人。

地面气象观测业务

1. 基本地面气象观测

1951年1月1日开始观测，观测项目有：气压、风向、风速、蒸发、降水量、气温、湿度、最低气温、最高气温、10～30厘米地温、露点温度、地面状态、绝对湿度、能见度、天气现象、相对湿度、云状。

2004年1月起实行自动观测与人工观测双轨运行，其中2004年以人工观测为主，自动观测为辅，2005年起以自动观测为主。现在观测项目有：云、能见度、天气现象、气温、湿度、风向、风速、气压、降水、日照、蒸发(大型)、地面温度、雪深、浅层和深层地温、辐射、草面温度等,除草面温度外均为发报项目。

1951年11月1日—1953年12月31日,增加目测云向(其中1952年1月1日—1953年12月31日,改为测云杆观测云向)。1952年1月1日—1960年7月31日,开展小球测风实测云高。1953年1月1日至今,增加估测云高。1951年1月1日起,开展地面状态观测,1960年7月31日终止。1953年8月1日,开始观测草温,至1953年12月31日终止。2007年1月1日起,用铂电阻地温传感器进行自动观测。1954年1月1日—1975年2月28日,观测计算饱和差。1951年1月1日—1979年12月31日,观测计算绝对湿度。1957年5月16日,开始日射观测至现在。1957年5月16日—1966年4月,进行热量平衡测量。1991年1月1日起,正式开展基准气候观测业务。1991年7月1日,正式开展酸雨观测至现在。

1951—1953年,地面气象观测执行中原时区(东经120°地方时);1954年—1960年7月,执行地方平均太阳时;1960年8月起执行北京时(气象观测用时间规定全书同)。每天进行24时次观测,并向广州区域气象中心和海南省气象台传输编发02、05、08、11、14、17、20、23时8个时次的定时天气绘图报。不定时编发大风、雷暴、雾、冰雹、累计降水量等重要天气报。

按规定制作地面气象观测月报表和年报表,各类气象月报、年报气表采用手工抄写方式编制,一式3份,分别上报中国气象局、海南省气象局各1份,站里留底1份。1995年1月起,用台式计算机制作各类气象报表,上报数据文件并保存资料档案。

2. 站址及观测场

1951年1月1日—1953年7月31日,海口地面气象观测站站址在海口飞机场(市郊),观测场位于北纬20°00′,东经110°25′,观测场海拔高度16.1米。1953年8月1日—1953年12月31日,站址在海口市文明东路2号(市郊),距前址北方3000米,观测场位于北纬20°00′,东经110°25′,观测场海拔高度2.8米。1954年1月1日—1957年5月31日,站址在海口市龙岐村(郊外),距前站址南方3000米,观测场位于北纬20°00′,东经110°25′,观测场海拔高度14.4米。1957年6月1日—1960年7月31日,站址在海口市龙岐村(郊外),观测场位于北纬20°00′,东经110°25′,观测场海拔高度14.1米。1960年8月1日—1968年12月31日,站址在琼山县府址镇丁村(郊外),观测场位于北纬19°59′,东经110°20′,观测场海拔高度17.6米。1969年1月1日—1970年4月30日,站址在海口市龙岐村(郊外),观测场位于北纬20°00′,东经110°25′,观测场海拔高度14.1米。1970年5月1日—1974年5月13日,站址在海口市龙岐村(郊外),观测场位于北纬20°00′,东经110°21′,观测场海拔高度14.1米。1974年5月14日—1990年12月31日,站址在海口市龙岐村(郊外),距前站址西南方40米,观测场位于北纬20°00′,东经110°21′,观测场海拔高度14.1米。1991年1月1日—1991年12月31日,站址在海口市海府路60号(市区),距前站址南南东方80米,观测场位于北纬20°02′,东经110°21′,观测场海拔高度14.1米。1992年1月1日—2006年12月31日,站址在海口市海府路60号(市区),观测场位于北纬20°02′,东经110°21′,观测场海拔高度13.9米(在原地,1992年1月实测海拔高度为

13.9 米)。2007 年 1 月 1 日至今,站址在海口市南海大道 286 号(市区),距前站址西南西方 11595 米,观测场位于北纬 20°00′,东经 110°15′,观测场海拔高度 63.5 米。

3. 气象观测仪器

气压观测仪器 1951 年 1 月 1 日起,采用定槽式水银气压表。1953 年 8 月 1 日,改为空盒气压表。1954 年 3 月 1 日,改为动槽式水银气压表至 2008 年 12 月。1953 年 8 月 1 日,增加周转型空盒气压计自记,其中 1956 年 10 月 1 日—1960 年 7 月 31 日改为日转型。1974 年 6 月 1 日,恢复使用日转型空盒气压计自记。2004 年 1 月 1 日,增加 PTB220 硅电容压力传感器自动观测气压。

气温观测仪器 1951 年 1 月 1 日起,为木制大百叶箱内干湿球温度表。1979 年 9 月 1 日—1979 年 12 月 30 日,改为百叶箱通风干湿表。1979 年 12 月 31 日,改为干湿球温度表。1985 年 1 月 1 日,改为百叶箱通风干湿表。1988 年 2 月 1 日—2008 年 12 月,采用干湿球温度表、最低温度表、最高温度表。1953 年 8 月 1 日,增加周转型双金属型自记温度计。1956 年 10 月 1 日,改为日转型至现在。2004 年 1 月 1 日,木制大百叶箱换为 BB-1 玻璃钢大百叶箱,气温以 HMP45D 铂电阻温湿度传感器自动观测至现在。

风向风速观测仪器 1951 年 1 月 1 日起,采用标准风向仪、鲁滨逊风速表。1952 年 10 月起,改为 9 灯风向仪。1953 年 8 月 1 日起,风速记录改为以风力估计,风向改为丁型风向器。1954 年 3 月 1 日起,改为四杯形风速表。1955 年 1 月 1 日起,改为维尔德测风器(轻、重型)。1958 年 2 月 1 日,启用达因式风向风速计(自记)。1969 年 1 月 1 日,改用 EL 型电接风向风速计。1980 年 1 月 1 日起,使用自记 EL 型电接风向风速计。1980 年 5 月 1 日,用达因式风向风速计(自记)。1980 年 6 月 10 日起,使用自记 EL 型电接风向风速计。1993 年改用 EN 型电接风向风速计。2004 年 1 月 1 日起,增加 EL15-2D、EL15-1A 型风传感器(自动)。

蒸发观测仪器 1951 年 1 月 1 日起,使用 20 厘米口径箱内蒸发器。1952 年 2 月 1 日—1953 年 2 月 28 日,改为 80 厘米口径蒸发器。1952 年 2 月 1 日—1990 年 12 月 31 日,增加用 20 厘米口径小型蒸发器。1991 年 1 月 1 日,改用 E-601 型蒸发器。2004 年 1 月 1 日起,使用 AG1.0B 型自动观测蒸发器。

降水量观测仪器 1951 年 1 月 1 日起,使用 20 厘米口径无防风圈雨量器。1952 年 3 月 1 日起,使用 16 厘米虹吸式自记雨量计。1954 年 12 月 1 日起,使用 20 厘米有防风圈雨量器。1969 年 1 月 1 日,改为 20 厘米无防风圈雨量器。1970 年 5 月 29 日起,使用 20 厘米虹吸式自记雨量计。2004 年 1 月 1 日起,使用翻斗式遥测自动雨量传感器。

湿度观测仪器 1951 年 1 月 1 日起,使用干湿球温度表。1953 年 8 月 1 日,加装周转自计毛发湿度计。1969 年 1 月 1 日起,改为日转型自计毛发湿度计。1979 年 9 月 1 日,干湿球温度表改为百叶箱通风干湿表。1979 年 12 月 31 日,改为干湿球温度表。1985 年 1 月 1 日,改用百叶箱通风干湿表。1988 年 2 月 1 日,改为干湿球温度表。2004 年 1 月 1 日,加装 HMP45D 铂电阻温湿度传感器。

地温观测仪器 1951 年 1 月 1 日起,采用 10、20、30 厘米曲管地温表。1951 年 7 月 1 日—1953 年 7 月 31 日,增加 5 厘米曲管地温表、100 厘米直管地温表。1955 年 3 月 1 日,增加40、80、160、320厘米直管地温表。2004年1月1日起，安装铂电阻地温传感器自动观测地面温度、地面最高气温、地面最低气温、5厘米地温。

日照观测仪器 1952年1月1日—1952年2月，采用乔唐式日照计。1952年3月，改为聚焦式日照计。1973年4月1日，改为暗筒式式日照计至2008年12月。1992年1月1日，正式启用遥测辐射仪至2008年12月。2005年1月1日，开始使用自动雨量计至现在。2007年增加了闪电定位仪和土壤湿度仪。

4. 地面遥测自动气象站

2004年1月1日，海口地面气象观测站建成CAWS600-S型遥测自动气象站，实行人工站与自动站平行观测。2005年1月1日投入业务运行，开始以自动观测资料为主。启用(OSSMO 2004版)地面气象测报业务软件。自动站观测项目：温度、湿度、气压、风向风速、降水、地面温度、草面温度等。以自动站资料为准拍发天气图报。自动站采集的资料与人工观测资料存于计算机中互为备份，每月定时复制归档、保存、上报。

5. 气象信息网络建设

自建站以来，海口地面气象观测站的各类气象电报主要用固定电话传输。1986年1月1日起，使用PC-1500袖珍计算机取代人工编报。1995年起，使用微型计算机替代PC-1500袖珍计算机，提高了测报质量和工作效率，减轻了观测员的劳动强度。

1996年9月，实施计算机网络传输气象电报业务。2004年1月，计算机网络通信由X.25专线改为宽带网；同年12月，计算机网络通信由宽带网改为光纤网数据传输，速率由每秒1千兆升级为每秒2千兆。2005年1月起，开通OA网上无纸化办公系统，搭载海南省气象局办公自动化系统，实现网上无纸办公。

气象科技成果与奖励

气象科技成果 2000—2008年，海口地面气象观测站开展气象科研项目1项，发表科技论文7篇。其中，李春鸾撰写的《人工与自动站浅层地温观测差异的统计特征》，2005年获得海南省气象学会优秀气象科技论文奖三等奖；《近年来海口市酸雨状况分析》，2006年获海南省气象学会优秀气象科技论文成二等奖；苏定凤、王刚等撰写的《海口永庄气候平均差值的订正分析》，黄勇、王刚等撰写的《海口市55a气温变化分析》2008年获海南省气象学会优秀气象科技论文二等奖。

荣誉 2000—2008年，海口地面气象观测站获得省部级集体荣誉1项，个人荣誉4人次。其中，2002年，海口地面气象观测站被中共海南省直属机关工委授予“2000—2001年度文明单位”称号；2005年，世界气象组织(WMO)因为海口地面气象观测站参加全球气候观测系统(GCOS)做出的贡献，颁发了“高质量观测数据”证书。

20 世纪 60 年代的海口地面气象观测站观测场

20 世纪 80 年代的海口地面气象观测场

20 世纪 90 年代海口地面气象观测场与值班室

海口高空气象探测站

机构历史沿革

历史沿革 1951 年 8 月，海南省海口高空气象探测站的前身海南军区司令部海口气象站，在海口飞机场开展小球经纬仪测风业务。观测场位于北纬 20°00′，东经110°25′，观测场海拔高度 24.9 米。1953 年 8 月，站址迁至海口市文明东路 2 号。1954 年 1 月 1 日，站址迁到海口市白龙乡龙岐村，观测场位于北纬 20°00′，东经 110°21′，观测场海拔高度 15 米。

1971 年 8 月以前，海口高空气象探测业务没有单独划出，只设一个高空气象观测组。1971 年 9 月，广东省海口高空气象探测站成立。1988 年 5 月海南建省，名称改为海南省海口高空气象探测站。1991 年 1 月 1 日，海口市龙岐村站址改称为海口市海府路 60 号。2007 年 1 月 1 日，站址迁至海口市南海大道 286 号，观测场位于北纬 20°00′，东经 110°15′，观测场海拔高度 63.5 米。1991 年 1 月，海口高空气象探测站参加全球气象情报交换。

管理体制 1951 年 8 月—1953 年 8 月，海口高空气象探测站由海南军区司令部海口气象站管理，1953 年 9 月起由广东省气象局管理。1971 年 4 月，高空气象探测业务工作部分单独划出，成立海南行政区气象台探空站，实行军队管理。1971 年 5 月，气象与水文分开，归广东省海南行政区气象台管理。1971 年 9 月，改称广东省海口高空气象探测站。1973 年 9 月—1988 年 4 月，归属广东省海南行政区气象局管理。海南建省后由海南省气象局管理。1988 年 5 月—1994 年 3 月，归属海南省大气探测资料中心管理。1994 年 4 月—2003 年 5 月，归属海南省气候中心管理。2003 年 5 月 16 日起，归属海南省海口市气象局管理。

单位名称及主要负责人变更情况

<table>
<tr><th>单位名称</th><th>姓名</th><th>职务</th><th>任职时间</th></tr>
<tr><td rowspan="4">广东省海口高空气象探测站</td><td>王明裕</td><td>指导员</td><td>1971.09—1973.09</td></tr>
<tr><td>许金玲(女)</td><td>副站长(主持工作)</td><td>1971.09—1974.11</td></tr>
<tr><td>刘厚斌</td><td>站长</td><td>1974.11—1984.03</td></tr>
<tr><td rowspan="3">王国经</td><td rowspan="2">副站长(主持工作)</td><td>1984.03—1988.04</td></tr>
<tr><td rowspan="6">海南省海口高空气象探测站</td><td>1988.05—1988.11</td></tr>
<tr><td>站长</td><td>1988.11—1993.05</td></tr>
<tr><td>李汉辉</td><td>站长</td><td>1993.05—1998.03</td></tr>
<tr><td>姚少云(女)</td><td>站长</td><td>1998.03—2003.05</td></tr>
<tr><td rowspan="2">陈　海</td><td>副站长(主持工作)</td><td>2003.06—2008.09</td></tr>
<tr><td>站长</td><td>2008.09—</td></tr>
</table>

注：1951 年 8 月—1971 年 8 月，海口高空气象探测站业务工作没有单独划出，仅在被管理单位中设高空观测组，无法查找到组长姓名。

人员状况 1951 年 8 月，海南军区司令部海口气象站开始测风业务时，人员编制 5 人，没有探空业务。1955 年 12 月，开始探空试验业务。1956 年 8 月，正式开始探空和测风综合探测，人员增至 9 人。随着观测次数的增加和探测业务的扩展，1975—1998 年人员增至 12 人，最多时达到 15 人。1999 年后，采用计算机处理记录代替手工计算，使记录处理的时效和质量大幅度提高，人员编制减至 9 人。

截至 2008 年底，海口高空气象探测站编制 9 人，在编 8 人，均为汉族。其中中级职称 2 人，初级职称 6 人；本科学历 1 人，大专学历 7 人。在职党员 2 人，退休党员 1 人。

高空气象探测业务

海口高空气象探测站的主要业务是完成高空气象观测，每天向中国气象局和海南省气象台传输 3 次定时高空观测电报和每月 08 时气候月报，制作高表-1、高表-2 月报表。

1. 高空气象观测

海口高空气象探测站每天进行 02、08、20 时 3 个时次高空气象探测业务，其中 02 时为雷达单独测风，08、20时为雷达综合测风。1951年8月开始小球经纬仪测风。1952年12月，20时改为探空、大球经纬仪测风。1956年8月，08时改为探空、大球经纬仪测风。1974年11月改为探空、大球701A雷达综合探测。2007年1月1日—2008年12月31日改为GTS(U)2-1型数字式电子探空仪-701C雷达综合探测。2009年1月1日至今改为GTS1型数字探空仪-L波段雷达综合探测。探测要素为地面以上30千米范围内各层次的风向、风速、温度、气压及湿度等参数。

2. 探空设备及技术规定

气球及探空仪 小球测风、雷达单独测风、探空使用气球型号分别是：20号、80号、120号气球。

使用制氢缸进行化学制氢充灌气球，于1973年10月起改用电解水制氢。

20世纪70年代建成的海口高空气象探测站制氢灌球房

在1960年8月以前，使用从芬兰进口的芬式探空仪，1960年9月—1967年4月，使用从苏联进口的苏式P3-049型探空仪。1967年5月，开始使用国产59型探空仪。2007年1月1日—2008年12月31日，改用天津气象仪器厂生产的GTS(U)2-1型数字式电子探空仪。

701型雷达 701型雷达是我国研制的气象探测专用雷达。从1960年开始，中国先后研制生产了701A型、701B型、701C型雷达。1974年前，海口高空气象探测站使用进口的马拉赫测风雷达。1974年11月—2006年12月31日，改用国产701A型雷达(1986年曾大修一次)。2007年1月1日—2008年12月31日，改用国产701C型雷达。

2007年1月建成的海口高空气象探测站制氢灌球房和701C型探空雷达

2007年1月建成的海口高空气象探测站701C型雷达自动化工作平台

高空探测技术规定 海口高空气象探测站统一执行全国的业务技术规定。1951年10月起，执行中央军委气象局编发的《高空风测报简要》。1954年9月起，按中央气象局颁发的《新编观测规范(高空部分)》执行。1956年7月1日起，使用芬式探空仪，执行《芬式无线电探空观测暂行规范》。1974年4月起，使用GD03Ⅲ、GD04Ⅲ电码。1977年4月起，开始执行中央气象局颁发的《高空气象观测规范》。从1985年1月起，使用PC-1500袖珍计算机探空测风记录处理计算程序。1999年7月，执行59-701高空气象探测系统业务操作手册。2007年1月1日—2008年12月31日，使用701C-GTS(U)2-1数字式电子探空仪系统业务操作手册。

3. 高空气象报表制作

海口高空气象探测站建站后，高空气象探测月报表采用手工抄写和人工统计方式编制，一式3份。分别上报中国气象局、省气象局资料室各1份，本站留底1份。1996年5月，开始使用针式打印机打印高空月报表。2003年，开始向上级管理部门报送电子版探测资料和月报表。台站资料平时采用双机备份，2008年开始用移动硬盘保存永久性资料。

20世纪60年代，海口高空气象探测站人员在进行记录计算工作

4. 高空探测业务科研

海口高空气象探测站结合气象探测业务，开展科研工作。2001—2008年，发表科技论文3篇。其中，戴丽琼的论文《提高气球探测高度的措施》和《影响探测高度的几个因素及对策》分别刊载于《河南气象》和《广西气象》；吴立新的论文《701C雷达高空探测系统运行的经验小结》刊载于《气象研究与应用》，并获得海南省气象学会优秀气象科技论文三等奖。

20世纪90年代的海口高空气象探测站值班室

琼山地面气象观测站

海南省海口市琼山区位于海南岛北端，是国家历史文化名城，古名珠崖、琼州、京台、颜城，素有“琼台福地”的美称。我国历史上著名人物邱浚、海瑞等均出于琼山。唐贞观元年(公元 627 年)，改颜城为舍城，从舍城县中分割一部分设置琼山县。唐朝至清朝，琼山县都是琼州府的所在地。自明代琼州升格为府后至民国初年，琼山一直是海南岛的政治、经济、文化中心。1958 年 12 月曾并入海口市，1959 年 11 月恢复设置琼山县。1994 年 1 月撤县设琼山市(县级市)。2002 年 10 月，海口市、琼山市行政区划调整，2003 年 1 月，撤销琼山市改设为海口市琼山区。全区总面积 939.9 平方千米，总人口 32 万。

海口市琼山区属热带海洋性季风气候区，雨热同季，气候资源丰富。年平均气温 23.8℃，年平均日照 1752 小时，年平均雨量 1724.5 毫米，雨季一般集中在 8—10 月。海南岛最大的河流——南渡江下游干流从辖区中部穿过，过境流程 69 千米。主要气象灾害有：冬春季节的低温阴雨、夏秋季节的热带气旋、季节性干旱、局地性强对流天气、暴雨、雷暴以及强降水引发的洪涝等。

机构历史沿革

历史沿革 1960 年 5 月，建立广东省琼山县气象服务站，站址在琼山县府城镇郊外“丁村”，观测场位于北纬 19°59′，东经 110°20′，海拔高度 17.6 米；同年 8 月 1 日，正式开展地面气象观测业务；同日，广东省海南行政区公署水文气象研究所观测组(包括全部仪器和 6 名工作人员)下放给广东省琼山县水文气象局管理；同年 8 月 3 日，广东省琼山县水文气象局成立琼山县气象服务站，为国家基本气象观测站。1962 年 8 月琼山县气象服务站称为广东省琼山县气象服务站。1969 年 1 月，广东省琼山县气象服务站被撤销，地面观测站迁至海口市白龙乡龙歧村，并入广东省海南行政区气象水文服务台，由该台革命委员会管理。观测场距前址西北方 7000 米，海拔高度 14.1 米。1974 年 7 月，广东省海南行政区气象局批准重建琼山县气象站；同年 11 月选址，12 月成立琼山县气象站筹建小组。1975 年 1 月 20 日，广东省气象局下发《关于重建琼山县气象站的批复》(粤气站字〔1975〕004 号)同意重建广东省琼山县气象站，并拨发建站补助费 1 万元。1975 年 7 月，广东省琼山县气象站正式成立。站址位于琼山县府城镇东门城墙，1976 年完成基本建设和仪器设备安装工作。观测场位于北纬 20°00′，东经 110°22′，海拔高度 10.2 米。1977 年 1 月 1 日，广东省琼山县气象站正式开始地面气象观测业务，为国家气象观测一般站。1980 年 5 月，更名为广东省琼山县气象局。1980 年 11 月 20 日，观测场向东北方移动 16 米，海拔高度为 9.9 米。1980 年 12 月起，琼山县气象局更名为广东省琼山县气象局。1988 年 4 月海南建省，5 月改称海南省琼山县气象局。1994 年 1 月，改称海南省琼山市气象局，站址海口市琼山区琼州大道 23 号。

2003 年 5 月 16 日，琼山市气象局被撤销，保留琼山气象站，名称为琼山地面气象观测站，作为海口市气象局的下属单位，业务由海口市气象台管理，担负国家一般气象观测站任务。2007 年 1 月 1 日起，琼山地面气象观测站更名国家气象观测站二级站。2008 年起为国家一般气象观测站。

管理体制　1960 年 8 月，琼山县气象服务站实行琼山县人民委员会与广东省海南行政公署水文气象局双重领导，以琼山县人民委员会领导为主。1962 年 2 月，实行琼山县人民委员会与广东省海南行政公署气象局双重领导，以广东省海南行政公署气象局领导为主。1975 年 1 月起，实行琼山县革命委员会与海南行政区气象局双重领导，以琼山县革命委员会领导为主。1980 年 5 月 2 日起，实行局、站合一，一套人马、两块牌子的体制。1981 年 1 月起，实行琼山县人民政府与广东省海南行政区气象局双重领导，以广东省海南行政区气象局领导为主。1994 年 1 月，实行海南省气象局与琼山市人民政府双重领导，以海南省气象局领导为主的体制。2002 年 10 月 16 日，琼山市并入海口市，琼山市气象局继续开展各项工作，实行海南省气象局与海口市政府双重领导，以海南省气象局领导为主。2003 年 5 月 16 日，成立正处级事业单位海南省海口市气象局，琼山市气象局被撤销，琼山地面气象观测站划归海口市气象局管理。

机构设置　1960—1979 年设测报组、预报组、农气组。1980—2003 年设办公室、预报股、测报股、农气股。

单位名称及主要负责人变更情况

<table>
<tr><th>单位名称</th><th>姓名</th><th>职务</th><th>任职时间</th></tr>
<tr><td rowspan="3">广东省琼山县气象服务站</td><td>庄裕武</td><td>站长</td><td>1960.08—1962.07</td></tr>
<tr><td>彭志诚</td><td>站长</td><td>1962.08—1965.10</td></tr>
<tr><td>陈武爵</td><td>副站长（主持工作）</td><td>1965.11—1968.12</td></tr>
<tr><td>广东省琼山县气象站</td><td>杨来甫</td><td>站长</td><td>1975.07—1980.04</td></tr>
<tr><td rowspan="4">广东省琼山县气象局</td><td>竺植录</td><td>局长</td><td>1980.05—1980.11</td></tr>
<tr><td>杨来甫</td><td>副局长（主持工作）</td><td>1980.12—1984.11</td></tr>
<tr><td>刘付忠</td><td>局长</td><td>1984.11—1985.03</td></tr>
<tr><td rowspan="2">郑声德</td><td rowspan="2">副局长（主持工作）</td><td>1985.03—1988.04</td></tr>
<tr><td rowspan="2">海南省琼山县气象局</td><td>1988.05—1992.10</td></tr>
<tr><td rowspan="2">邢诒炳</td><td rowspan="2">局长</td><td>1992.11—1993.12</td></tr>
<tr><td rowspan="3">海南省琼山市气象局</td><td>1994.01—1996.11</td></tr>
<tr><td rowspan="2">李少芸（女）</td><td>副局长（主持工作）</td><td>1996.12—1998.10</td></tr>
<tr><td>局长</td><td>1998.11—2003.04</td></tr>
<tr><td>琼山地面气象观测站</td><td>王　刚</td><td>站长</td><td>2003.05—</td></tr>
</table>

人员状况　1960 年 8 月 1 日，琼山县气象服务站正式开展业务时有工作人员 6 人。1968 年底，人员增至 9 人。1975 年 1 月 20 日，广东省琼山县气象站重建时编制 7 人。其中，站长 1 人，气象员 4 人，学徒工 1 人，集体职工 1 人。1980 年 5 月，增加农业气象人员编制 3 人，总编制 10 人。至 2003 年成立海南省海口市气象局之前，琼山市气象局在职人员 13 人，其中大学学历 3 人，大专学历 2 人，中专学历 5 人；中级职称 3 人，初级职称 7 人。2003 年 5 月，琼山地面气象观测站在职人员 3 人，其中本科学历 2 人，高中学历 1 人；中级

职称 2 人,初级职称 1 人。

气象业务与服务

1. 气象业务

地面气象观测 1960 年 8 月 1 日—1968 年 12 月 31 日,琼山县气象服务站每天进行 24 时次观测,并向汉口区域气象中心传输编发 02、05、08、11、14、17、20、23 时 8 个时次的定时气象报。不定时向汉口、广州编发台风报。观测项目有:云、能见度、天气现象、气温、风向、风速、气压、湿度、降水、日照、大型蒸发、地面温度、雪深、浅层和深层地温、辐射、草面温度等,除草面温度外均为发报项目。定时制作地面气象观测月报表和年报表。

1977 年 1 月 1 日,重建琼山县气象站并正式开展每天 08、14、20 时(北京时)3 次进行定时地面观测,夜间不守班。观测项目有:风向、风速、气温、气压、湿度、云、能见度、天气现象、降水、日照、小型蒸发、地面温度、浅层和深层地温等。

1979 年 6 月 1 日,县气象站开始不定时向广州气象中心编发重要天气报。1980 年改为不定时拍发灾害性天气实况报;同年 7 月 15 日—10 月 15 日增加拍发台风业务试验报。1984 年改为每月 1 日、11 日、21 日的 03 时前编发气象旬(月)报。2007 年 6 月 1 日起,每天 08、14、20 时编发定时天气观测报告及不定时编发大风、雷暴、雾、冰雹、累计降水量等重要天气报。

担负按时制作地面气象观测月报表和年报表任务。用手工抄写方式制作地面气象观测月报气表-1、年报气表-21,一式 2 份,上报省气象局气候资料室 1 份、站里留底 1 份。

1960—1985 年,使用人工查算表。1986 年 1 月起,用 PC-1500 袖珍计算机编发报。1995 年 8 月,开始使用台式计算机编发电报和制作报表。从 1999 年开始使用台式计算机制作气象报表,上报数据文件并保存资料档案。

地面遥测自动气象站 2003 年 10 月,建成 ZQZ-CⅡ型遥测自动气象站,2004 年 1 月 1 日起投入使用,启用(OSSMO 2004 版)地面气象测报业务软件。2006 年 1 月 1 日起,自动气象站实行单轨运行,每天进行 24 次定时观测,保留 08、14、20 时 3 次人工定时观测;同年 1 月 1 日—12 月 31 日每天 08、20 时进行人工站与自动站对比观测。2007 年 1 月 1 日起,每天 20 时进行人工站与自动站对比观测。

农业气象观测 1977 年,开始进行农业气象观测试验。1979 年 9 月 18 日,被广东省气象局确定为农业气象基本站。从 1980 年开始,以中央气象局 1979 年 6 月颁发的《农业气象观测方法》开展水稻(包括早、晚稻)和自然物候观测、农业气象的大田调查。

1989 年 5 月 22 日,被国家气象局列为国家级一级农业气象基本观测站。1990 年 1 月 10 日,开始往北京气象中心拍发气象旬(月)报。1994 年初,开始执行《农业气象观测规范》,开展双季水稻发育期、蛙、家燕、楝树、木棉、物候及气象水文现象观测,作物大田调查、农业气象灾情调查,编发气象旬(月)报,制作农气表-1、农气表-3 等业务。

县气象站除了完成上级业务主管部门下达的水稻、番薯、花生等作物生育期观测和自然物候观测外,还配合地方农科部门进行农业改制、科技攻关、良种繁育、水科等项目,开展作物生育期观测和针对农业生产中发生的农业气象灾害开展专题观测试验。

2001 年 4 月,中国气象局下拨专项经费购置农业气象工作用摩托车 1 部。

气象哨建设 1977年末，琼山县共建成气象哨17个。1982年因人员编制、工资等问题难以解决，除红旗公社和红明、三江、大坡农场气象哨外，其余的都停止运行。1983年，琼山县气象局在琼山县辖区内东、西、南、中部设立6个气象哨，其中4个重点哨，观测项目：百叶箱干球温度、最高温度、最低温度、降水、蒸发。1986年，因气象哨维持经费困难而停办。

天气预报 1960年8月1日—1968年12月31日，县气象站开展单站补充天气预报。为满足服务地方政府的需要，1975年，建设中的琼山县气象站派出李开育等同志到海南气象台复制海口地区地面气象资料及简易天气图、气象要素时间综合剖面图等资料。1975年8月1日起，开始开展天气预报业务，定期制作发布日、月、季度天气预报。1986年2月，PC-1500袖珍计算机应用于天气预报业务。1994年10月，县级气象远程终端子系统建立，可调取卫星云图、雷达回波图、海南省气象台发布的指导预报产品和北京、日本与欧洲等区域气象中心发布的气象传真图。2000年，地面卫星接收小站和MICAPS预报业务平台投入使用。

2. 气象服务

①农业气象服务

1975年建站初期，农业气象人员一边参加建站劳动，一边开展服务。通过深入社队了解生产现状和往年的气候概况，根据调查掌握的资料，编写了《琼山县水稻气候条件和耕作制度改革意见》一书，下发至大队以上各级领导干部参考使用，推广科学种田技术。

截至2008年底，每年根据大田作物生长状况调查和定点观测地段作物生长状况详细观测，编写早、晚稻农业气象条件分析、灾害性天气气候条件对农业生产影响分析报告等服务材料，供有关部门参考指导生产。

1982—1984年，通过调查研究，编写了《琼山县农业气候资源区划报告》。1987—1988年，编写了《琼山县志》(气象篇)。

②公众气象服务

1960年8月1日—1968年12月31日，县气象站通过县广播站和电影院发布日常天气预报和灾害性天气预报。自1975年8月1日以来，每天1次通过广播站发布短期天气预报，遇有重大灾害性天气时增加发布次数。1999年7月，开通了“12121”天气预报自动咨询电话，方便公众随时咨询天气。2001年8月，开通电视天气预报，以滚动字幕的方式在琼山广播电视台播放天气预报。2002年，因行政区划调整，琼山市并入海口市，2003年1月起，公众气象预报由海南省气象台制作，海南省气象预警中心发布。

③决策气象服务

县气象站围绕当地政府安排生产和指挥防灾减灾开展决策气象服务，内容涵盖长、中、短期天气预报、转折性天气预报和气象资料服务，方式有书面报告、口头汇报和电话传真等，社会经济效益显著。1998年11月，开通海南省三防农业信息系统，配备586微型计算机1部，与琼山市防汛抗旱指挥部办公室(三防办)、海南省气象局、海南省防汛抗旱总指挥部互连，气象预报服务功能增强。

1989年1月中旬到2月初，时值春播时节，县气象站准确预报出两次长低温阴雨天气过程，通过口头、电话和书面向县委、县政府、县农委汇报12次，提出育秧防寒意见。县政府两次发出防寒紧急通知，各乡镇接通知后及时采取防寒措施，保证了早稻种子2140.2吨不被冻烂，全县秧苗免受寒害，气象经济效益约642万元。

1996年9月19—21日，受9618号台风影响，最大日降雨量393.1毫米，为有气象记录以来最大值；出现瞬间极大风速32米/秒，引发南渡江出现30多年来的大洪水。琼山市气象局提前做出强降雨的准确预报，为市委、市政府组织抗洪抢险救灾提供决策依据，大大减少了损失。

2000年10月中旬，受热带风暴和冷空气共同影响，旬降雨量达812.0毫米，为有气象记录以来过程最大值，造成南渡江发生历史罕见的洪涝灾害，龙塘水文站水位超警戒线4.48米，洪水处在警戒水位以上历时92小时。琼山市气象局提前发布强降雨信息，并跟踪做好雨情报告，为市领导指挥抗洪抢险救灾提供了科学依据。

④专业与专项气象服务

专业气象服务 1985年，县气象局开始推行专业气象服务，建立了专业服务新体制。先后与农业、林业、畜牧业、渔业、水利、保险、教育等部门和各乡镇、农场、糖厂等签订了气象服务合同，通过上门服务、信件邮递、电话咨询等手段向服务用户提供长、中、短期和短时天气预报。

人工增雨作业 1978年3—4月和1980年2—6月，县气象局开展"三七"高炮人工增雨作业；1999年3月28日—4月29日，县气象局在红旗、东山两镇，各布设1门"三七"高射炮定点进行人工增雨作业；2002年5月3—26日，县气象局在三门坡镇布设1门"三七"高炮进行定点作业，同时配置1部流动火箭作业车进行流动人工增雨作业。每次的作业效果都非常显著，有效地缓解了人、畜饮水困难和农作物旱情。

防雷技术服务 1996年，琼山市气象局成立了琼山市防雷技术所，负责琼山市范围内的防雷技术服务，开展防雷装置安全性能检测和防雷工程安装与竣工验收。2000年，《中华人民共和国气象法》、《防雷减灾管理办法》相继颁布实施，琼山市人民政府于2001年6月11日下发了《琼山市人民政府关于加强我市防雷设施规范管理工作的意见》(琼山府〔2001〕95号)，明确了市气象局的防雷管理职能。2001年起，市气象局被列入市安全生产委员会成员单位。

⑤气象科技成果

王苐椿撰写的《干热风对早稻结实率的影响及防御方法》1978年2月发表于《广东气象》第2期。翟建绩撰写的《避雷器影响电接风速计的风速记录》1998年2月发表于《气象》第2期。劳小青撰写的《神经网络在天气预报上的应用研究》2001年7月发表于《广西气象》第2期。吴文娟、王刚撰写的《海南"0112"暴雨过程分析》2002年9月发表于《广西气象》第3期。

1995年11月，陈世候在海南省第二次科学技术大会上，被海南省人民政府授予"科技推广先进工作者"称号。

科学管理与气象文化建设

依法行政 琼山县气象局严格执行《气象探测环境和设施保护法》以及有关法律法规，

在执行过程中通过及时向建设单位或个人宣传气象环境和设施保护的规定，与建设部门协调，向地方人民政府汇报等形式做好气象探测环境保护工作。1980年8月9日，琼山县气象局对县基本建设局批准3户居民在距离琼山气象站地面气象观测场仅2.8米处各用地180平方米开工建私房的行为，及时制止并多次向上级有关部门申诉。历经11年，于1990年11月27日，琼山县人民政府做出决定，明确制止了以上3户居民的危害气象探测环境行为。

依法加强雷电灾害防御的依法管理工作。市气象局在上级主管部门和市人民政府领导下，认真贯彻落实，负责组织管理琼山市境内的防雷减灾工作。每年依法开展防雷安全检测、雷电灾害调查评估、防雷工程设计安装等工作。

党的组织建设 1960年，琼山县气象站成立初始，只有1名党员，编入琼山县人民委员会农林水办公室党支部。1978年10月，建立中共琼山县气象站党支部。1980年4月，改名为中共琼山县气象局党支部，发展2名预备党员。

1982年，琼山县气象局党支部被琼山县委评为先进党支部；2002年7月，被中共琼山市直属单位工作委员会授予“2001—2002年度先进基层党组织”称号。

气象文化建设 琼山县气象局党支部始终把领导班子的自身建设和职工队伍的思想建设作为文明创建的重要内容，通过开展经常性的政治理论、法律法规学习，造就了清正廉洁的干部队伍，锻炼出一支高素质的职工队伍。对政治上要求进步的同志，党支部进行重点培养，条件成熟及时发展入党。始终坚持以人为本，弘扬自力更生、艰苦创业精神，深入持久地开展文明创建工作，政治学习有制度、文体活动有场所。自气象站重建以来，始终坚持自力更生和努力争取地方财政支持，不断改善职工工作与生活环境。

每年在“3·23”世界气象日，琼山县气象局都组织科技宣传，普及防雷知识。

荣誉 1982—2001年，琼山市气象局(站)获得县处级以上集体荣誉16次。其中，1982年，获得海南省气象局授予“全省气象部门先进集体”称号；1995—2002年度连续获得海南省气象局授予全省气象部门目标管理奖励，其中三等奖3次、二等奖1次、优秀单位1次、先进单位1次、标兵单位3次；被海南省气象局授予“1994—1998年度双文明建设先进单位”称号；被海南省文明办、海南省气象局授予“1998—1999年度文明单位”称号；被海南省气象局授予“2000年度重大灾害性天气优质气象服务单位”称号；被中共琼山市委、市政府授予“琼山市2001年度机关工作先进单位”称号。

台站建设

1960年5月，琼山县气象服务站建成1幢砖木结构瓦房，建筑面积115平方米，其中2间作为办公室，5间作为职工宿舍。

1976年，建成1幢二层砖混结构综合楼，建筑面积182.4平方米，其中工作用面积42平方米，建成20米×16米的观测场并完成仪器设备安装。1977年，建成1幢砖混结构平房，总建筑面积72.1平方米。1980年，投资25106元，建成1幢砖混结构二层楼房，总建筑面积214.8平方米；建成6间小瓦房作为职工伙房。1987年，投资90544元，建成2幢三层6套砖混结构职工宿舍楼，建筑面积390平方米。

1995年，建成1幢六层10套砖混结构职工房改宿舍楼，建筑面积900平方米，其中地下一层为仓库。1995 年，投资 3 万元，购置微型计算机 1 台，并对办公室进行装修。1996 年 8 月，投资 3 万元，硬化庭院道路 600 平方米。1997 年，装修大门围墙、硬化庭院 300 平方米、建成半个篮球场、购置 486 微型机算计 1 台；同年 10 月，完成 10 套住房的房改工作。1998 年 6 月，修建北边地界挡土墙 135 平方米；同年 12 月，完成推平土堆面积 400 平方米、平整庭院 576 平方米、种植绿化草坪 600 平方米、修造竹林休闲场所 200 平方米、整修公厕 1 间。2001 年初，建成 1 幢框架结构六层 12 套职工集资宿舍楼，建筑面积 1231.5 平方米。

三亚市气象局

海南省三亚市地处海南岛最南端，三面环山，南面临海。三亚早在西汉元封元年（公元前110年）就列于中国版图。其建制演变先后为：临振县、临振郡、振州、崖州（宋）、珠崖军、吉阳军、崖州（明）等。清光绪三十一年（公元1905年），升崖州为直隶州。民国元年（公元1912年）废直隶州，设崖县。1958年，崖县县治从崖城迁至三亚。1984年5月，撤销崖县，以崖县行政区设立三亚市（县级）。1987年11月，三亚市升格为地级市。三亚市常住人口53.6万人，聚居了汉、黎、苗、回等20多个民族。陆地面积1919.6平方千米，少数民族人口占总人口的43.1%，海岸线209千米，辖海洋面积5000平方千米。三亚市是我国热带滨海旅游城市，拥有南山、大小洞天、亚龙湾、天涯海角等著名风景区。

三亚市属热带海洋性季风气候，终年气温高、阳光充沛。年平均气温25.8℃，年平均相对湿度78%，年平均降水量1392.2毫米，年平均日照时数2476.9小时。

三亚市气象局的工作得到各级党政领导的关怀与重视。1990年5月1日，国家气象局局长邹竞蒙在海南省常务副省长鲍克明的陪同下视察三亚市气象局，并向气象工作者表示慰问。2005年1月30日，中国气象局局长秦大河到三亚市气象局视察工作。

机构历史沿革

历史沿革　三亚市气象局始建于1958年11月1日，原名为广东省崖县气象站。建站时观测场位于北纬18°14′，东经109°29′，海拔高度5.0米。1958年12月，因当时崖县、陵水、保亭3县合并为榆林县，站名变更为广东省榆林县气象站。1959年2月，更名为广东省崖县气象站；同年6月，改名为广东省崖县中心气象站。1960年1月，更名为广东省崖县水文气象局；同年2月改为广东省崖县气象服务站。1962年8月，改名为广东省崖县气象站。1971年2月，由气候站变更为国家基本站。

1972年10月，站址迁至三亚镇榕根坡，位于北纬18°14′，东经109°31′。1981年1月，更名为广东省崖县气象局。1984年5月，因撤销崖县设立三亚市（县级市），更名为广东省三亚市气象局。

1988年4月海南建省后，同年10月升格为海南省三亚市气象局（地区级台），正处级单位。

2007年1月，由国家基本站更名为国家气候观象台。

2008 年 2 月，海南省三亚市气象局行政办公地点由河东路 190 号迁至榆亚路 426 号；同年 12 月底，地面观测业务迁至田独镇六道岭，观测场新址位于北纬 18°13′，东经 109°35′，海拔高度 419.4 米。

管理体制 1958 年 12 月，广东省崖县气象站实行广东省气象局与崖县人民委员会双重领导，以崖县人民委员会农业部门领导为主。1959 年 2 月，实行广东省气象局与崖县人民委员会双重领导，以崖县人民委员会水利电力局领导为主。1962 年 8 月，实行广东省海南行政公署气象局与崖县人民委员会双重领导，以广东省海南行政公署气象局领导为主。1969 年 9 月，实行广东省海南行政区气象局与崖县革命委员会双重领导，以崖县革命委员会农林水办公室领导为主。1971 年 8 月，实行崖县革命委员会与崖县人民武装部双重领导，以崖县人民武装部领导为主。1973 年 9 月，实行广东省海南行政区气象局与崖县革命委员会双重领导，以崖县革命委员会领导为主。1983 年 5 月，实行广东省海南黎族苗族自治州气象局与崖县人民政府双重领导，以广东省海南黎族苗族自治州气象局领导为主。1984 年 1 月，广东省海南黎族苗族自治州气象局被撤销，实行广东省海南行政区气象局与崖县人民政府双重领导，以广东省海南行政区气象局领导为主。1985 年 1 月，恢复广东省海南黎族苗族自治州气象局建制，实行广东省海南黎族苗族自治州气象局与三亚市人民政府双重领导，以广东省海南黎族苗族自治州气象局领导为主。1988 年 1 月，广东省海南黎族苗族自治州气象局再次被撤销，实行广东省海南行政区气象局与三亚市人民政府双重领导，以广东省海南行政区气象局领导为主。1988 年 4 月海南建省，实行海南省气象局与三亚市人民政府双重领导，以海南省气象局领导为主的管理体制。

机构设置 1984 年 5 月，广东省三亚市气象局机构设置：办公室、测股组、预报组、高空组。1988 年 10 月，海南省三亚市气象局机构设置：办公室、预报服务科、观测科、雷达站。1995 年 4 月，增设防雷技术所。2002 年 12 月，成立防雷工程部。2003 年 6 月，机构改革后机构设置：办公室、气象台、地面观测站、高空观测站、气象科技服务中心、防雷技术所。2008 年机构设置：办公室、气象台、地面测报站、高空观测站、气象科技服务中心、防雷技术所、防雷工程公司。

单位名称及主要负责人变更情况

<table>
<tr><th>单位名称</th><th>姓名</th><th>职务</th><th>任职时间</th></tr>
<tr><td>广东省崖县气象站</td><td rowspan="6">吴逸介</td><td rowspan="6">站长</td><td>1958.11</td></tr>
<tr><td>广东省榆林县气象站</td><td>1958.12—1959.01</td></tr>
<tr><td>广东省崖县气象站</td><td>1959.02—1959.06</td></tr>
<tr><td>广东省崖县中心气象站</td><td>1959.06—1959.12</td></tr>
<tr><td>广东省崖县水文气象局</td><td>1960.01—1960.02</td></tr>
<tr><td>广东省崖县气象服务站</td><td>1960.02—1962.07</td></tr>
<tr><td rowspan="4">广东省崖县气象站</td><td>梅岭高</td><td>站长</td><td>1962.08—1964.10</td></tr>
<tr><td>文关兰</td><td>站长</td><td>1964.11—1972.03</td></tr>
<tr><td>李生贤</td><td>副站长（主持工作）</td><td>1972.03—1974.04</td></tr>
<tr><td rowspan="2">陈光照</td><td>站长</td><td>1974.05—1980.12</td></tr>
<tr><td rowspan="2">广东省崖县气象局</td><td>局（站）长</td><td>1981.01—1981.04</td></tr>
<tr><td>文关兰</td><td>副局（站）长（主持工作）</td><td>1981.04—1984.05</td></tr>
</table>

续表

单位名称	姓名	职务	任职时间
广东省三亚市气象局	汪海泳	局(站)长	1984.05—1988.09
海南省三亚市气象局		副局(台)长(主持工作)	1988.10—1993.10
		局(台)长	1993.10—1994.01
	何运国	局(台)长	1994.02—2001.06
	陈应彩	局(台)长	2001.07—2008.04
	石保平	局(台)长	2008.05—

注:汪海泳任局(站)长,科级为1985年5月—1988年9月;任副局(台)长,副处级为1988年10月—1993年10月。

人员状况 1958年建站初期有干部职工5人;1978年底为21人;1985年底为30人。1987年12月,原广东省海南黎族苗族自治州气象局(台)被撤销,将其近一半的人员分流调进筹建中的海南省三亚市气象局(处级单位)工作,1988年人员增至42人。

截至2008年底,在编人员47人,其中男33人,女14人;黎族3人,汉族44人;年龄结构为50～60岁11人,40～49岁19人,30～39岁14人,30岁以下3人;中级职称17人,初级职称30人;本科学历12人,大专学历9人,中专学历17人,其他9人。在职党员13人,退休党员15人。

气象业务与服务

1. 气象业务

①地面气象观测

地面观测始于1958年11月1日,观测时间为地方平均太阳时01、07、13、19时4次。1960年8月1日改为北京时08、14、20时3次观测。开始时观测项目:风向、风速、气温、雨量、日照、云、能见度、天气现象。1960年9月1日,增加气压表、气压计、小型蒸发器的观测。1960年10月1日,取消2米高雨量器观测。1961年1月1日,增加地温(0厘米、最高、最低)和5、10、15、20厘米地中温度的观测。1961年5月11日,停止地面最高温度观测,同年6月11日恢复。1961年12月29日,增加温度计、湿度计观测。1961年12月31日,增加虹吸式雨量计的观测。1967年2月1日,撤销地中曲管温度表的观测记录。1971年2月1日,改为02、05、08、11、14、17、20时7次观测。1994年8月31日起,EN测风数据处理仪正式投入业务使用。1997年7月1日,开始使用E601B大型蒸发器进行业务观测。2002年1月1日起,停止使用小型蒸发器。2003年10月,在原址建设地面遥测自动气象站,自动气象站观测项目有:气压、气温、湿度、风向、风速、降水、地温,2003年12月31日北京时20时起,地面遥测自动气象站正式投入业务运行,与人工站同时开展双轨观测业务;2004年1月1日起,观测方式为人工观测和自动观测,每日按规定的时次进行定时气象观测,自动站正点和每10分钟上传1份资料。2004—2005年,进行人工站和自动站对比观测双轨运行,从2005年1月开始上传地面文件。2007年1月1日—2008年12月31日,改为国家气候观象台,按基准气候站进行全天 24 次观测，每小时上传 1 次资料。

1971 年 2 月以前，主要是向广东省海南行政区气象台编发小图天气报。之后，开始编发绘图天气报，发报次数为 7 次，发报时间为 02、05、08、11、14、17、20 时，天气报参加全球资料交换。1972 年 8 月，增加海南行政区台风天气电码发报任务。1974 年 1 月 15 日，增发 23 时补充绘图天气报任务。此外，还承担重要天气报、气象旬月报、气候月报等发报任务。1986 年 1 月以前，用人工计算编发电报；1986 年 1 月之后，使用 PC-1500 袖珍计算机编发报。1999 年 5 月 1 日起，改用台式计算机编发电报。

1962 年执行 1962 年版的《地面气象观测规范》。1980 年 1 月 1 日，正式执行新的《地面气象观测规范》。从 1982 年 1 月 1 日 08 时起，开始执行新电码 CD-01Ⅱ规定发报。1991 年 11 月 1 日，执行新的陆地测站地面天气报告电码（GD-01 Ⅲ）。1994 年 11 月 1 日，实行新陆地测站地面气候月报电码。2004 年 1 月 1 日起，执行 2003 年版的《地面气象观测规范》。

综合地面观测系统：1958 年建立一批公社气象哨和两个海洋气象站，20 世纪 60 年代中期至 70 年代后期全部停止观测。从 2005 年起推进中尺度乡镇自动气象网站建设，建设了 17 个中尺度乡镇自动气象站、2 个高速公路自动气象站、1 个观通站和 1 个海岛无人站。2007 年安装 1 台闪电定位仪。至此，全市建成了每隔 10 千米有 1 个地面自动气象监测站组成的密集型现代气象观测系统。

②高空气象探测

1971 年 2 月 1 日建站，位于北纬 18°14′，东经 109°31′，基测站海拔高度 7.0 米。1972 年 10 月开始进行高空探测，观测时次为北京时每日 08 时和 20 时 2 次，属二级探空站。观测项目为 0～30000 米温度、气压、湿度、风向、风速，编发 TTAA、TTBB、TTCC、TTDD 报。2001 年增编高空特性层 PPBB、PPDD 报。1972 年 10 月使用大球经纬仪测风，1979 年 1 月改为 701A 雷达综合测风，1990 年 1 月—2008 年 12 月使用 701B 型测风雷达。1985 年以前，由人工计算编发报；1985 年之后，改用 PC-1500 型袖珍计算机编发报；1998 年起，使用台式计算机进行计算。1972—1994 年使用化学制氢；1984 年建成化学制氢房和灌球室。1993 年，改建电解水制氢房和灌球室。1994 年 4 月改用电解水制氢。

③天气雷达探测

三亚天气雷达站于 1987 年 11 月 23 日在鹿回头山顶建成，位于北纬 18°13′39″，东经 109°29′51″，海拔高度 182 米，使用国营桂林 722 厂生产的固定式 5 厘米波段 713 测雨雷达开始观测。1993 年 12 月，安装了由成都 784 厂生产的天线罩，该天线罩是采用 24 层玻璃纤维压制而成的多块球扇面拼装的圆球体。1994 年 4 月，引进成都气象学院数字化采集和处理系统。2000 年，引进成都气象学院改进后的数字化采集系统和中国气象科学院的产品处理系统。2002 年 7 月，完成 713C 雷达大修工作，大修所用的雷达为广东省韶关市气象局调拨的由国营桂林 722 厂生产的 5 厘米波段数字化 CTL-88 型天气雷达及数字化采集系统，产品处理系统不变。2005 年 3 月，拆除 713C 雷达后在原址建新一代天气雷达。由于种种原因，已经吊装即将投入使用的新一代天气雷达拆迁至田独镇六道岭山顶重建。

④特种气象观测

太阳辐射 1992 年 1 月 1 日起，增加辐射观测并编制月报表，确定为气象辐射观测一级站。观测项目有总辐射、净全辐射、直接辐射、散射辐射、反射辐射等。2001 年 7 月 1 日，使用新的辐射换型仪器。2004 年 1 月 1 日，辐射自动观测站建成启用，停止遥测太阳辐射仪观测。从 2005 年 1 月起，开始上传辐射观测数据文件。

酸雨观测 1992 年 7 月 1 日，开始酸雨观测，观测项目有 pH 值、电导率。2001 年 9 月 1 日，使用换型的酸雨观测仪器。2008 年 1 月，开始传输酸雨观测日数据文件。无发报任务。

⑤农业气象观测

1960 年 1 月 15 日—1964 年，根据全省统一布置增加农业气象工作，进行水稻物候观测。同时，还对饲养的青蛙、乌龟、泥鳅等动物进行观测，看候鸟，观候树。

⑥业务信息网络

业务信息网络建设 自建站以来预报业务主要通过收音机收听广州中心气象台播发的天气形势与分区要素预报。1986 年安装天气图传真通信设备，使用高频电话会商天气。1995 年开通终端综合气象信息系统。1996 年 9 月起，实施计算机网络传输气象电报业务及机制各类报表。1999 年建成气象卫星 VSAT 接收站。2002 年使用华云气象卫星处理系统。2007 年启用 DVBS 卫星接收系统。2005 年 3 月，安装视频天气会商系统，实现与省气象局埋行视频天气会商。2008 年底，三亚市政府投资 120 万元建设多媒体会议室，可实现市气象局与市三防指挥部、省气象局联成电视电话会议平台。

1999 年以前，地面测报发报均通过专线电话经邮电部门报房发送，之后发报传输方式为 SDH 网络、电话。1999 年 5 月 1 日，使用计算机网络传输气象电报业务。

办公信息网络建设 1995 年，三亚市气象局建成内部联结业务单位的 NOVELL 局域计算机通信网。2004 年 1 月，计算机网络通信由 X.25 专线改为宽带网，同年 12 月计算机网络通信由宽带网改为光纤网数据传输，速率由 1 兆改为 2 兆；同年由三亚市三防办提供经费另安装一条 2 兆的光纤通信线路，实现双方资料共享。2001 年，创建“天涯风云”三亚市气象局门户网站。2005 年，开通 OA 网上无纸化办公系统。

⑦天气预报

三亚市气象台主要负责本区域内的短时、短期和中长期天气预报。

2008 年 12 月 30 日，由海南省气象局和三亚市人民政府共同组建的“海南省旅游气象服务中心”正式成立。该中心设在三亚，依托全省气象业务系统，根据全省旅游气象服务的需求，建立以三亚为中心的海南旅游气象预报预测业务系统和旅游气象公共服务系统，为海南省国际旅游岛建设提供具有国际先进水平的旅游气象服务。

短时临近预报 20 世纪 80 年代后期起，利用气象雷达开展短时临近天气预报。1990—2003 年间，成功开展了海上气象救援服务、为农场提供割胶期间天气预报服务、为港口和建筑及节日庆典活动提供预报服务，取得较好效果。

短期天气预报 从 1958 年建站开始制作短期预报，开展预报项目为天空状况、晴雨、风和温度。后来，根据特殊需求，逐渐增加湿度、能见度、天气现象、紫外线、人体舒适度、火险指数等项目。主要的预报方法有天气图分析法、综合要素时间剖面图分析法、卫星云图分析法、MICAPS 预报方法等。

中长期天气预报 20 世纪 80 年代后期起，使用欧洲预报中心和日本的数值预报产品，应用微机对数值预报产品进行解释应用，使中期预报取得较大的发展。短期气候预测（长期天气预报）产品主要有：今冬明春（11 月—翌年 4 月）和汛期（5—10 月）天气趋势预报。

2. 气象服务

三亚市地处海南岛最南端，灾害性天气频发，尤以热带气旋、干旱、非台风暴雨、雷暴灾害为甚。其中，年平均台风影响 4 次；年平均蒸发量 2360.7 毫米，比年平均降水量大 968 毫米；年平均雷暴日数 63 天。三亚市气象局坚持以经济社会需求为牵引，把决策气象服务、公众气象服务、专业气象服务和气象科技服务融入到经济社会发展和人民群众生产生活中。

①公众与决策气象服务

气象服务方式 1990 年 6 月，建立专业服务广播发射台，利用 36 台气象预警系统接收机开展服务工作，每天广播 2 次，服务单位通过预警接收机定时接收三亚气象信息。2006 年，建立手机短信预警平台，将市委市政府领导、各职能部门主要领导、各中小学校负责人、各水库负责人、重要部门工作人员作为重点服务对象，实行每天提供气象信息，重大气象灾害及时提供预警信息。1992 年，三亚市天气预报登上中央电视台天气预报，开始了电视播放天气预报的里程；1998 年，采用华风字幕机制作无主持人电视气象节目，同年在三亚电视台开播；2004 年，运用微智达非编制作系统制作电视节目。2008 年 12 月，根据海南省气象局与三亚市政府共建旅游气象服务中心的合作协议，三亚市气象局开始筹建准数字化网络化的电视天气预报节目制作系统。

1997 年 6 月，海南省气象局同海南省电信局合作正式开通“121”天气预报自动咨询电话。2005 年 1 月，“121”电话升位为“12121”。

1998 年 7 月，三亚市气象局与市农业局、市三防办建起了“海南省三防信息网”终端，3 个部门实现资料共享。2001 年 6 月，“天涯风云”网站正式投入使用，为三亚市政府、市三防指挥部、三亚市广播电视局以及公众提供及时的气象信息。2002 年 8 月，建成“酒店气象频道”，为亚龙湾、三亚湾及市内的星级酒店闭路电视发布滚动天气预报。2004 年 9 月，建起了“三亚兴农网”。2007 年，在各级政府、酒店、学校、景区安装了 17 块电子显示屏，开展气象灾害信息发布工作。

2003 年 7 月 21 日，在防御第 8 号强热带风暴“天鹅”过程中，市气象局首次执行《三亚市防洪防风规定》，通过三亚电视台向全市发布了绿色台风信号，开创了发布预警信号的先河。随着服务方式的不断增加，有效地拓展了预警信号发布渠道：广播、电视、手机短信、气象电子显示屏等，接收范围由电视观众、广播听众扩大至市领导、各单位负责人以及景点、酒店、群众聚集地的人员。

重大活动气象服务 “美丽三亚，浪漫天涯”吸引了世界的目光，各种重大活动赛事频办，三亚市气象局跟踪服务，气象服务成绩显著。其中有 2008 年胡锦涛总书记在博鳌亚洲论坛活动期间在三亚进行一系列的国事访问的气象保障服务；2008 年 5 月 3 日三亚作为国内首传城市奥运火炬传递的气象保障服务。还有如 2003—2005 年连续举办 3 届世界小姐大赛；第 25 届 Elite 世界精英模特大赛全球总决赛；2007 年全球首届世界先生总决赛；第九届香港—三亚国际帆船赛；2008年SWATCH世界沙滩排球巡回赛；2006年、2008年的环海南岛国际公路自行车赛；2007年首届三亚国际沙滩音乐节；从2000年开始的每年一次的新丝路中国模特大赛；2005年南山海上观音圣像开光大典活动、第十四届中国金鸡百花电影节、第六届及第七届中国海南岛欢乐节；第十二届中国三亚天涯海角国际婚庆节；首届中国三亚国际啤酒节等重要活动的气象保障服务。三亚市气象局在活动前均进行滚动预报，过程中提供跟踪预报，提供实时气象信息服务，整个服务过程服务主动及时，预报结论准确，受到市政府和赛事组委会的高度赞扬。

重大灾害气象服务 三亚素有“台风走廊”之称，最多年份1971年受到9个台风影响，最多月份1989年10月受到4个台风影响。最密集影响在1989年10月，20天内受到4个12级以上台风影响。

在热带气旋服务过程中，各项决策服务工作开展得早、预警信号发布渠道多、保障工作做得全面，为市政府指挥开展防风防洪、抢险救灾和水库科学调度及海上救援等工作发挥决定性作用，充分体现了“无所不在，无微不至”。2002年9月25日，在热带风暴“米克拉”从正面袭击三亚期间，市气象局成功利用天气雷达为正处于风暴眼内壁的三艘百吨捕捞渔船提供雷达导航，使其跟随风暴眼区安全到达三亚港避风的实例，演绎了一幕雷达气象服务与自然灾害较量的精彩场景，成功挽救了这3艘船上已打算弃船逃生的31名船员的生命。全体船员对三亚市气象局的援助感激不尽，送来牌匾：“气象卫士，临危援助，天气导航，化险为夷”。为此，当年三亚市气象局被中国气象局授予“全国重大气象服务先进集体奖”称号。

②专业与专项气象服务

三亚市气象局结合当地实际，积极拓展服务内容和方式，以为地方群众谋利益为目的，认真开展服务工作。

专业气象服务 1985年后，三亚市气象局专业气象服务的手段有：现场汇报、电话、传真、短信、电视、网站、广播、景区及酒店电子显示屏、户外大型电子显示屏。服务产品有：短期预报、旬报、月报、今冬明春、汛期天气趋势预报；72小时、168小时精细化天气预报；各乡镇天气预报；全省景点天气预报、三亚景点天气预报；森林火险等级预报；“12121”语音天气预报；重要气象信息快报、专报；旱情分析报告；割胶预报服务产品；电视台、广播电台天气预报。

人工增雨作业 三亚市的旱灾主要是冬旱、春旱和夏旱，近40年中有15年出现旱情，占38%。从1977年春拉开了三亚市人工增雨序幕至2001年期间，均使用部队退役“三七”高炮进行人工增雨作业，2002年起采用流动车载火箭作业车进行人工增雨作业。

2005年11月，面对秋冬春三季的严重旱情，三亚市气象局共派出增雨作业车巡视或作业230多辆次，出动人员700多人次，实施增雨作业48次，促使各地区普降大到暴雨的7天次，降中到大雨的8天次，降小到中雨的11天次，为缓解旱情做出了突出的贡献。尤其是2006年2月27日，人工增雨作业取得全市普降暴雨的显著效果，当晚陆志远市长给气象局领导打电话：“今天的人工增雨作业十分成功，三亚人民感谢你们，你们辛苦了。”三亚市政府分别于2005年和2007年向全市发文通报表扬了市气象局的人工增雨抗旱工作。

防雷技术服务 1995年4月，成立三亚市防雷技术所。2002年12月，成立海南祥云雷电防护有限公司三亚工程部，负责防雷工程的设计、安装、整改业务；防雷技术所仅负责开展防雷装置检测工作。

施放气球服务 20世纪90年代初增加施放庆典气球制作服务，当时的气球市场杂乱无章，安全隐患严重，经济效益较差。2003年，三亚市气象局抓住《气球施放管理办法》出台的契机，实行资质资格管理，依法开展执法活动，加强对施放气球的监管，逐步规范了施放庆典气球的市场行为。2003年后，气球广告业务成为三亚市气象局的主要科技服务项目。

③农业气象服务

1990年，三亚市气象台预报科编写《关于建设南繁气象科研服务基地可行性研究报告》，做好南繁育种花期的农业气象服务。1991年，确定南红农场和崖城镇两个农业服务联系点，编写的《以气象资料为依据，科学安排晚造水稻插播期》刊登在市府的《农村工作简报》上，为各级领导指挥生产服务。由苏盛纪主笔的《三亚热带农业研究》的第十章"三亚市农业气候资源开发和防灾减灾规划"(1996—2010年)经三亚市农业规划领导小组和三亚市委、市人大、市政府、市政协四套领导班子的验收和专家评审，三亚市人民代表大会常务委员会批准实施，对促进三亚市热带农业现代化起到很好作用。

20世纪90年代，三亚市气象部门开展了一系列发展农业的研究工作，分别在南繁育种、水稻气象防灾、农业气候资源的开发、种植"稻、稻、菜"的气候论证、槟榔生产的防灾减灾、芒果生产和防灾减灾等工作取得可喜成绩。

④气象科普宣传

加强与《三亚晨报》等各媒体的合作，刊登气象知识专栏和宣传气象工作动态，深入部队和学校企业宣讲气象灾害预警防御，提高气象灾害防御知识的普及，每年均举办"3·23"世界气象日活动、气象科技送下乡活动，并参加三亚市科技活动月、悬挂宣传条幅，通过电视台播放防雷宣传教育片、电子显示屏宣传、电视天气预报窗口宣传、为在校学生讲课、在社区和乡镇发放宣传册等方式大力传播气象知识、防雷减灾知识、气象法律法规知识等，提高了广大群众对气象工作的认知程度和对气象灾害的防御能力。

气象法规建设与管理

依法行政 2003年，三亚市政府出台《三亚市防洪防风规定》，规范了台风暴雨预警信号发布。2003年11月1日起，三亚市政府施行《三亚市防雷减灾管理办法》，标志着三亚市防雷工作进入了依法管理的轨道。该办法共有八章二十七条，对防雷装置的设计审核、防雷检测、防雷工程竣工验收、防雷资质与资格的管理等做了明确的规范，把防雷工程设计审核列入城市规划建设审批项目，对规范三亚市防雷工作的管理起到了积极的促进作用。

2004年，三亚市气象局设立行政审批办公室，由专人负责开展施放气球审批、防雷工程设计审核、防雷工程竣工验收等审批工作，并做好备案工作；开展建设项目联合审批工作，参加联合审批例会。2005年11月20日，成立了海南省气象行政执法总队三亚支队，队员有8名。分别在防雷、庆典气球、气象信息发布方面开展行政执法工作，处罚方式有罚款、责令停止违法行为、警告等。

政务公开 2004年，三亚市气象局开始开展“政务公开、财务公开”工作，向社会公开的事项有：气象行政审批流程、收费标准等，公开方式为电视公告和张贴。对内部干部职工公开的事项有：预算内(外)财务收支情况、创收劳务提成情况、财务收支、目标考核、工程招标、职工奖金福利发放、干部任用、干部考核等。公开方式有：政务公开栏、OA网上办公系统和职工大会3种，广泛接受干部群众和社会民主监督。

2006—2008年，三亚市气象局连续3年被海南省气象局评为“两公开工作质量考评二档单位”。

2008年以来，三亚市气象局在工作实践中根据具体工作情况建立健全各项规章制度35项。2008年，通过科学发展观的学习，不断进行废、改、立，又新增了《三亚中层领导干部考核办法》和《三亚气象灾害应急方案》。至目前，主要包括工作任务考核办法、财务、车辆、接待、党建、创收劳务、会议制度、应急管理、休假、学习等制度。

党建与气象文化建设

1. 党建工作

党的组织建设 1958年—1981年10月，广东省三亚市气象局(站)没有设立党支部，党员编入崖县农林水办公室党支部管理。1981年11月，经崖县机关工委批准成立中共崖县气象局党支部。

截至2008年底，海南省三亚市气象局有中共党员28人。其中在职党员13人，退休党员15人。

1984年以来，三亚市气象局党支部先后有10年被市机关工委授予“先进党支部”称号，有18人次被评为先进党员。

党风廉政建设 三亚市气象局成立党风廉政建设领导小组，由一把手担任组长。认真落实党风廉政建设目标责任制，充分发挥领导干部的表率作用。领导班子成员能够做到：凡要求干部职工做到的，自己首先做到；凡要求干部职工不做的，自己首先不做。多年来，领导干部没有出现违法违纪的问题，没有出现越级上访现象。坚持抓好理论教育、警示教育、文化教育，不断提高职工的思想政治素质和科学文化素质，筑牢拒腐防变的思想道德防线。通过修订和完善了各项内部管理制度，强化规范管理。加强定期检查，严格考核党风廉政建设责任制执行情况。注重推行“政务公开、财务公开”，提高工作透明度。

2. 气象文化建设

1996年，三亚市气象局成立精神文明创建工作领导小组，坚持“两手抓，两手都要硬”的方针，每年制订创建文明工作方案，以实施“教育工程”、“服务工程”、“现代化工程”、“靓丽工程”和“安居工程”为主线，结合开展系列文化活动，开拓创新，务实进取，充分体现了气象人的良好精神风貌，精神文明建设工作硕果累累。

1999—2005年，三亚市气象局被授予省级以上文明单位称号4次。

3. 荣誉

1990—2008 年，三亚市气象局先后获得地级以上集体荣誉 25 次。其中，国家级 3 次，省级 13 次，地级 9 次。1999 年 11 月，三亚市气象局被海南省文明办、海南省气象局授予“海南省 1998—1999 年度文明单位”称号；2000 年 2 月，被中共海南省委、海南省人民政府授予“海南省 1998—1999 年度创建文明行业先进单位”称号；2003 年 3 月，被海南省委、海南省政府授予“海南省 2000—2002 年度文明单位”称号；2005 年 10 月，被中央精神文明建设指导委员会授予“2005 年全国精神文明建设工作先进单位”称号。

1996—2008 年，三亚市气象局先后获得地级以上个人荣誉 34 人次。其中，国家级 18 人次，省级 8 人次，地级 8 人次。

台站建设

1958 年，三亚市气象局建站初期，台站环境荒漠偏远，交通不便，气象人员的工作和生活条件都很差。1972 年，站址由港门村搬迁至榕根村，仅有办公用房 4 间平房共 100 平方米。1987 年 8 月，利用鹿回头 713 雷达的节余资金建成 702 平方米的三层办公楼。1993 年，建设 34 套职工住宅楼，1998 年，建成 28 套职工住宅楼。

2008 年 2 月，办公楼迁至榆亚路 426 号新址，办公大院占地面积 0.67 公顷，2000 平方米园林式办公楼内现代化的气象服务机构、设施一应俱全：汇集多层面的气象探测资料、多种预报手段的预报平台；多媒体视频会议系统；数字化影视节目制作系统；全省旅游景点天气预报制作平台；雷电防御服务；气象行政审批等。

正在建设中的三亚六道岭综合气象观测基地总面积 3.33 公顷，将是中国最南端、功能最齐全、规模最大的气象综合气象观测基地，集地面观测、高空探测、辐射观测、闪电定位、大气电场监测、GPS/MET 水汽监测、风廓线雷达探测、新一代天气雷达探测、气象卫星地面接收站等多种观测手段为一体的观测系统。

20 世纪 60 年代的三亚市气象局观测场和值班室旧貌

20 世纪 80 年代，三亚市气象局大院的观测场、制氢室、油机房、测风雷达和宿舍

2001 年建成的三亚市气象局办公楼

2001 年的三亚市气象局地面气象观测场

2008 年建成的三亚市气象局办公楼

儋州市气象局

海南省儋州市古称儋耳，汉时置郡。据明《正德琼台志》记载，汉武帝元封元年（公元前110年），海南岛置珠崖、儋耳两郡。唐高祖武德五年（公元622年）改郡为州，将“儋耳郡”改为“儋州”。以后各朝代虽相继变更为昌化军、南宁军等，但明清沿用儋州。民国元年（公元1912年）改称儋县。1950年海南岛解放，儋县建制至1992年。1993年3月，国务院批准撤销儋县，设立儋州市（县级市）。

儋州市位于海南岛西北部，濒临北部湾，面积3343平方千米，海岸线长240千米，人口95万。儋州市有悠久灿烂的历史文化，得天独厚的生态资源，旖旎迷人的自然风光，别具一格的风味美食，“诗乡歌海”的美称，闻名遐迩的“儋州调声”在国内外都颇有影响。

儋州市气候属热带海洋性季风气候，阳光充足，雨量充沛。气候温和，夏无酷暑，冬无严寒。年平均气温23.3℃，年降雨量1800～2000毫米，适宜居住，是海南受台风影响最小的区域。

机构历史沿革

历史沿革 1952年9月，建立中国人民解放军海南军区那大气象站，站址儋县那大镇镇郊。1953年10月，更名为广东省海南行政公署那大气象站。1954年8月，更名为广东省那大气象站；同年5月，站址迁至那大镇东风路95号，观测场位于北纬19°31′，东经119°35′，海拔高度169.0米。1958年11月，更名为儋县气象站。1959年3月，更名为广东省儋县气象站。1960年3月，改名为广东省儋县气象服务站。1962年7月，气象服务站与海洋站合并，改名为广东省儋县海洋、水文气象服务站。1966年1月，气象站与海洋站分开，改名为广东省儋县气象站。1969年1月，更名广东省儋县气象站（组）。1971年8月，更名为广东省儋县气象站。1980年3月，更名为儋县气象局。1988年4月，更名为海南省儋县气象局。1993年3月，更名为海南省儋州市气象局，并成立了儋州市气象台，实行局台合一的管理体制。1980年1月，确定为国家基本气象观测站。2007年7月1日，改为国家气象观测站一级站。2008年12月31日，恢复国家基本气象观测站名称。

管理体制 1952年9月1日—1953年9月30日，中国人民解放军海南军区那大气象站受海南军区中南气象处领导。1953年10月1日—1954年7月31日，受广东省海南行政公署气象科领导。1954年8月1日—1958年10月31日，实行广东省气象局与儋县人民委员会双重领导，以广东省气象局领导为主。1958年11月，实行广东省海南行政公署水文气象局与儋县人民委员会双重领导，以广东省海南行政公署水文气象局领导为主。1959年3月，实行广东省气象局与儋县人民委员会双重领导，以儋县人民委员会农业委员会领导为主。1960年3月，实行广东省气象局与儋县人民委员会双重领导，以广东省气象局领导为主。1962年7月，实行广东省海南行政公署气象局与儋县人民委员会双重领导，以广东省海南行政公署气象局领导为主。1969年1月，实行广东省海南行政区气象局与儋县革命委员会双重领导，以儋县革命委员会农林水服务站领导为主。1971年4月—1973年8月，实行儋县革命委员会与儋县人民武装部双重领导，以儋县人民武装部领导为主。1973年9月，实行广东省海南行政区气象局与儋县革命委员会双重领导，以儋县革命委员会农林水办公室领导为主。1981年1月，实行广东省海南行政区气象局与儋县人民政府双重领导，以广东省海南行政区气象局领导为主。1988年4月海南建省，实行海南省气象局与儋县人民政府双重领导，以海南省气象局领导为主。1993年3月，实行海南省气象局与儋州市人民政府双重领导，以海南省气象局领导为主的体制。

机构设置　截至2008年底，海南省儋州市气象局机构设置：办公室、气象台、观测股、防雷技术所。

单位名称及主要负责人变更情况

<table>
<tr><th>单位名称</th><th>姓名</th><th>职务</th><th>任职时间</th></tr>
<tr><td>中国人民解放军海南军区那大气象站</td><td rowspan="2">刘学俊</td><td rowspan="2">副站长(主持工作)</td><td>1952.09—1953.09</td></tr>
<tr><td rowspan="2">广东省海南行政公署那大气象站</td><td>1953.10—1954.02</td></tr>
<tr><td rowspan="2">苏成华</td><td rowspan="2">副站长(主持工作)</td><td>1954.03—1954.07</td></tr>
<tr><td rowspan="5">广东省那大气象站</td><td>1954.08—1955.08</td></tr>
<tr><td>周南兴</td><td>副站长(主持工作)</td><td>1955.09—1956.11</td></tr>
<tr><td>桑俊才</td><td>站长</td><td>1956.12—1957.08</td></tr>
<tr><td>庄冗然</td><td>站长</td><td>1957.09—1957.12</td></tr>
<tr><td rowspan="4">李光志</td><td rowspan="4">副站长(主持工作)</td><td>1958.01—1958.10</td></tr>
<tr><td>儋县气象站</td><td>1958.11—1959.02</td></tr>
<tr><td>广东省儋县气象站</td><td>1959.03—1960.02</td></tr>
<tr><td rowspan="2">广东省儋县气象服务站</td><td>1960.03—1961.08</td></tr>
<tr><td rowspan="2">戴巨熊</td><td rowspan="2">副站长(主持工作)</td><td>1961.09—1962.06</td></tr>
<tr><td rowspan="2">广东省儋县海洋、水文气象服务站</td><td>1962.07—1962.09</td></tr>
<tr><td rowspan="3">宋光国</td><td rowspan="3">站长</td><td>1962.10—1965.12</td></tr>
<tr><td>广东省儋县气象站</td><td>1966.01—1968.12</td></tr>
<tr><td>广东省儋县气象站(组)</td><td>1969.01—1971.07</td></tr>
<tr><td rowspan="3">广东省儋县气象站</td><td>金浩德</td><td>副站长(主持工作)</td><td>1971.08—1973.02</td></tr>
<tr><td>刘康荣</td><td>副站长(主持工作)</td><td>1973.03—1973.07</td></tr>
<tr><td>文关兰</td><td>站长</td><td>1973.08—1980.02</td></tr>
</table>

续表

<table>
<tr><th>单位名称</th><th>姓名</th><th>职务</th><th>任职时间</th></tr>
<tr><td rowspan="3">广东省儋县气象局</td><td>文关兰</td><td>副局(站)长(主持工作)</td><td>1980.03—1981.04</td></tr>
<tr><td>尹照典</td><td>副局(站)长(主持工作)</td><td>1981.05—1982.02</td></tr>
<tr><td rowspan="3">陈明珍</td><td rowspan="3">局(站)长</td><td>1982.03—1988.04</td></tr>
<tr><td>海南省儋县气象局</td><td>1988.04—1993.02</td></tr>
<tr><td rowspan="5">海南省儋州市气象局</td><td>1993.03—1994.03</td></tr>
<tr><td>韩福光</td><td>副局(台)长(主持工作)</td><td>1994.04—1997.08</td></tr>
<tr><td>羊其义</td><td>局(台)长</td><td>1997.09—2003.05</td></tr>
<tr><td>黄丕新</td><td>局(台)长</td><td>2003.06—2005.04</td></tr>
<tr><td>符永培</td><td>局(站)长</td><td>2005.05—</td></tr>
</table>

注:文关兰任站长,股级为1973年8月—1980年2月;任副局(站)长,副科级为1980年3月—1981年4月。

人员状况 1952年建站初期,干部职工为5人。1978年底,干部职工发展为11人。其中中专学历9人,高中学历2人;工程师4人,助理工程师5人,技术员2人。截至2008年底,在编人员16人(11男、5女),1人为黎族,15人为汉族。其中大学本科学历5人,大学专科学历8人,中专学历3人;中级职称3人,初级及以下职称13人。党员15人(其中退休党员5人)。

气象业务与服务

1. 气象业务

地面气象观测 1952年9月1日—1960年12月31日,每天进行地方平均太阳时01、07、13、19时4次定时观测。1961年1月1日—2008年12月31日,每天进行北京时(下同)02、05、08、11、14、17、20、23时8次定时观测。观测项目有:云、能见度、天气现象、气压、气温、湿度、风向、风速、降水、日照、蒸发、地温。

1952年9月1日—1960年12月31日,每天01、07、13、19时拍发4次地面天气报。1961年1月1日—2008年12月31日,每天02、08、14、20时拍发4次地面天气报。1962年4月12日起,不定时拍发雨量过程报和大风实况报等重要天气报。2008年6月1日起,增加拍发霾、浮尘、沙尘暴、雾、雷暴、龙卷风、冰雹等重要天气报。1988年10月1日—2008年12月31日,每天08—18时固定拍发每小时1次航危报。在热带气旋影响期间,增加拍发每小时1次的补充地面加密天气报。

1952年9月—1995年12月,手工抄录制作气表-1、气表-21。1996年1月起用台式计算机制作月、年气象报表。在2004年以前,按不同时期的要求向上级有关业务部门邮寄各类报表,1份站里存档,2004年1月起,通过局域网上传电子报表,同时打印2份纸质报表,1份邮寄省气象局,1份站里存档。

地面遥测自动气象站 2004年1月1日,建成并启用CAWS600-S型遥测自动气象站,实行人工站与自动站双轨运行。以人工目测项目(云、能见度、天气现象)和自动站观测数据发报。2005年1月起,观测记录以自动站观测数据为准。

区域自动气象站网建设 2004—2009年，全市建成25个中尺度乡镇自动观测站、1个海岛自动观测站、1个水文自动观测站和1个高速公路自动观测站，初步建成全市自动气象站网。

测风塔建设 2005年，武汉凯迪电力公司建成儋州市峨蔓、海头测风塔。2008年，中国气象局部署建成儋州市排浦测风塔。测风塔观测项目主要是沿海的风向、风速。

农业气象观测 1958年1月，开展农业气象观测工作，观测项目有水稻、甘蔗，1962年7月停止观测。1973年1月，恢复水稻观测。1980年1月，增加物候（苦楝树）观测和土壤湿度试验观测。1982年9月，停止土壤湿度观测。1983年，物候观测增加燕子、青蛙项目。2005年1月，增加自然坡地、旱地作物、橡胶林3种地段的土壤湿度观测和叉河水库、红洋水库、春江水库水情观测。

气象信息网络建设 1952年9月1日—1993年12月31日，气象报文通过专线电话传给县邮电局报房，上传给上级业务主管部门。

1994年1月1日—1999年12月31日，气象报文通过程控电话传给市邮电局报房，上传给上级业务主管部门。

2000年1月1日—2003年12月1日，采用X.25分组交换通信协议的计算机网络终端传输气象报文到上级业务主管部门。

2004年1月1日，采用SDH光纤通信网络终端传输气象报文到海南省气象信息中心网络运行科。

天气预报 20世纪60年代，主要通过每天收听海南行政区气象台发布的天气系统分型和天气预报，利用天气图分析法，制作和发布未来24小时、48小时晴雨天气预报。20世纪70年代前中期，海南行政区气象局组织全区业务技术骨干开展天气预报技术公关，研制出一批预报工具和图表，使单站综合要素时间剖面图在天气预报中得到广泛应用。20世纪80年代以后，通过传真机、计算机网络等接收国内外数值预报产品传真图、卫星云图、713型雷达监测资料。1988年4月，安装甚高频对讲机，实现县气象站与区气象台进行天气会商。天气预报方法增加了MOS预报方法、卫星云图分析法等，预报质量有了较大提高。

制作和发布中、长期预报简报，报送各级政府领导、农场和专业服务用户。中期天气预报在20世纪50—60年代，主要应用年际变化法、气候统计法、点聚图法；20世纪70年代主要利用数理统计方法；20世纪80年代后期起，应用MOS等数值预报产品解释方法。长期天气预报在20世纪50—60年代，主要应用单站气象要素历史演变的周期分析法，并根据气候变化特征找相似，采用点聚图法、相关分析等方法综合预测，应用阴阳历叠加法、韵律法预报天气过程；20世纪70年代中期，利用数理统计方法建立预报方程；20世纪80年代中期起，应用计算机普查和筛选各种预报因子，建立长期预报统计模型，使长期预报质量得到一定提高。

2. 气象服务

儋州市灾害性天气频发，主要气象灾害有热带气旋、暴雨、干旱、雷暴、低温阴雨等。儋州市气象局坚持做好决策气象服务、公众气象服务、专业气象服务。

①公众气象服务

儋州市气象站自建站始，通过市广播站每天向公众发布未来24小时和48小时天气预报，不定时发布重要性、关键性、灾害性天气预警信息。1999年7月，开通“12121”气象信息服务电话。1998年4月，通过《儋州报》刊发每日天气预报。2003年6月起，通过儋州市政府网不定时发布各类气象信息。2003年10月，开通儋州市电视天气预报节目，全省率先制作发布全市电视乡镇天气预报，社会反映良好，并获得了当年度全省气象部门目标考核创新项目奖。2006年9月，利用移动网络建立气象预警灾害手机发布系统，开通天气预报手机短信服务业务。2007年11月，通过儋州市气象局门户网站发布天气预报。

②决策气象服务

1952年建站以来，一直开展决策气象服务。在2003年以前，服务产品的种类和手段比较单一，基本是手抄或打印的预报稿，通过人工送达政府部门领导。2003年以后，服务产品和方式开始多样化，“重要信息快报”、“重要信息专报”等服务材料，通过传真、电子邮件送达。2008年5月，建成气象灾害预警短信系统，通过发布预警短信平台向全市各级党政领导和有关人员发送预警信息，及时做好防灾抗灾工作。

2004年9月，儋州市开展庆祝新中国成立55周年暨中秋文化周活动取得圆满成功，市气象局积极为这次重大活动做好气象保障服务。据统计，向活动组委会发送“中秋文化周”专题天气预报16份，当面向市领导汇报6次、电话汇报19次，电话答询38人次。市气象局的天气预报准确，为活动组委会提供了决策依据，赢得了市委、市政府领导的高度称赞：“气象局在这次重大活动的气象保障工作中，预报准确及时，服务主动周到，社会效益显著！”同时受到了市委、市政府的书面通报表彰。

③专业与专项气象服务

人工增雨作业 1979—2008年，儋州市几乎每年都实施人工增雨作业，应对冬春季干旱灾害。儋州市政府对此高度重视，牵头协调各单位、企业，投入资金，对人工增雨作业设备进行了升级。从借调部队的“三七”高炮固定点作业，到2003年启用火箭炮流动作业，大大增加了增雨效果，显著增加水库蓄水量，改善了土壤墒情，有效缓解了旱情，取得显著社会经济效益和生态效益，为全市工农业生产和经济建设发挥了积极作用。

2003年，市人工增雨工作取得显著效果，洋浦南华糖业集团有限公司在给市人民政府的报告中写到：近年来，在市委、市政府的大力支持下，全市甘蔗种植面积已达2万公顷以上。今年得益于市委、市政府和儋州市气象局采取措施进行人工增雨作业，大大缓解了甘蔗旱情，这一举措，是实践“三个代表”的实际行动，也是解决“三农”问题的具体体现，同时也是为制糖企业提供足够生产原料的重要保证。海头镇政府也给市气象局致感谢信、送锦旗。

防雷技术服务 1995年底，成立了儋州市防雷技术所，对外开展防雷技术服务。1997年，采取5项措施加强防雷服务工作：一是加强防雷服务队伍建设；二是加强培训学习，全面提高防雷服务人员的素质；三是加强技术装备建设，配全检测仪器、设备以及车辆；四是制定政策，鼓励开拓防雷服务市场；五是拓展防雷服务项目，扩大服务领域。防雷技术服务项目有：防雷装置检测、防雷技术评价、防雷装置质量跟踪检测、雷击灾害评估、防雷装置设计、施工等。据统计，截至2008年底，完成防雷装置年检工作涉及各行各业，有中国石化海南炼油化工有限公司、海南金海浆纸业等167家；完成新建、改建、扩建建(构)筑物防雷装置技术审核138项;防雷装置质量跟踪服务58宗;防雷工程整改、安装16项,取得良好的经济效益,为市气象局现代化建设提供了强有力的支撑。

④气象科普宣传

2000年以来,儋州市气象局积极利用每年的“3·23”世界气象日、科技宣传月、防雷安全月、“12·4”法规宣传日,开展气象科普宣传活动。以在闹市区设立宣传咨询点、展示各类宣传展板、发放各类气象科普材料、出动宣传车巡回广播、下到学校和企业举办讲座和通过电视、广播、报纸、网站播报等多种形式,向社会公众大力宣传气象科普知识和气象法律法规。2003年8月,在全省气象部门首创市县级综合性气象宣传刊物《儋州气象》,刊发市气象局工作动态、气象科普常识、气象法律法规和防雷安全管理等内容,每月免费发放到各级政府部门、全市17个镇、10个国营农场和一些企业,取得了巨大的宣传效果,让社会了解气象、理解气象、支持气象。

气象法规建设与管理

依法行政 1999年以来,儋州市气象局紧紧围绕儋州市工作大局,全面贯彻实施《中华人民共和国气象法》、《海南省实施〈中华人民共和国气象法〉办法》,气象法制法规建设工作取得了一定成绩。一是依法维权。2002年7月,儋州市质量技术监督局以儋州市气象局防雷技术所未经计量认证对外开展防雷检测业务为由,对其进行行政处罚,责令停止检测,并处以2000元的罚款。市气象局不服,在省气象局的大力支持下,于2002年8月5日向儋州市人民法院提起行政诉讼,8月15日,儋州市人民法院立案受理,9月5月正式开庭审理。同年11月12日,市法院做出一审判决,市气象局胜诉。市质量技术监督局不服,并于2002年11月22日向海南省中级人民法院提起上诉。经海南省中级人民法院请示全国最高人民法院,全国最高人民法院就此案作出了司法解释,于2004年4月5日海南省中级人民法院作出终审判决:驳回上诉,维持原判。该案历时1年8个月,在全省乃至全国都引起了广泛的关注和巨大反响,该案的胜诉对市气象局乃至全省的防雷减灾管理工作起了积极的推动作用。二是儋州市政府高度重视气象法规建设。2003年和2004年相继下发《关于加强防雷安全管理工作的通知》(儋府办〔2003〕78号)和《关于进一步加强防雷安全管理工作的通知》(儋府〔2004〕76号)两个防雷管理规范性文件,强化了气象部门防雷减灾管理的主体地位。同时,根据国务院412号令规定,把防雷工程设计图纸审核、竣工验收和施放气球许可项目纳入市政府行政审批项目。三是气象探测环境得到有效保护。儋州市委、市政府及各有关部门高度重视气象探测环境保护工作,市建设部门和市国土部门严格执行气象探测环境保护的有关规定,把好气象探测环境保护范围内的土地使用、工程建设项目的审批关。2005年6月,市政府将原属于市委招待所的0.68公顷土地转划拨给市气象局使用,不仅解决了气象业务楼的建设用地问题,而且使气象探测环境得到进一步优化。2007年2月,根据气象部门的要求,市国土、建设部门建立了观测场环境保护备案制度,把气象探测环境保护纳入城市规划和项目审批工作议事日程。

2004年10月,儋州市气象行政执法中队挂牌成立,开始行使气象行政管理职能。2007年8月,气象行政审批工作进入市政府行政服务中心办公,办理防雷设计施工图纸审核、工程竣工验收和施放气球审批许可项目。在履行气象行政管理职能的过程中,一是认真组织力量，加强日常执法巡查力度，强化监管工作，查处违法行为。二是紧紧依靠市政府和各有关部门的支持，稳步推进气象行政管理工作。2008 年 6 月 4 日，市政府办公室下发《关于进一步规范和加强建设工程防雷装置设计审核和竣工验收工作的通知》(儋府办〔2008〕76 号)，对建设工程防雷装置设计审核和验收工作中的有关具体事项做了明确规定，要求市建设、房管、安监、消防等部门，积极支持市气象部门开展防雷装置审核和防雷工程竣工验收工作，共同把全市的防雷减灾工作做好。据统计，截至 2008 年底，完成防雷设计审核项目 17 项、防雷施工图纸审核 138 项、审批施放气球项目 12 项。三是根据市政府提出的"规范程序，简化环节，明确权限，承诺服务，按时办结"的要求，制定了防雷装置设计审核、竣工验收工作细则等制度，确保审核和验收工作做到公开、公平、公正，提高了行政效率和服务质量。四是积极参与市安委会组织的检查活动。2007—2008 年，市气象局与市安监局联合开展非煤矿山、易燃易爆场所和较大型企业的安全生产专项检查 8 次；与市建设局联合开展建筑工地防雷安全检查 3 次；与消防部门联合开展加油加气站防雷安全检查 2 次，并帮助有关企业和单位建立了防雷安全制度。

政务公开 2003 年，儋州市气象局开展政务公开工作，认真贯彻执行中国气象局和海南省气象局关于政务公开工作的一系列规定和要求。一是加强领导，健全机构。成立由局长任组长，副局长任副组长，各股室所主要负责人及廉政监督员为成员的领导小组，每年召开政务公开工作会议 2 次以上，制定年度政务公开工作方案，检查局务公开工作落实情况。二是建立健全制度，规范公开程序。先后制定《儋州市气象局政务公开工作方案》、《儋州市气象局政务公开工作考核办法》。《儋州市气象局政务公开工作监督制度》等 10 项制度，建立气象行政(防雷审核、工程竣工验收、气球施放等)审批事项工作流程，实行了主动公开制度、限时办结与一次性告知制度、政务公开工作考评与责任追究制度及行政执法责任制度等。三是围绕公开重点，细化公开内容。对外公开的重点内容包括：本单位机构设置、职能、办事程序等情况；本单位发展规划和目标；气象行政工作有关法律、法规、规章和规范性文件；行政事业性收费的项目、依据、标准；气象行政许可、行政审批的项目、依据、程序、期限；重大建设项目的批准和实施情况，建设工程招投标、重要物资采购情况；突发气象灾害的应急预案、预警信息；服务承诺、违法违纪的投诉处理规定；其他依照法律法规和国家有关规定需要公开的事项。对内公开重点内容包括：本单位发展规划、民主决策、"三重一大"(重大问题决策、重要干部任免、重大项目投资决策、大额资金使用)事项、人事调整、技术职务变动、年度考核、财务预决算、财务收支、科技服务分配办法、奖金福利发放、招待费、各项内部规章制度、与干部职工利益密切相关的重大改革决策和需要干部职工广泛知晓或者参与的其他事项等。四是丰富公开形式。政务公开的主要形式有：政务公开栏、电子显示屏、儋州气象网站、"OA"网上无纸化办公系统、信息简报、会议、内部通报、下发公文等，使政务公开工作做到经常性工作定期公开，阶段性工作逐段公开，临时性工作随时公开。五是完善监督制度。完善廉政监督员制度，充分发挥廉政监督员的监督作用，发现问题及时通报，认真整改。加强社会监督。实行办事人员意见反馈制度，设置意见箱和投诉电话，认真收集群众意见，鼓励干部职工积极参与监督。邀请市人大代表、政协委员、各界人士对气象政务公开工作进行评议监督。对群众投诉的问题，及时调查处理，并逐项予以反馈。

党建与气象文化建设

1. 党建工作

党的组织建设 1983年以前，儋州市气象局党员编入县农办党支部。1983年底，成立市气象局党支部，1983—1992年归县农委党委领导，1993年至今归属市直机关工委领导。1983年，市气象局党支部仅有正式党员4人。截至2008年底，市气象局党员发展到15人，其中退休党员5人。

市气象局党支部十分重视党员的政治思想教育工作，经常组织党员学习党的方针、政策和时事政治及业务知识，不断提高党员的政治觉悟和业务水平，长期以来坚持民主生活会制度。全体党员在党组织活动中，自觉地接受党组织的教育、管理和监督。市气象局党支部认真执行党章和中央、省、市下发的各项条例、规章等，重点加强领导班子建设，倡导艰苦创业、无私奉献、不断进取、不怕困难、敢于拼搏的精神，坚持民主集中制，重大决策集体讨论决定，做到工作上既有分工，又相互配合，大事上讲原则，工作上讲实干，作风上讲廉洁。同时，建立了入党积极分子的培养、教育和考察制度，注重在思想品质好的业务骨干中发展党员。2005—2008年，共发展党员5人。市气象局党支部充分发挥党密切联系群众、全心全意为人民服务的优良作风，要求每一位党员从我做起，从身边的小事做起，讲服务、比奉献，做表率。充分发挥共产党员的先锋模范带头作用。

2004年、2006年、2007年和2008年度，儋州市气象局党支部被市直机关工委评为“先进基层党组织”。2008年，符永培同志被儋州市直机关工委授予“优秀共产党员”称号。

党风廉政建设 2002年以来，儋州市气象局认真落实党风廉政建设责任制，积极开展党风廉政建设教育，加强制度建设，使党风廉政建设工作得到进一步加强。一是把党风廉政学习教育工作贯穿到干部思想作风建设中，组织党员干部认真学习《党章》和《建立健全教育、制度监督并重的惩治和预防腐败体系实施纲要》等有关文件，认真组织开展“党风廉政宣传月”活动，组织全体党员参加海南省气象局举办的党风廉政知识竞赛活动，观看海南省委组织的反腐倡廉教育警示巡回展，不断增强党性观念和宗旨意识，筑牢拒腐防变的思想防线；二是始终把党风廉政建设纳入议事日程，与领导干部目标管理结合起来，与业务管理工作紧密结合。三是定期召开会议，分析党风廉政建设情况，对一些倾向性问题和苗头及时进行批评教育。四是严格落实党风廉政建设责任制。按照“谁主管、谁负责”的原则，把党风廉政建设的各项任务逐项分解，由局长与各股、室、所负责人签订党风廉政建设责任书，逐级落实责任，坚持一把手负总责，一级抓一级，层层抓落实。做到业务工作和党风廉政建设一起部署，一起落实，一起检查。五是完善和落实党风廉政建设各项规章制度。进一步完善《领导班子议事规则》、《领导班子科学民主决策程序》、《“三重一大”决策制度》、《“两公开、两监督”制度》、《科技服务财务管理制度》、《接待制度》等各项规章制度，并严格执行。六是完善监督机制，增强廉洁意识。市气象局“一把手”与省气象局签订党风廉政责任状，自觉履行承诺，自觉接受群众监督，认真贯彻执行党的民主集中制原则，坚决克服在重大问题、重大事项上个人说了算和议而不决、决而不行、内耗严重等软弱涣散现象。不断拓宽民主渠道，使其他领导干部真正参与重大事项的讨论和决策，积极推进决策科学化、民主化，坚持局务公开。把局务公开工作作为党风廉政的一项重要内容来抓，始终坚持以公开促廉政，以公开创环境，以公开保稳定，以公开促发展的工作思路，大力构筑政务公开、财务公开阳光工程，给干部职工一个明白，还领导一个清白。对于一些群众不清楚或产生误会的问题及时解释，对于存在的问题及时纠正，做到了取信于民。同时，广泛听取群众的意见，接受群众的监督，使党风廉政工作真正落到实处。

2. 气象文化建设

1997 年，儋州市气象局成立了以局长为组长的精神文明建设领导小组，始终坚持以人为本的科学发展观，弘扬自力更生，艰苦创业精神，大力开展气象文化和文明创建规范化建设。通过建设办公综合楼、职工宿舍楼以及开展台站环境综合改造，使台站面貌发生了巨大变化，逐步建成园林式单位。大力加强气象文化建设，统一制作局务公开栏、学习园地、气象人精神愿景词，建设图书阅览室，为职工学习、工作、生活提供良好的场所。

儋州市气象局筹措资金 10 多万元建设了阅览室、篮球场、排球场等活动场所。除了组织人员积极参加省气象局和当地政府部门主办的各项文体活动外，还多次自己组织多项文体活动。先后组织过“升级”打牌比赛、迎新春文体活动等，丰富了全体干部职工的生活，增强了团结，为创造和谐气象部门奠定了良好的基础。

3. 荣誉

儋州市气象局积极参与当地的经济建设和党的各项活动，参加当地政府组织的兴修水利、环境整治、计划生育、救灾捐款、治安联防、文体等活动，受到市委、市政府的好评。

1952—2008 年，儋州市气象局(站)共获得 16 项县处级以上集体表彰。其中，1999 年、2000 年、2004 年、2005 年被海南省气象局授予“全省气象部门目标管理优秀单位”或“全省气象部门目标管理标兵单位”称号；1999 年和 2004 年，儋州市气象局被中国气象局授予“重大气象服务先进集体”称号；1999 年，儋州市气象局被海南省气象局授予“1994—1998 年双文明建设先进单位”称号；2005 年，被中国气象局授予“全国气象部门局务公开工作先进单位”称号；2006 年，被海南省气象局授予“2002—2005 年全省气象工作先进集体”称号；2007 年，获得“海南省精神文明建设先进单位”称号；2008 年，被中国气象局授予“全国气象部门局务公开工作命名单位”称号。

1952—2008 年，儋州市气象局(站)共有 25 人次获得县处级以上个人表彰。

台站建设

1997—2008 年，儋州市气象局历任领导高度重视台站建设工作，专门成立了台站建设领导小组，并把此项工作列为每年的重点工作之一。通过职工集资方式，分别于 1997 年和 1999 年建了 2 幢职工住宿楼，大大改善了干部职工的住宿条件。2005 年，建成 1 幢面积 715 平方米的具有现代气息的业务办公综合楼，并配备了电脑、打印机、复印机、投影仪等先进办公设施，还设有综合会议室和图书阅览室等。

2007—2008 年，儋州市气象局对环境进行了综合改造，先后完成了市气象局大院内环型道路硬化和大门、大门值班室、办公楼广场、篮球场等建设。通过不断进行台站综合改造，彻底改变了台站的旧环境，使市气象局大院的面貌焕然一新。

20 世纪 70 年代的儋县气象站观测场

2003 年改建的儋州市气象局观测场

20 世纪 60 年建成的儋县气象站办公楼

2005 年建成的儋州市气象局办公楼

文昌市气象局

海南省文昌市位于海南岛东北部，东、南、北三面临海，海岸线长 206.7 千米，海域面积 4600 平方千米，陆地面积 2488 平方千米，人口约 57 万。文昌市历史悠久，至今已有 2100 多年的历史，自西汉（公元前 110 年）设置紫贝县，到唐朝（公元 627 年）改名为文昌县。1995 年 11 月，撤县设文昌市（县级市）。文昌市被誉为“名人之乡”，曾涌现“国母”宋庆龄、蒋介石夫人宋美龄、大将张云逸等名人。文昌市被称为“椰子之乡”，椰子种植面积和产量均占海南省的 45%左右。此外，文昌市还有“华侨之乡”、“文化之乡”、“排球之乡”等美称。2007 年 9 月，国家批准建设中国文昌新一代运载火箭发射中心，一个未来的“航天之乡”即将产生，标志着文昌市进入了一个崭新的发展阶段。

文昌市属热带海洋性季风气候，四季常春，夏有酷暑，冬有阵寒，雨量充足，气候温和。

文昌市气象局得到各级党政领导的关心和重视。1981 年 4 月、1987 年 7 月、1988 年 1 月、1991 年 11 月、1992 年 11 月，中国气象局副局长戈锐、章基嘉、骆继宾、马鹤年、温克刚分别前来检查指导工作；1997 年 5 月，中国气象局局长邹竞蒙到文昌市气象局检查指导工作；2008 年 4 月 18 日 21 时，中国气象局副局长宇如聪率领防台抗台工作组到文昌市气象局指导防御台风“浣熊”工作。

机构历史沿革

历史沿革　1957 年中央气象局和广东省气象局撤销琼山县岭脚气候站，1958 年 9 月 1 日，建立广东省文昌县气象站，站址为文昌县文城镇紫贝岭上（现文昌市文城镇城新里 11 号），位于北纬 19°37′，东经 110°45′，观测场海拔高度 21.7 米，属国家一般气象观测站，占地面积 6256.3 平方米。

1959 年 12 月 10 日，广东省文昌县气象站更名为广东省文昌县水文气象局。1963 年 1 月 1 日，更名为广东省文昌县气象服务站，股级。1968 年 12 月，根据文昌县革命委员会指示，农口成立广东省文昌县社会主义农村服务站，县气象站撤销原站名，气象站并入农村服务站。1969 年 6 月，更名为广东省文昌县革命委员会生产组农林水服务站气象预报组。1971 年 1 月，更名为广东省文昌县气象站。1980 年 3 月 3 日，更名为文昌县气象局，科级。1981 年 1 月 1 日，更名为广东省文昌县气象局。1988 年 4 月 13 日，更名为海南省文昌县气象局。1995 年 11 月 7 日，经国务院批准文昌撤县建市，更名为海南省文昌市气象局。

1959 年 8 月，广东省气象局建立铜鼓岭海洋气象观测站，观测项目有：水位、水温、盐度、海浪。当时只有 1 人在站内执行观测任务。1960 年 8 月，铜鼓岭海洋气象观测站被撤销。

1958 年 9 月，广东省气象局建立清澜海洋气象观测站，观测项目有：气象、水位、水温、盐度。建站时只有 1 人在站里执行观测任务。1965 年 5 月，清澜海洋气象观测站移交海洋局管理。

管理体制　1958 年 9 月 1 日，广东省文昌县气象站实行广东省气象局与文昌县人民委员会双重领导，以文昌县人民委员会领导为主。1962 年 6 月 15 日，实行广东省海南行政公署气象局与文昌县人民委员会双重领导，以广东省海南行政公署气象局领导为主。1968 年 7 月 1 日，实行广东省海南行政区气象局与文昌县革命委员会双重领导，以文昌县革命委员会领导为主。1971 年 4 月，实行文昌县革命委员会与文昌县人民武装部双重领导，以文昌县人民武装部领导为主。1973 年 8 月，实行广东省海南行政区气象局与文昌县革命委员会双重领导，以文昌县革命委员会领导为主。1981 年 1 月 1 日，实行广东省海南行政区气象局与文昌县人民政府双重领导，以广东省海南行政区气象局领导为主。1988 年 4 月 13 日海南建省，实行海南省气象局与文昌县人民政府双重领导，以海南省气象局领导为主。1995 年 11 月，实行海南省气象局与文昌市人民政府双重领导，以海南省气象局领导为主的体制。

机构设置　1995 年以前，广东省文昌县气象局机构设置：办公室、测报股、预报股。1995 年 10 月，海南省文昌县气象局增设防雷技术所。2005 年 1 月，文昌市气象局预报股和测报股合并为业务股。截至 2008 年底，机构设置：办公室、业务股、气象科技服务中心、防雷技术所。

单位名称及主要负责人变更情况

单位名称	姓名	职务	任职时间
广东省文昌县气象站	周经伦	负责人	1958.09—1959.05
	高敏之(女)	站长	1959.06—1959.12
广东省文昌县水文气象局	符开泽	站长	1959.12—1962.05
	李之环	副站长(主持工作)	1962.06—1962.12
广东省文昌县气象服务站			1963.01—1968.11
广东省文昌县社会主义农村服务站			1968.12—1969.05
广东省文昌县革命委员会生产组农林水服务站气象预报组			1969.06—1970.12
广东省文昌县气象站	张国吟	指导员	1971.01—1973.07
	马业云	副站长(主持工作)	1973.08—1977.12
	邢诒炳	副站长(主持工作)	1978.01—1980.03
文昌县气象局	陈在任	局(站)长	1980.03—1980.12
广东省文昌县气象局			1981.01—1984.09
	邢诒炳	局(站)长	1984.10—1988.03

续表

单位名称	姓名	职务	任职时间
海南省文昌县气象局	邢诒炳	局(站)长	1988.04—1992.12
	符大良	局(站)长	1993.01—1995.10
海南省文昌市气象局			1995.11—2000.05
	云兰芳(女)	副局(站)长(主持工作)	2000.05—2001.05
		局(站)长	2001.06—2003.06
	潘家骁	局(站)长	2003.06—2003.09
	柯维耀	局(站)长	2003.10—2004.12
	郭泽炳	副局(站)长(主持工作)	2005.01—2006.01
		局(站)长	2006.02—2007.05
	吴　斌	副局(站)长(主持工作)	2007.05—2008.05
		局(站)长	2008.05—

人员状况　1958 年建站时,只有干部职工 3 人。1978 年,干部职工增加到 13 人,其中本科学历 2 人,中专学历 10 人,高中学历 1 人。截至 2008 年底,文昌市气象局在编人员 10 人,其中本科学历 8 人,中专学历 2 人;中级职称 1 人,初级职称 9 人;年龄结构:最大 48 岁,最小 24 岁,平均年龄 34 岁。中共党员 16 人,其中退休党员 8 人。

气象业务与服务

1. 气象业务

地面气象观测　1958 年 9 月 1 日,每天开展地方平均太阳时 08、14、20 时 3 次定时气象观测。观测项目:气压、气温、湿度、风向、风速、云、能见度、雨量、蒸发、地面温度等要素。1968 年 8 月 15 日,改为 02、08、14、20 时 4 次定时观测,1988 年 10 月 1 日,恢复 08、14、20 时 3 次定时观测。2006 年 1 月 1 日,增加 5～320 厘米地温观测,2008 年 9 月 6 日,增加草面温度观测。夜间不守班。

1960 年以前执行《气象观测暂行规范》(地面部分),1961—1979 年执行第三次修订的《气象观测规范》,1980 年起使用第 4 次修订的《地面气象观测规范》(1979 年版),2004 年 1 月 1 日起执行第五次修订的《地面气象观测规范》(2003 年版)。

1959 年 6 月 16 日,开始编发 08、14、20 时 3 次小天气图报,1968 年 8 月 15 日改为 02、08、14、20 时 4 次发报。1988 年 10 月 1 日起恢复为 08、14、20 时 3 次小天气图报,1999 年 3 月 1 日起取消小天气图报,改为编发天气加密报。2003 年 6 月 15 日,增加 11、17 时 2 次天气补充绘图报,2004 年 6 月 15 日停止。

担负危险天气、重要天气、热带气旋(台风)加密观测和发报任务。1959 年 9 月 21 日,增加预约航危报。1965 年 6 月 10 日起,担负 24 小时航危报 OBSNY,每小时向海口、陵水、加来拍发 1 次航空天气报告。1968 年,增加 OBSMH 海口 05—19 时固定航危报任务,以及 OBSAV 广州、遂溪 00—24 时预约航危报任务。1973 年,增加 OBSNY 乐东 06—18 时固定航危报任务。2002 年 1 月 1 日起,停止拍发所有航危报任务。

按技术规定进行观测记录和自记记录的统计整理，按时编制和上报气象记录月、年报表。1958—1960年，编制的月报表有：气表-1、气表-2T（温度）、气表-2H（湿度）、气表-3、气表-4。1961年将气表-3、气表-4并入气表-1。1966年起，停止编制气表-2T、气表-2H。每月制作地面气象记录月报表一式2份，1份留底，1份报省气象局。1986年1月起，正式采用PC-1500袖珍计算机编制地面气象记录月报表；1995年10月起，实行台式计算机编制地面气象记录报表业务。2004年1月起，增加编制和上报自动站观测记录月报表。2006年1月起，按《地面气象观测数据文件和记录簿表格式》进行月报表记录处理，同时停止人工站观测记录月报表的编制和上报。

1959—1960年，编制的年报表有：气表-21、气表-23、气表-24。1961—1965年，将气表-23、气表-24并入气表-21。1967—1979年编制气表-25，1980年起气表-25并入气表-21，并增加15个时段的年最大降水量。编制的年报表一式3份，1份留底，1份报省气象局，1份报中国气象局。从1998年，开始使用计算机编制年气象报表，结束了人工抄录、统计报表的历史。2004年1月起，增加编制和上报自动站观测记录年报表。2006年起，按新的《地面气象观测数据文件和记录簿表格式》进行年报表记录处理，同时停止人工站观测记录年报表的编制和上报。

建站初期使用原苏联产仪器，规格型号杂乱。20世纪60年代起，观测仪器基本实现国产化。1969年，配备EL型电接风向风速仪。1979—1980年使用百叶箱通风干湿表。1986年1月1日起，使用PC-1500袖珍计算机进行地面测报业务，代替了从建站以来一直沿用的手工查算、编报和报表统计等工作方式，工作效率和业务质量大幅度提高。1995年8月28日起，使用台式计算机工作。2006年1月1日，启用ZQZ-C$Ⅱ_1$型遥测自动气象站，实现了地面气象观测、记录处理和数据传输全面自动化。

地面遥测自动气象站　2004年1月1日，建成ZQZ-C$Ⅱ_1$型遥测自动气象站，并实行人工站和自动站双轨运行，自动气象站观测项目有：气压、气温、湿度、风向、风速、雨量、草面温度、0～320厘米地温。2006年1月1日，自动气象站正式单轨业务运行，同时停止人工站观测记录。

区域自动气象站网建设　2006—2008年，文昌市政府投资100万元人民币，先后建成20个五要素中尺度乡镇自动气象站并投入业务运行，加强了全市灾害天气的监测能力。观测项目有：气压、气温、湿度、风向、风速、雨量。2007年1月29日，在翁田镇明月小学建成海岛无人大气自动监测站，观测项目有：气压、气温、湿度、风向、风速、雨量、能见度、地温（0～320厘米）。这些自动气象站网的建成，对文昌市防灾减灾工作发挥了重要作用，产生显著的社会效益和经济效益。

农业气象观测　文昌县气象站自建站起就开始了农业气象观测，观测项目有：水稻、蕃薯、花生、土壤蒸发、土壤湿度。1959年2月起，开始制作农业气象旬报。1962年，撤销农业气象观测。1979—1980年，文昌县气象站与县农科所合作开展水稻物候观测项目。2005年1月，开始进行土壤墒情观测，每周星期一观测上报1次。土壤观测主要在旱地、自然坡地、橡胶林等3种不同地段，采用烘干称重法，测定土壤的相对湿度。

气象信息网络建设　1986年1月1日起，使用PC-1500型袖珍计算机进行预报应用工具的制作。1995年10月1日起，使用信息网络上传数据。1997年12月8日，微机终端速率由2400比特/秒提高到9600比特/秒。2004年1月1日，通信网络由X.25专线改为ADSL宽带网络。2004年12月20日，通信网络由ADSL宽带网络改为光纤通信，速率由1兆增大到2兆。2005年，实行OA网上无纸化办公，同年安装使用视频会商系统。

天气预报 1958年，开始制作和发布天气预报，每天通过收听广东省气象台发布的天气形势与分区要素预报，结合本县气象要素，通过绘制点聚图和本站气象要素剖面图等多种方法，制作未来24小时、48小时晴雨天气预报，并抄到县城大街公告牌上公告及报送县广播站广播。20世纪70年代起，采用气候变化特征相似法、点聚图法、综合气象要素时间剖面图法、概率相关法、用权重系数回归法、天气过程周期统计分析等多种方法制作中长期天气预报。定期制作旬(月)天气趋势预报、冬春(11月—翌年4月)、汛期(5—10月)天气趋势预报，送往文昌县各单位。1986年起，通过气象传真机接收天气形势图和卫星云图资料；同年安装使用甚高频对讲机，实现县气象站和区气象台直接进行天气会商。1995年1月1日，使用计算机网络终端直接调取天气形势图、卫星、雷达等资料。2005年，安装视频会商系统。

2. 气象服务

①公众气象服务

自文昌县气象站建站起，每天通过县广播站向公众发布未来24小时、48小时天气预报和不定时发布天气预警信息。1994年，在市政府的支持下，开始使用“12121”天气预报自动咨询电话为公众提供气象服务。2006年，建立气象预警灾害手机发布系统，开通天气预报手机短信服务业务。2009年6月1日，文昌市电视天气预报节目正式开播。

②决策气象服务

文昌主要自然灾害有：热带气旋、雷暴、水灾、旱灾。文昌市气象局开展决策气象服务主要是在灾害性天气到来之前，为市委、市政府及其部门提供防灾减灾书面报告及建议。同时为市委、市政府举办重要性的大型会议、重大活动提供的气象服务，通过书面报告、电话、手机短信等多种方式。截至2008年底，提供的决策服务资料有《文昌气象信息专报》、《文昌气象信息快报》、《热带气旋警报》以及书面和手机短信发送气象灾害预警信号。在重大服务过程中，多次获得集体和个人表彰。

【气象服务事例】2005年9月26日，超强台风“达维”登陆万宁市，文昌市出现持续24小时大风天气，阵风达35.2米/秒，带来极大损失。文昌市气象台通过发布热带风暴消息、热带风暴警报、强热带风暴警报、台风警报、台风紧急警报以及发布台风橙色预警信号、台风红色预警信号等方式，用传真、电话向市三防办、市委办、市政府办、市广播电台、电视台、市防灾抢险临时指挥部、全市25个乡镇、办事处及服务单位发布台风信息。文昌市气象局对这次台风预报准确，跟踪服务到位，抗灾救灾有力，受到了市领导和群众的好评。

③专业与专项气象服务

人工增雨作业 1967年3月、1977年4—5月，在文昌县开展飞机人工增雨作业。1980年以后，多次采用“三七”高炮进行人工增雨作业。2000年以后，实施流动火箭作业车进行人工增雨作业，效果显著。

2005年8月，文昌市气象局开展人工增雨抗旱服务成绩显著，受到文昌市人民政府的专门表彰。2005 年 10 月，文昌市气象局被中共文昌市委、文昌市人民政府授予“抗灾救灾工作先进集体”称号。

防雷技术服务 1995 年 10 月，成立海南省防雷中心文昌市防雷技术所，为用户提供防雷装置检测、防雷工程技术服务。1995—2008 年，文昌市防雷技术所先后为上千家单位包括中石化加油站、供气站、文昌市教育系统、文昌市税务系统等进行防雷装置检测，督促整改了一批不合格的防雷设施，消除了防雷安全隐患，取得了很好的效果。

施放气球服务 20 世纪 90 年代，文昌市气象局利用人工制氢施放气球，为企业开张、机关单位节日庆典活动提供气球、标语服务。

④气象科技服务

依据国务院办公厅 1985 年颁布的《关于气象部门开展有偿服务和综合经营的报告的通知》，文昌县气象局成立了专业有偿服务小组，宣传气象科普知识，上门服务，签订服务合同。通过上门服务、信件邮递、电话传真和预警系统等手段向广大用户发送短、中、长期天气预报。服务用户遍及全市（县）各乡（镇）政府、农场、个体养殖户、工矿企业，签订服务合同户逐年增多，取得较好的社会效益和经济效益。

⑤气象科普宣传

每年“3·23”世界气象日、安全生产月、科技活动月，文昌市气象局都组织职工积极深入各乡镇、学校开展气象科普宣传活动。通过悬挂横幅、摆放宣传展板、发放宣传手册、播放宣传片、举办专题讲座等形式，向群众宣传气象科普和防雷减灾相关知识，热情解答群众关于气象预警信号、天气预报、气象与农业、防雷减灾及相关法律法规等方面的咨询，取得了良好的社会效果。

2006 年“3·23”世界气象日，文昌市气象局结合气象工作和经济建设的实际情况，通过撰写气象科普文章和访谈录等，在《侨乡文昌》报刊发纪念专版，社会反映良好。

⑥气象科技成果

1981 年以来，文昌市气象局共获得省、区级科技进步成果奖 15 项、优秀学术论文奖 2 个、海南行政区气象学会奖 1 个、文昌县科技进步奖 1 个、省级科技刊物刊登论文 2 篇。其中，符大良同志撰写的《低温阴雨中短期预报》获得 1981 年海南行政区优秀科技成果一等奖。梅玉芝同志撰写的《文昌县非台风暴雨浅析》获得 1985 年海南行政区气象学会优秀气象科技论文奖。梅玉芝、符大良同志撰写的《以省台天气系统为基础，应用逐步回归程序做短期晴雨预报》获得 1990 年海南省首届科技进步奖四等奖。符大良同志撰写的《水稻种植制度的改革与气象条件的关系研究》获得 1992 年文昌县科技进步奖四等奖。

气象法规建设与管理

依法行政 2003 年，成立文昌市气象局气象行政执法队，由取得海南省行政执法资格证的 4 名同志组成。2008 年 12 月 2 日，在文昌市政府行政服务中心设立气象行政许可服务窗口，承担防雷装置设计审核、竣工验收和施放气球等行政许可审批工作。

政务公开 2004 年起，文昌市气象局开展“两公开、两监督”工作，对气象行政审批程序、服务内容、执法依据、收费标准等广泛向社会公开；对干部任用、干部考核、工程招标等通过职工大会、办公系统、内部公开栏等向全体职工公开；计划内、预算外经费开支、工资福利、医疗保险、住房公积金等定期通过内部公开栏和网上办公系统公开，广泛接受干部职工和社会监督。

党建与气象文化建设

1. 党建工作

党的组织建设 1973年以前，文昌县气象站仅有党员3名，没有设立党支部，党员编入县农业局党支部。1973年，文昌县气象站成立党支部，党员4名。1981—2003年，文昌市气象局党支部连续23年被中共文昌市(县)农业口委员会评为“优秀党支部”。截至2008年底，文昌市气象局党支部共有党员16名，其中在职党员8名，退休党员8名。

党风廉政建设 党风廉政工作是文昌市气象局的主要工作之一。从1995年起，文昌市气象局每年都分别同省气象局党组和文昌市委签订党风廉政工作责任书，加强党风廉政制度建设，实行党风廉政建设责任制。

2. 气象文化建设

文昌市气象局历任领导都十分重视气象文化和精神文明建设，倡导勤奋钻研、爱岗敬业、乐于奉献的气象人精神。多年来，市气象局深入开展创建文明单位活动，1996年12月，文昌市气象局被中国气象局授予“全国气象部门双文明建设先进集体”称号；1998—2002年，连续获得海南省委、省政府授予“海南省年度创建文明行业先进单位”称号。2003年，文昌市气象局与文昌市国土局、文昌市民政局共同捐资修建了从市武装部到海军通讯机务站的“拥军路”。

2006年8月，文昌市气象局成立文明创建领导小组，负责精神文明建设具体工作，检查各项工作的落实情况，并制定了《文昌市气象局文明创建规章制度》及《卫生管理制度》。文昌市气象局设立了气象人愿景词、政务公开栏、学习园地、图书阅览室、体育健身室等，并经常举办或参加形式多样的文体活动，丰富职工业余生活。2006年，文昌市气象局郭玉婷同志获得海南省气象部门乒乓球比赛女子组第一名并代表海南省气象局参加“双汇杯”全国气象行业乒乓球比赛。

3. 荣誉

1976—2008年，文昌市气象局共获得县处级以上集体荣誉93项。其中1981年被中央气象局授予“台风预报服务先进集体”称号；1984年被国家气象局授予“国际台风业务试验优秀集体”称号；1988年、1996年、1997年分别被中国气象局授予“全国气象部门双文明建设先进集体”称号；1994年被中国气象局授予“全国汛期气象服务先进集体”称号；2000年被中华人民共和国人事部、中国气象局授予“全国气象系统先进集体”称号。

1986—2007年，文昌市气象局个人获得县处级以上荣誉169人次。

台站建设

1958年，文昌县气象站建站初期只有1幢简陋的砖瓦房，分隔为1间办公室、2间宿舍。1982 年,建成 1 幢 4 套的职工宿舍楼、总面积约 200 平方米。1999—2003 年,以职工集资为主和省气象局补助部分资金形式,分别建成 4 幢 16 套的职工宿舍楼、总面积约 1600 平方米,大大改善了干部职工的住房条件。

1999 年 3 月,文昌市气象局筹资 5 万多元,对台站环境进行了全面的整治。新建东西、南北向两条主干道 460 平方米;新建围墙 100 平方米;新植草坪 1000 平方米,种植花木若干;重新装修办公楼,墙壁全部涂上仿瓷涂料,地板铺上耐磨瓷砖。1999 年 12 月,完成办公楼改建工程、总面积 300 多平方米。2003—2004 年,文昌市气象局对业务楼办公室进行全面的装修,添置计算机、空调等办公设备;气象局大院内空地种植草皮 1200 平方米;投资 7 万余元,对气象局北侧已风化断裂的 50 米红砖构筑围墙进行重新修建。2005 年,气象局大院南侧围墙被超强台风"达维"刮倒,文昌市气象局筹资 5 万元修建新围墙。截至 2008 年底,局大院基本实现了硬化、净化、绿化、美化的目标,台站建设跨上了新台阶。按照海南省气象局提出的"六个一流"(一流装备、一流技术、一流人才、一流台站、一流管理、一流服务)台站标准,加快建设文昌现代气象业务体系。

1983 年的文昌县气象局观测场全貌

2007 年的文昌市气象局观测场全貌

琼海市气象局

海南省琼海市位于海南岛东部，东临南海，地形西高东低，万泉河源于琼海市西南部境外的五指山山脉，自西向东流经过嘉积等7个镇，到亚洲论坛所在地博鳌港注入南海。琼海市面积1693平方千米，人口47万。琼海市历史悠久，唐显庆五年（公元660年）设置乐会县，为琼海渊源之始，元世祖至元二十八年（公元1291年）划割乐会县西北境设置会同县。民国三年（公元1914年）会同县易名为琼东县。1958年12月，琼东、乐会、万宁3县合并为琼海县，县治驻嘉积镇。1959年11月，恢复万宁县建制，但琼海县一直至1992年11月撤县设市（县级市）为止。琼海市是著名的侨乡、鱼米之乡，充满传奇的红色娘子军、风光如画的万泉河、举世瞩目的博鳌亚洲论坛，构架起琼海丰富的旅游资源。

琼海市属热带海洋性季风气候，光照充足，高温多雨，台风频繁，雨旱两季分明。年平均气温24℃，年平均降雨量2072毫米，年平日照2155小时，终年无霜，气候条件良好。

琼海市气象局自建立以来，得到各级党政领导的关心和重视。1990年4月、2000年12月和2005年1月，中国气象局局长邹竞蒙、温克刚、秦大河分别前来检查指导工作。

机构历史沿革

历史沿革 1952年12月，成立海南军区司令部嘉积（琼东县建治镇）气象站，站址在嘉积镇北门（今琼海市人民医院西北面）。1954年1月，更名为广东省嘉积气象站，1954年6月，站址迁至嘉积镇南门（今琼海市广播电视台宿舍区东北侧）。1958年10月，改为广东省琼东县气象站。1958年12月，设立广东省琼海县气象科。1959年11月，水文与气象合并成立广东省琼海县水文气象科；同月，广东省琼海县中心气象站（琼海县水文气象科下属机构）又迁至琼海县嘉积镇南门山叶岭。1960年1月，县机构调整设置广东省琼海县水文气象局，1962年8月，撤销琼海县水文气象局，成立广东省琼海县气象服务站。1973年9月，改为广东省琼海县气象站。1980年9月，成立广东省琼海县气象局（站），县科级单位，实行局、站合一，一套人马，两块牌子的体制。1988年4月海南建省，6月广东省琼海县气象局（站）更名为海南省琼海县气象局（站）。1992年11月，撤销琼海县设立琼海市，琼海县气象局（站）也相应改为海南省琼海市气象局（台）。2007年1月，更名为琼海国家气象观测站一级站。2008年12月31日，恢复为国家基本气象站，站址琼海市兴工路32号，占地面积 9571.13 平方米，观测场位于北纬 19°14′，东经 110°28′，海拔高度 24.0 米。

管理体制 1952 年 12 月，海南军区司令部嘉积气象站属于军队建制，受海南军区中南气象处领导。1954 年 1 月，转为地方建制，实行广东省气象局与琼东县人民委员会双重领导，以广东省气象局领导为主。1958 年 10 月，实行广东省气象局与琼东县人民委员会双重领导，以琼东县人民委员会领导为主。1962 年 8 月，实行广东省海南行政公署气象局与琼海县人民委员会双重领导，以广东省海南行政公署气象局领导为主。1969 年 1 月，实行广东省海南行政区气象局与琼海县革命委员会双重领导，以琼海县革命委员会领导为主。1971 年 4 月，实行琼海县革命委员会与琼海县人民武装部双重领导，以琼海县人民武装部领导为主。1973 年 9 月，实行广东省海南行政区气象局与琼海县革命委员会双重领导，以琼海县革命委员会领导为主。1980 年 12 月，实行广东省海南行政区气象局与琼海县人民政府双重领导，以广东省海南行政区气象局领导为主。1988 年 4 月海南建省，实行海南省气象局与琼海县人民政府双重领导，以海南省气象局领导为主。1992 年 11 月，实行海南省气象局与琼海市人民政府双重领导，以海南省气象局领导为主的体制。

机构设置 1980 年 9 月，广东省琼海县气象局设置地面测报股、农业气象股和预报股。1992 年 11 月，海南省琼海市气象局机构设置：办公室、地面观测股、预报服务股、农业气象股。1995 年 12 月增设防雷技术所。2002 年成立防雷工程部。截至 2008 年底机构设置：办公室、业务股、气象科技服务中心、防雷技术所、影视中心。

单位名称及主要负责人变更情况

<table>
<tr><th>单位名称</th><th>姓名</th><th>职务</th><th>任职时间</th></tr>
<tr><td>海南军区司令部嘉积气象站</td><td rowspan="2">方有库</td><td rowspan="2">站长</td><td>1952.12—1953.12</td></tr>
<tr><td rowspan="3">广东省嘉积气象站</td><td>1954.01—1954.12</td></tr>
<tr><td>林国雄</td><td>站长</td><td>1955.01—1956.12</td></tr>
<tr><td rowspan="6">叶达强</td><td rowspan="2">站长</td><td>1957.01—1958.10</td></tr>
<tr><td>广东省琼东县气象站</td><td>1958.10—1958.12</td></tr>
<tr><td>广东省琼海县气象科</td><td rowspan="2">副科（站）长（主持工作）</td><td>1958.12—1959.11</td></tr>
<tr><td>广东省琼海县水文气象科</td><td>1959.11—1960.01</td></tr>
<tr><td>广东省琼海县水文气象局</td><td>副局（站）长（主持工作）</td><td>1960.01—1962.08</td></tr>
<tr><td rowspan="4">广东省琼海县气象服务站</td><td>站长</td><td>1962.08—1964.12</td></tr>
<tr><td>彭志诚</td><td>站长</td><td>1965.01—1969.12</td></tr>
<tr><td>邢贻炳</td><td>站长</td><td>1970.01—1971.04</td></tr>
<tr><td>陈川铭</td><td>指导员</td><td>1971.04—1973.09</td></tr>
<tr><td rowspan="2">广东省琼海县气象站</td><td>邢贻炳</td><td>站长</td><td>1973.09—1977.12</td></tr>
<tr><td rowspan="5">马业云</td><td>站长</td><td>1977.12—1980.09</td></tr>
<tr><td rowspan="2">广东省琼海县气象局</td><td>副局（站）长（主持工作）</td><td>1980.09—1984.09</td></tr>
<tr><td rowspan="3">局（站）长</td><td>1984.09—1988.06</td></tr>
<tr><td>海南省琼海县气象局</td><td>1988.06—1992.11</td></tr>
<tr><td rowspan="2">海南省琼海市气象局</td><td>1992.11—1997.09</td></tr>
<tr><td>王永新</td><td>副局（站）长（主持工作）</td><td>1997.09—1998.10</td></tr>
</table>

续表

单位名称	姓名	职务	任职时间
海南省琼海市气象局	王永新	局(站)长	1998.10—2003.10
	刘银叶(女)	副局(站)长(主持工作)	2003.10—2005.04
	陈德明	局(站)长	2005.04—2006.05
	刘银叶(女)	局(站)长	2006.05—

人员状况 1952年建站时只有工作人员5人。1959—1962年,人员增加到站史上最多的25人。1978年12月,在编人员15人。其中,中专学历10人,高中学历2人,初中学历3人;中共党员6人;年龄最大的44岁,最小的26岁,平均35岁。截至2008年底,琼海市气象局在编人员15人,均为汉族。其中,本科学历9人,大专学历5人,高中学历1人;中级职称2人,初级职称13人;年龄最大的49岁,最小的25岁,平均34岁。另有编外人员7人。在职党员4人,退休党员8人。

气象业务与服务

1. 气象业务

地面气象观测 1952年12月1日起,海南军区司令部嘉积气象站开始每天01、07、13、19时(地方平均太阳时)4次定时进行地面观测,人工编发天气报,手工抄录制作月、年报表(气表-1、气表-21)。1954年12月1日起,担负航危报任务,24小时守班。1961年1月1日起,广东省琼海县气象服务站改为每天北京时02、08、14、20时4次定时观测,05、11、17、23时4次补充观测。1974年,取消23时的天气报。2006年1月恢复23时的天气报。

观测项目有:气温、气压,风向、风速、云、能见度、天气现象、降水、日照、小型蒸发、地面温度等。

建站之初,观测使用外国仪器,20世纪60年代起,逐渐实现仪器国产化,如百叶箱、通风干湿表、虹吸式雨量计等。1969年1月起,启用EL型电接风向风速计。1997年7月开始,启用E601-B大型蒸发器;2002年1月停止使用小型蒸发器。2006年8月,增加草面温度观测;2006年9月,安装闪电定位探测仪。

1986年1月,开始使用PC-1500袖珍计算机编发报。1995年10月,应用地面测报业务软件编发报和制作报表。1996年8月以前气象报文用电话传到琼海县(市)邮电局报房,再由报房上传给收报单位;1996年9月,实施计算机网络传输气象电报业务。2003年8月,建成市气象局至市电信局的2兆光纤专线。

现代化气象观测系统 2003年8月,琼海市气象局建成地面遥测自动气象站,观测项目有:气压、气温、湿度、风向风速、降水、地温等,仪器自动采集、记录,替代了人工观测。经自动站和人工观测站双轨运行试验后,2005年12月1日,遥测自动气象站正式投入业务使用。2006年1—9月,在琼海市各镇和国营农场共建设15个中尺度乡镇自动气象站。2007年1月,建设博鳌海岛无人站。2008年7月,建成嘉积高速公路自动站和嘉积万泉河水文自动站。

海洋气象观测 1959年8月，建成琼海大花角海洋气象观测站，观测项目有海浪、海面能见度、风；同年9月，撤销琼海大花角海洋气象观测站；同年9月，建成琼海博鳌海洋气象观测站，观测项目有水位、水温、盐度、气象要素。1960年5月，停止水温观测。1961年1月，撤销琼海博鳌海洋气象观测站。

农业气象观测 1958—1962年，琼海县水文气象局在琼海县塔洋公社设点观测，观测项目有：水稻、番薯、甘蔗、果树。20世纪70年代，先后在琼海县农业科学技术研究所（长坡公社）和温泉公社农业技术推广站，开展“低温对水稻影响”的水稻观测项目。1980年，琼海县气象局被确定为农业气象一般站。1989年，琼海县气象局改为农业气象二级站；观测项目有：水稻生育期和物候（苦楝树、橡胶树、燕子、青蛙）。1997—2005年，在嘉积镇泮水村开展荔枝项目观测。2005年1月，增加自然坡地、旱地作物、橡胶林地3个地段的土壤湿度观测和牛路岭、官墓、中平仔、南塘4个水库水情的收集上报工作。自开展农业气象观测以来，观测地点和项目曾经多次变动，但水稻仍是主要观测项目。

天气预报 1962年，琼海县气象服务站开始制作短期补充订正天气预报，每天早晚2次经琼海县广播站向全县人民广播。在“全民办气象”的思想指导下，曾一度饲养青蛙、乌龟、泥鳅等动物进行观测，看候鸟，观候树。还邀请生产队有看天经验的老农来站交流经验。20世纪70年代起，组织力量采取技术攻关、会战的形式，采用气候变化特征相似法、点聚图法、综合气象要素时间剖面图法、相关统计综合法、用权重系数回归法、天气过程周期统计分析等多种方法制作中长期天气预报；20世纪80年代，用气象传真机接收各种天气图表和资料，用甚高频电话同海南行政区气象台进行天气会商；20世纪90年代，使用计算机通过网络接收各种天气图表资料制作天气预报，用“9210”（气象卫星综合应用业务系统）接收卫星云图，用BP机传递预报信息；2005年，开始利用MICAPS（气象信息综合分析处理系统）制作天气预报。

琼海市的气象预报工作起步于20世纪60年代初期，以短期预报为主；20世纪70年代后期起，实行短期、中期、长期天气预报相结合。2004年，由海南省气象台集中制作及发布市县天气预报。2008年7月，恢复市县气象局部分预报业务，实行市县气象局对省气象台预报进行订正。

2. 气象服务

琼海市气象局坚持以经济社会需求为牵引，把决策气象服务、公众气象服务、专业气象服务和气象科技服务融入地方经济社会发展和人民群众生产生活。

公众气象服务 1962年开始，琼海县气象服务站通过县广播站向社会公众提供短期天气预报服务。1994年5月1日，在琼海市政府的支持下，琼海市气象警报服务网络正式开通，服务用户最多时达到45个，1996年6月，因资金和装备技术等问题停止运行。1997年，琼海市气象局与琼海市电信部门合作开通天气预报自动咨询电话“12121”。2006年以前，中长期天气预报通过邮寄市县政府有关部门和各乡镇政府。2006年4月，实现天气预报上电视节目；同年12月，在琼海市政府的支持下，建立市、镇两级天气预警系统，发布短期和灾害性天气预报。截至2008年底，全市共安装气象电子显示屏35块，率先在全省市县中实现气象电子显示屏全面覆盖各乡镇。

决策气象服务 琼海市遭受台风袭击频繁，特别是1973年9月14日遭受7314号强台风(估计风速70～80米/秒)袭击，琼海县损失惨重(《琼海县志》第81页有详细记载)。琼海县气象局吸取此次严重教训，特别提高警惕，及时做好预报服务。2005年9月26日，超强台风"达维"在万宁市山根镇登陆，琼海市出现持续24小时大风，极大风速达32.7米/秒。在"达维"影响期间，琼海市气象局预报及时准确，9月24日17时起每个小时都以电话、手机短信方式向琼海市政府及四套领导班子、各镇政府领导、市三防办领导报告台风的最新动向，每3个小时把台风最新信息告知各服务用户单位主要领导和相关业务人员，多次发布热带风暴警报、台风警报、台风紧急警报，并分别发出台风橙色、红色预警信号，在琼海市广播电台与市电视台滚动播出，使灾害损失减少到最低程度。

为博鳌亚洲论坛年会提供服务 2001年2月，博鳌亚洲论坛永久会址设在琼海市博鳌镇。从2001年起，琼海市气象局每年都为博鳌亚洲论坛年会提供防雷安全、气球保障、气象保障、气象行政执法巡查等气象保障服务。会前对防雷设施进行安全检查，督促整改落实，确保防雷安全。会议期间，在博鳌地区每天开展气象行政执法巡查，加强气球施放的监管，确保博鳌空域安全。同时，加强气象预报服务，提前一周以电话、传真、短信和专报等方式将气象信息提供给年会组委会和市政府，并在博鳌索菲特大酒店和金海岸大酒店的电子显示屏上滚动播出天气预报。

专业与专项气象服务 1967年3月、1977年4—5月，海南区政府有关部门在部队的大力支持下，使用飞机在琼海县进行人工增雨作业。20世纪70年代开始，多次采用"三七"高炮进行人工增雨作业。2003年以后，琼海市气象局改为流动车载火箭炮进行人工增雨作业。

2004—2005年，琼海市出现历史罕见的5季连旱，对全市的人畜饮水、农业灌溉以及生态环境造成严重影响。琼海市气象局在海南省气象局和琼海市政府的大力支持下，开展人工增雨抗旱工作。2005年1—6月，人工增雨作业车共出动146次，行程将近1.1万千米，作业67次，发射火箭73枚。特别是5月10日，作业人员抓住有利时机，及时作业，催化积云降下了172.1毫米的特大暴雨，有效缓解了全市旱情。5月11日，琼海市委及有关部门领导，到市气象局慰问增雨作业人员，赠送"服务三农、发展经济"锦旗1面和1万元慰问金。

1995年12月，根据海南省人事劳动保障厅、海南省消防总队、海南省气象局联合印发《关于发布〈海南省防雷安全管理暂行办法〉的通知》(琼人劳〔1995〕45号)文件精神，成立海南省防雷技术中心琼海市防雷技术所，开展防雷装置设计、检测、验收和防雷工程安装业务。2001年11月，《海南省实施〈中华人民共和国气象法〉办法》出台后，防雷工作逐步走上正轨。2002年，将防雷装置设计、检测、验收和防雷工程安装业务分开管理，成立了海南祥云雷电防护有限公司琼海工程部，实行企业管理。1995—2008年，海南省防雷中心琼海市防雷技术所先后为上千个单位进行防雷装置检测，并督促整改了一批不合格的防雷设施，消除了防雷安全隐患，确保了国家财产和人民生命安全。

气象科技服务 1985年，根据国务院办公厅颁发的《关于气象部门开展有偿服务和综合经营的报告的通知》，琼海县气象局成立了专业有偿服务小组，利用气象资料开展有偿服务。

气象科技服务项目主要有：旬、月天气预报、冬春天气趋势预报、汛期天气趋势预报、台风专题天气预报等多种预报产品，按物价主管部门核发的《收费许可证》收费。服务小组分两路向有关单位宣传气象科普，并上门开展服务和签订合同。服务用户遍及全市(县)各乡(镇)和农场，先后与农林牧渔、建筑、交通、水电、财贸、旅游等行业建立密切的业务联系，签订服务合同逐年增多。

气象科普宣传与科研成果 每年"3·23"世界气象日和安全生产活动月，琼海市气象局都开展气象防雷减灾科普宣传活动，在琼海市区和乡镇举办宣传活动和气象科普讲座。此外，琼海县气象局还经常派出业务人员到县农业局和各乡镇，向干部、群众讲授气象知识。1988—1993年，琼海县农业局主办的中央农业广播电视学校农学中等学校琼海班邀聘琼海县气象局吴登文、郑祝芳、全德才、黄贤德4位工程师讲授5期农业气象课。

1980年以来，琼海市气象局共获得科技进步成果奖13项、优秀学术论文奖12个、刊登在省级刊物上论文16篇。其中，琼海县气象局主持的《1978—1980年海南岛台风暴雨预报方法的研究和应用成果》，1982年1月获得海南行政区优秀科技成果三等奖。马业云、郑祝芳、王运杰承担的《琼海县农业气候区划报告》，1985年被评为海南行政区科技成果奖二等奖。吴登文撰写的《海南岛春旱环流分析和前期演变特征及其预报》于1981年荣获海南行政区科技成果四等奖。郑祝芳、马业云与他人合作共同完成的《以省台天气系统为基础，应用逐步回归程序作短期晴雨预报》，1990年被评为海南省科技进步奖四等奖。

气象法规建设与管理

依法行政 2004年，琼海市政府办公室印发《关于加强防雷安全工作的通知》(海府办〔2004〕16号文)，明确琼海市气象局是全市防雷工作主管单位。2006年8月，在琼海市政府行政服务中心设立气象窗口，依法开展气象行政许可审批工作。内容有防雷装置施工图纸审核，防雷装置竣工验收和施放气球行政许可审批。2006—2008年，气象窗口4次被评为红旗窗口。

2003年5月，琼海市气象局成立气象行政执法队，由取得海南省行政执法资格证的6人组成。从2006年1月起，琼海市气象行政执法队每月进行3～4次执法巡查。2003—2008年，气象行政执法队共制止2起因建房破坏气象观测场探测环境的行为，取缔5起无施放气球资质资格而施放气球的违法行为，制止2起无防雷工程施工资质资格而擅自施工的违法行为；对嘉积镇没有经省级气象主管机构备案许可、非法销售低压避雷器产品的5家五金交电商行，当即对商行负责人进行宣传教育，责令立即停止违法销售行为。

政务公开 2004年起，开展"两公开、两监督"工作。对气象行政审批办事程序、气象服务内容、气象行政执法依据、服务收费依据与标准等，通过网络、宣传栏等向社会公开。目标考核、基础设施建设、工程投标等内容则采取职工大会或公示栏张榜等方式向职工公开。干部与职工申报职称、工资福利、休假、医药费、劳保、住房公积金等敏感事项均及时张榜公布。

党建与气象文化建设

1. 党建工作

党的组织建设 1971年以前，琼海县气象局没有成立党支部，党员编入县水电党支部过组织生活；后归并在县农委党支部过组织生活。1971年4月，成立中共琼海县气象站党支部，有党员3人。截至2008年底，琼海市气象局有在职党员4人，退休党员8人。

党风廉政建设 琼海市气象局党支部把党风廉政工作列入重要议事日程，重点抓好党员干部的政治思想教育。1995年起，琼海市气象局每年分别与海南省气象局和中共琼海市委签订党风廉政工作责任书，贯彻落实党风廉政建设责任制。

2. 气象文化建设

1995年，琼海市气象局出台《“九五”双文明建设长期规划》，着手内部制度建设，集资建房解决职工住房困难问题，进行环境整治。2002年完成《琼海市气象局整体规划图》。2003年成立市气象局精神文明建设领导小组，负责精神文明建设具体工作，检查各项工作的落实情况。同时不断完善内部管理体制，先后出台了《琼海市气象局岗位量化考核方案》等20多个规章制度。2006年新办公楼落成后，琼海市气象局先后设立了气象人愿景词、政务公开栏、学习园地、图书室(藏书近3000册)、体育健身室等；经常举办或参加形式多样的文体活动，丰富气象文化氛围。

3. 荣誉

1982—2008年，琼海市(县)气象局共获得县处级以上表彰集体荣誉25项。其中，1999年11月，被海南省精神文明建设办公室和海南省气象局授予“1998—1999年度文明单位”称号。2005年7月，被中共琼海市委授予“先进机关、企事业单位党组织”称号。2006年12月，被中国气象局授予“2006年重大气象服务先进集体”称号；被中国气象局授予“全国气象文明台站标兵”称号。2007年6月，被中共海南省委、海南省政府授予“2003—2006年度文明单位”称号。2008年2月，被海南省政府授予“2007年度海南省安全生产工作先进单位”称号；同年7月，被中共琼海市委授予“先进基层党组织”称号。从1993年以来，琼海市气象局多次被海南省气象局评为全省气象部门目标管理先进单位，并在2006—2008年连续3年被授予“全省气象部门目标管理特别优秀达标单位”称号。

1978—2008年，琼海市(县)气象局个人获县处级以上表彰23项。

台站建设

琼海市气象局(站)建站之初，在距观测场北面50米处建有3间约30平方米的小瓦房。其中1间作办公值班室，另2间作职工宿舍。1973年，遭受第14号强台风破坏后，重建1幢132平方米平顶屋，内设观测值班室、预报值班室、农气办公室和站办公室。1980年，建成1幢7套(每套46平方米)的职工宿舍。1985年，建成2幢4套(每套77.2平方米)职工宿舍楼。1994 年,建成三层共 209 平方米的办公楼(以上旧建筑物均已拆除)。1998—2002 年,以职工集资为主和省气象局补助部分资金的形式,先后建成 3 幢 30 套宿舍楼(每套 100 平方米),改善了职工住房条件。2005 年,在旧办公楼原址上建设二层共 708.4 平方米的办公楼,2006 年 10 月投入使用。

2003—2008 年,在海南省气象局和地方政府支持下,琼海市气象局加快台站综合改造,先后完成观测场和大门改造,局大院主道路面硬板化,空地铺上草皮加以绿化,在观测场周围修建 372 米铁栏杆围墙。还先后购置计算机、复印机、摄像机等办公设备,建设全新业务平台;添置 5 辆公务车,改变了落后的工作条件。

经过几代琼海气象人的艰苦奋斗,开拓创新,站容站貌焕然一新,初步实现了气象业务现代化和办公自动化。2008 年,琼海市气象局按照海南省气象局提出的"一流装备、一流技术、一流人才、一流台站、一流管理、一流服务"为标准,加快建设琼海现代气象业务体系。

1973 年琼海县气象站建成的办公用平房

1994 年建成的琼海市气象局办公楼

2003 年建成的大气监测项目自动站观测场

2006 年 10 月建成投入使用的琼海市气象局观测场和办公楼

万宁市气象局

海南省万宁市位于海南岛东南部，历史悠久。陆地面积1883.5平方千米，海域面积2550平方千米，总人口55.45万。唐贞观五年（公元631年），以平昌县拆置万安县。至南宋绍兴七年（公元1137年），改称万宁县，县政府驻万城镇，已有1360多年历史，是海南省著名古城之一，宋朝抗金名相李纲曾被流放于此。1958年12月，琼东、东会、万宁3县合并为琼海县。1959年11月，恢复万宁县建制。1996年9月，万宁撤县设市，为县级市。万宁市风光绮丽，名胜古迹众多，其中坐落于万城镇东面约1.5千米处的东山岭就以"海南第一山"饮誉国内外。

万宁市属热带海洋性季风气候，光能充足，热量丰富，降水充沛，气候温和。年平均降水量2152.3毫米，年平均气温24.8℃，年平均日照时数2109小时。

1990年5月1日，国家气象局局长邹竞蒙到万宁市气象局视察气象工作时，亲笔题词："发扬艰苦奋斗精神，为万宁社会经济发展作出新的贡献！"

机构历史沿革

历史沿革 1958年3月，筹建万宁县气象站，属国家一般站。万宁县委抽调东兴气候站卢定超负责建站工作，站址在万城镇教场坡，现为万城镇文明南街，占地面积约1.33公顷。观测场位于北纬18°48′，东经110°22′，海拔高度8.6米。同年6月开始试观测；同年12月，正式开始观测业务，1天4次观测，夜间守班。

1958年11月，广东省万宁县气象站建成。1959年1月1日，因万宁县并入琼海县，改称广东省琼海县万宁气象站。1959年11月，改称广东省万宁县中心气象站。1960年2月，改称广东省万宁县气象服务站。1962年5月气象站、水文站合并改称广东省万宁县水文气象局。1963年3月，改称广东省万宁县气象服务站。1970年10月，改称广东省万宁县气象站。1980年1月，成立广东省万宁县气象局，实行局站合一管理模式。1988年5月，改称海南省万宁县气象局。1996年9月，万宁撤县设市，改称海南省万宁市气象局。

万宁港北水文站建于1957年10月，属广东省气象局主管。1960—1963年，与县气象站合为县水文气象局，1963年3月，归县水利局管理。

万宁前鞍岭海洋观测站建于1959年8月，观测项目有水温、盐度、海浪等，1960年8月被撤销。

管理体制 1958年10月，广东省万宁县气象站实行广东省气象局与万宁县人民委员会双重领导，以万宁县人民委员会领导为主。1962年8月，实行广东省海南行政公署气象局与万宁县人民委员会双重领导，以广东省海南行政公署气象局领导为主。1969年1月，实行广东省海南行政区气象局与万宁县革命委员会双重领导，以万宁县革命委员会领导为主。1971年4月—1973年8月，实行万宁县革命委员会与万宁县人民武装部双重领导，以万宁县人民武装部领导为主。1973年9月，实行广东省海南行政区气象局与万宁县革命委员会双重领导，以万宁县革命委员会领导为主。1980年4月，实行广东省海南行政区气象局与万宁县人民政府双重领导，以广东省海南行政区气象局领导为主。1988年4月海南建省，5月实行海南省气象局与万宁县人民政府双重领导，以海南省气象局领导为主。1996年9月，实行海南省气象局与万宁市人民政府双重领导，以海南省气象局领导为主的体制。

机构设置 1982年，广东省万宁县气象局机构设置：办公室、测报股、预报股。1995年5月，海南省万宁县气象局增设防雷技术所。县气象局机构设置：局长办公室、天气监测股、科技服务股。2001年，万宁市气象局成立防雷工程部。2003年机构设置：办公室、气象台、防雷技术所、防雷工程部。2008年机构设置：办公室、测报股、气象台、防雷技术所、防雷工程部。

单位名称及主要负责人变更情况

<table>
<tr><th>单位名称</th><th>姓名</th><th>职务</th><th>任职时间</th></tr>
<tr><td>广东省万宁县气象站</td><td>卢定超</td><td>负责人</td><td>1958.03—1958.12</td></tr>
<tr><td>广东省琼海县万宁气象站</td><td rowspan="2">叶达强</td><td rowspan="2">站长</td><td>1959.01—1959.10</td></tr>
<tr><td>广东省万宁县中心气象站</td><td>1959.11—1960.01</td></tr>
<tr><td>广东省万宁县气象服务站</td><td>张祖安</td><td>站长</td><td>1960.02—1962.04</td></tr>
<tr><td>广东省万宁县水文气象局</td><td>陈业坤</td><td>局长</td><td>1962.05—1963.02</td></tr>
<tr><td rowspan="2">广东省万宁县气象服务站</td><td>桑俊才</td><td>站长</td><td>1963.03—1964.10</td></tr>
<tr><td rowspan="2">陈光昭</td><td rowspan="2">站长</td><td>1964.11—1970.09</td></tr>
<tr><td rowspan="5">广东省万宁县气象站</td><td>1970.10—1971.08</td></tr>
<tr><td>全德才</td><td>站长</td><td>1971.09—1976.02</td></tr>
<tr><td>李进桂</td><td>指导员</td><td>1972.01—1973.07</td></tr>
<tr><td>文建平</td><td>站长</td><td>1976.03—1979.06</td></tr>
<tr><td rowspan="4">李茂青</td><td>站长</td><td>1979.07—1979.12</td></tr>
<tr><td>广东省万宁县气象局</td><td rowspan="3">局(站)长</td><td>1980.01—1988.04</td></tr>
<tr><td>海南省万宁县气象局</td><td>1988.05—1996.08</td></tr>
<tr><td rowspan="2">海南省万宁市气象局</td><td>1996.09—2000.07</td></tr>
<tr><td>陈廷文</td><td>局(站)长</td><td>2000.08—</td></tr>
</table>

备注：1971年4月—1973年8月期间，万宁县人民武装部派遣军代表——指导员到县气象站工作。县气象站主要负责人交接时间为1976年2月。

人员状况 1958年，万宁县气象站建站时只有2人。1982年，工作人员增加到16人。1995年，工作人员13人。截至2008年底，万宁市气象局编制11人，现有干部职工10人。

其中本科 5 人，专科 5 人；高级职称 1 人，中级职称 1 人，初级职称 6 人。中共党员 12 人(其中退休党员 3 人)。

气象业务与服务

1. 气象业务

地面气象观测 1958 年 12 月 1 日起，每天进行地方平均太阳时 08、14、20 时 3 次定时观测。观测项目有：云、能见度、天气现象、气压、气温、湿度、风向、风速、降水、日照、蒸发、地温等。每天拍发地面小天气图报 3 次。1962 年 4 月 12 日，增加大雨过程报和大风实况报。

20 世纪 60 年代后期，县气象站开始担负航危报任务，向有关机场拍发固定或预约的航危报。1988 年 10 月 1 日起，每天 08—18 时固定拍发 OBSNY 海口航危报；地面气象测报从此时起改为只白天守班。2008 年 6 月 1 日，增加霾、浮尘、沙尘暴、雾、雷暴、龙卷风、冰雹等重要天气报。在热带气旋影响期间，由省、区气象台组织拍发每小时 1 次补充地面气象天气报告。

1958 年 12 月开始，手工编制月、年气象观测记录报表 4 份，其中上报中国气象局、省气象局、区气象局各 1 份，县站留存 1 份。1986 年 1 月，采用 PC-1500 袖珍计算机编制报表。1995 年 10 月，采用台式计算机编制报表，同时报送纸质报表及信息化报表。2002 年取消纸质气象报表。

地面遥测自动气象站 2004 年 1 月 1 日，万宁市气象局建成 ZQZ-CⅡ$_1$ 型遥测自动气象站投入业务使用，同时进行人工站与自动站双轨业务运行。自动站与人工站资料并存，互为备份，气象业务以自动站资料为准。自动站气象观测项目有：气压、气温、湿度、风向、风速、降水、草面温度、0～320 厘米地温。

区域自动气象站网建设 2005—2008 年，全市建成中尺度乡镇自动气象站 19 个，组成全市气象监测网。

1958 年“大跃进”时期，万宁县建成龙滚、山根、和乐、东兴、万宁、万城、东风、东澳等 8 个公社气象哨，组成气象站网。1969 年，全县 18 个公社中，建有农业气象哨 13 个，渔业气象哨 5 个，大队气象组及群众看天小组 202 个。气象干部达到 20 多人，气象联络员和观天员 1003 人。对促进气象工作深入农村和服务农村发挥了积极的作用。但由于当时一哄而上，缺乏社会人力、物力、财力的支持，至 20 世纪 70 年代逐渐停办。

气象信息网络建设 1958 年 12 月 1 日—1988 年 12 月 31 日，气象报文用专线电话报给县邮电局报房，由报房上传给收报单位。1989 年 1 月 1 日—1992 年 12 月 31 日，小图报用甚高频电话上报给海南省气象台；1995 年 1 月 1 日，使用计算机网络终端发送气象电报给海南省气象信息中心。

天气预报 1958 年 12 月，万宁县气象站开始每天制作和发布补充天气预报。1960—1979 年，通过收听省、区广播电台的天气广播，结合县站气象资料、群众看天经验和老预报员经验，制作未来 24 小时、48 小时晴雨天气预报，送县广播站广播。1980 年，利用气象传真机接收传真图、卫星云图以及热带气旋位置、强度变化等资料。1988 年 4

月，安装甚高频对讲机，实现区气象台与市县气象站进行天气会商。1995 年，利用信息网络接收气象传真图。1998 年，建立 9210 工程，利用卫星单收站接收各类气象资料；同年开始使用 MICAPS1.0 预报业务平台查询天气图、数值预报、卫星云图、雷达回波等气象资料。

万宁县气象站按照省、区气象台发布的旬报、月报和冬春、汛期天气趋势预报，结合县气象站中、长期天气预报工具，制作中、长期天气趋势预报，报送县各级政府领导、农场和专业服务用户。每期印数达 150 份。县气象站使用经过验证的天气预报工具有 19 个，如太平洋、南海台风预报工具和清明风影响趋势预报工具等。

2. 气象服务

①公众气象服务

影响万宁市的气象灾害有：热带气旋、暴雨、干旱、冷空气、低温阴雨、雷暴等，特别是热带气旋是万宁市最严重的气象灾害。万宁市地处海南岛东南部沿海，是热带气旋进入南海后登陆、袭击和影响的主要地区之一。年平均影响万宁市的热带气旋 3.6 个，最多年份 9 个。及时、准确、主动、周到做好气象服务，为工农业生产、社会经济、国家人民生命财产安全保驾护航，是万宁气象人不懈追求的目标。

万宁市气象局广泛应用计算机和无线移动通讯设备，改进气象服务手段，不断提高服务效果。1997 年 1 月，市气象局与市电信局合作开通“121”天气预报自动咨询电话，2005 年 1 月升级为“12121”天气预报自动咨询电话。2000 年 4 月 8 日，市气象站制作的天气预报登上市电视台播出。2007 年 6 月，建成万宁市气象局门户网站，向政府部门、行业用户提供气象政务、业务和实时气象信息服务。2007 年 10 月 1 日，制作乡镇电视天气预报在市电视台播出。2007 年 12 月，在市各级政府办公室、公共场所安装 17 个天气预报电子显示屏。2008 年 12 月，建成决策气象灾害预警短信平台，通过移动通信气象商务短信平台，向全市各级领导和农村应急联系员 1600 人发送气象短信。

1989 年 10 月 2 日 23 时，第 8926 号台风在陵水县登陆后，给万宁市带来了平均风力 9 级、阵风 12 级以上的大风和暴雨天气。县气象局提前 36 小时向全县发布公众预报警报，6 次书面向县委、县政府及各机关、企业单位汇报。电话传报和答复乡镇、国营农场咨询 105 次。县委、县政府采纳气象局的预报意见，及时召开全县防台抗灾紧急动员会议，组织 243 名机关干部下乡发动群众抢收成熟水稻 266.67 公顷，减少稻谷损失 1100 吨，其他损失也减少到最低限度。此次气象预报服务取得较好的社会效益和经济效益，受到了广大干部群众的好评。

2005 年 9 月 26 日凌晨 4 时，第 18 号超强台风“达维”在万宁市山根镇登陆，登陆时市气象站出现极大风力 11 级的大风，26 日降雨量 296.5 毫米。台风给万宁市工农业生产和人民生命财产造成巨大危害，直接经济损失达 12 亿元，死亡人数 2 人。9 月 23—27 日，万宁市气象台共发布热带气旋警报、紧急警报 16 次；24 日 21 时启动台风预警信号，共发布台风预警信号 7 次；向市内各单位、国营农场、乡镇、管理区、中小学校和服务单位传送台风情报 108 次，接听咨询电话 1000 多次。万宁市委、市政府对这次台风预报服务表示十分满意。

②农业气象服务

1958年刚建站，万宁县气象站就开展水稻、蕃薯、花生、甘蔗等作物的物候观测。1962年4月7日，开展早稻受清明风影响调查。1967年2月25日，开展早稻苗期低温阴雨危害调查。1984年11月，完成全县农业气候区划工作。1987年7月，开展咖啡种植与气候关系研究。1990年9月，对水稻生产气象条件和最佳植期安排进行分析研究。2005年1月1日，开展土壤湿度观测和水库水情监测业务，利用降水、气温、土壤湿度、蒸发量等气象要素和水库水位、流量等水文要素对旱情发生发展进行动态分析，为政府部门抗旱提供决策服务。

③专业与专项气象服务

人工增雨作业 万宁市气象局分别于1977年、1978年、1980年、1985年、2002年、2004年、2006年开展了人工增雨作业，增雨效果明显，有效地缓解了旱情。1977—2002年，采用“三七”高炮进行人工增雨作业。2004年起，采用流动火箭作业车进行人工增雨作业，使人工增雨作业更加机动和有效。

防雷技术服务 1995年5月，万宁市气象局成立防雷技术所，开展防雷装置检测和防雷工程设计安装工作。2001年，成立海南祥云雷电防护有限公司万宁工程部，实行防雷检测与设计安装业务分开运作。截至2008年底，开展防雷装置检测2000套，完成防雷工程项目220个。

④气象科技服务

1985年，万宁市气象局成立万宁气象服务公司，1993年改为海南万宁华云开发公司，2002年改为万宁天盛气象服务有限公司。专业有偿服务和综合经营取得良好的经济效益，补充了气象事业经费的不足。

2003年，市气象局拥有专业有偿服务用户46家。1981年，县农委和县气象局创办香车热带作物气象试验场，1986年改由县气象局独立经营，拥有土地面积40公顷，种植水稻、胡椒、咖啡、橡胶、槟榔、菠萝和造林等，2004年办理国有土地使用权证。1986年，发动职工投工投劳，自筹资金建设出租瓦房8间。1996年，以土地招商建设一批出租房。1993年，海南省气象局和县气象局投资250万元创办水声机砖厂，创利润逐年增长。1994年，联营创办万宁大宁汽车修理厂。2003年，单位和职工投资76万元，以股份制形式购买挖掘机2部，对外承揽土方工程业务。

⑤气象科技成果

1981—2008年，万宁市气象局科技人员获得科技成果奖1项，优秀论文奖1项，发表论文3篇。其中，1981年3月，黎文冠、李茂青同志的《试验良种桂朝2号不适万宁晚稻种植的三个条件依据》获得万宁县人民政府科技进步一等奖；1985年5月，梁清甫同志的《万宁县暴雨分析》获得海南行政区气象学会优秀论文奖；2000年《广西气象》第一期刊发官满元同志论文《JFSAS04.##4对海南万宁降水预报分析应用》；2007年《广西气象》第一期刊发官满元同志论文：《谷风和海风环流对海南万宁气候的影响》和《2004年特大干旱成因分析》。

气象法规建设与管理

依法行政 2004 年 1 月，万宁市气象局成立气象行政执法队伍，有 5 人取得行政执法证。经常开展气象行政执法巡查，取缔违法进行防雷施工、施放气球和危害观测环境等行为。

2005 年 11 月，在万宁市政府行政服务中心并设立气象行政许可服务窗口，对外开展防雷工程设计审核、竣工验收和气球施放行政审批工作。截至 2008 年底，办结气象行政许可 70 宗。

政务公开 抓好"两公开、两监督"工作，对气象行政审批程序、服务内容、执法依据、收费标准等，实行户外公示、电视公告等广泛向社会公开；对干部任用、干部考核、工程招标等通过职工大会、办公系统等向全体职工公开；计划内及预算外经费开支、工资奖金、医疗保险等采取月、季度和年终定期公开。广泛接受干部群众和社会民主监督。

2000 年，开始制定各种规章制度 23 项，其中 2001 年制订的《万宁市气象局岗位量化考核办法》，经过 2001—2008 年的多次修改，已经成为万宁市气象局干部岗位工作量化计算、考勤考绩和奖金分配的依据。

党建与气象文化建设

1. 党建工作

党的组织建设 1958—1970 年，万宁县气象站党员编入县农委党支部管理。1971 年 4 月—1973 年 9 月，县气象站有党员 3 人，编入县人民武装部党支部管理。1973 年 10 月—1981 年 10 月，县气象站党员编入县农委党支部管理。1981 年 11 月，经县机关工委批准成立县气象局党支部，党员 4 人。截至 2008 年底，市气象局党支部有党员 12 人，其中退休党员 3 人。万宁市气象局党支部 1983 年、1988 年、2003 年和 2007 年 4 次被市机关工委授予"先进党支部"称号；5 名党员被评为先进党员。

党风廉政建设 1996 年起，万宁市气象局积极开展廉政教育和廉政建设活动，努力建设文明机关、和谐机关和廉洁机关，每年签订廉政建设目标责任书，实行党风廉政一票否决，获得市委党风廉政验收合格。加强党风廉政建设，加强党员教育，人人遵守党纪国法。

2. 气象文化建设

1988 年建省以来，万宁市气象局大力开展气象文化和精神文明建设活动，倡导遵纪守法、爱岗敬业、乐于奉献的气象人文文化。始终坚持以人为本的科学发展观，牢固树立团结奋进、争创一流、自力更生、艰苦创业的精神，大力开展文明创建活动。制作局务公开栏、学习园地、法制宣传栏，建设图书阅览室、职工活动中心等设施，拥有图书 2000 册、排球场、篮球场、乒乓球、台球桌等文化体育设施。职工文化体育活动活跃，经常组织排球、篮球、乒乓球和拔河比赛。2003 年，市气象局组织篮球队参加首届海南气象职工运动会男篮比赛，荣获第三名，并被海南省气象局授予最佳组织奖。

3. 荣誉

荣誉 1981—2008年，万宁市气象局获得省、部级集体荣誉19项。其中，1981年2月，万宁县气象局被广东省气象局授予“1980年台风预报服务取得优异成绩集体”称号；1982年4月，被中央气象局评为“1980年台风预报服务取得优异成绩集体”，广东省气象局授予“全省气象工作先进集体”称号；1984年3月，被广东省气象局评为“预报服务突出贡献奖”；1985年8月，被国家气象局评为“1984年重大灾害性、关键性天气预报服务工作中取得优异成绩集体奖”；1985年12月，被广东省气象局评为“1985年度气象服务工作中做出显著成绩一等奖”；1986年9月，被国家气象局评为“1985年9月8518号台风预报中取得显著成绩特别奖”；1993年，被国家气象局授予“全国先进气象局(站)”称号；1993年4月，被国家气象局评为“1992年9204号台风预报服务成绩显著奖”；1995年，被中国气象局授予“1994年汛期气象服务先进集体”称号。1993年，万宁市气象局被海南省气象局授予“全省气象部门双文明建设先进集体”称号；1999年，被海南省文明办、海南省气象局授予“1998—1999年度文明单位”称号，被海南省气象局评为“1994—1998年度双文明建设先进单位”；2003年，荣获“2002年度全省气象部门目标管理先进单位”称号；2005年，荣获“2004年度全省气象部门目标管理先进单位”；2006年，被海南省气象局评为“2002—2005年全省气象工作先进集体”；2007年、2008年连续两年被海南省气象局评为“目标管理工作特别优秀达标单位”；2007年被海南省委、省政府评为“2003—2006年文明单位”；2008年12月，荣获中央精神文明建设指导委员会办公室授予“精神文明建设先进单位”称号。

1964—2008年，万宁市气象局获得省部级个人荣誉9项。其中，1993年1月，李茂青同志被中国气象局授予“全国优秀气象(局)站长”称号。

台站建设

1958年，万宁县气象站建站时仅有1幢茅草房2间，其中1间作办公值班室，1间当宿舍；另有1间小茅草房做伙房。没有电灯，吃水要到数百米以外用肩挑。

1963年，上级拨款，气象站干部发扬自力更生、艰苦奋斗的创业精神，集体参加劳动，建成2间砖瓦房，作为办公室和测报室使用。1982年，广东省气象局拨款3万元，海南行政区气象局增拨4000元，万宁县政府支持2万元，广大干部职工投劳投工，建设了6幢平顶房。其中，宿舍4幢、面积390平方米；办公室2幢、面积155平方米。1984年，广东省气象局拨款4万元，建起1幢二层半办公楼。1989年，县气象局自筹资金2万元，建起一个30吨的蓄水池，职工自己动手安装水管，家家户户用上了自来水，结束了解放40多年没有自来水的历史。1998年，发动干部职工筹集资金150万元，建起3幢、面积2300平方米的宿舍楼，全面解决了职工住房难问题，同时给职工办理房屋所有权证。2000年，海南省气象局拨款45万元、万宁市政府支持配套资金36万元、自筹资金20万元，建设1幢综合办公楼、面积616平方米，改善办公设施及改造环境。2006年，申请中国气象局拨款42万元，对万宁市气象局大院进行综合改造，改建气象局大门、铺设水泥道路、修建停车场、排水系统、美化绿化建设花园式庭院。在新建成的门牌横额镶上“能力、责任、报效”6个大字，表达了新一代万宁气象人崇尚科学、报效祖国、建功立业的意志和决心。

1984 年建成投入使用的万宁县气象局办公楼

2000 年建成投入使用的万宁市气象局办公楼

1996 年建成的万宁市气象局大门

2006 年建成的万宁市气象局大门

五指山市气象局

海南省五指山市位于海南岛第一高山五指山，市区海拔328.5米，是海南岛海拔最高的山城。1986年6月设市，名为通什市，2001年7月更名为五指山市。五指山峰峦起伏，呈锯齿状，形似五指，故得名。五指山市曾经是琼崖纵队司令部的所在地，还有古代遗留的摩崖石刻和古代名将冯子才的石刻题字。

五指山市区面积1169平方千米，人口10.7万。市政府驻冲山镇，北距海口市223千米，南离三亚市88千米，是海南岛中部的中心城市和交通枢纽。

五指山市属热带山区气候，冬暖夏凉，气候温和，四季如春，素有“天然别墅”和“翡翠城”之称，南圣河从东向西流贯城区。年平均气温22.8℃，年平均降雨量为1805毫米，年平均相对湿度为84%。

1990年5月2日，国家气象局局长邹竞蒙到通什市气象台检查工作，并题词“扎根山寨测风云”。

机构历史沿革

历史沿革 1958年10月1日，建立广东省通什气候站，站址广东省海南行政区保亭县通什镇“镇郊”，位于北纬18°47′，东经109°30′。1961年1月，恢复广东省海南黎族苗族自治州建制。1962年4月4日，广东省海南黎族苗族自治州气象台成立，负责发布全州8县天气预报；同年7月25日，接管原通什气候站财产；同年10月17日，观测场迁至通什镇广东省海南黎族苗族自治州党委办公所在地，距原址1千米，位于北纬18°46′，东经109°30′。1965年10月31日，观测场迁至通什镇广东省海南黎族苗族自治州党委办公地点附近，距原址0.39千米，位于北纬18°46′，东经109°31′。1971年1月，成立广东省通什气象台。1975年9月，更名为广东省海南黎族苗族自治州气象台。

1981年1月，成立广东省海南黎族苗族自治州气象局(台)，处级，负责管理白沙、保亭、乐东、琼中、东方、崖县、陵水、昌江8县气象局(站)。

1984年1月，广东省海南黎族苗族自治州气象局被撤销，保留自治州气象台，仍为处级。自治州气象台及自治州所属8县气象局(站)归广东省海南行政区气象局统一管理。1985年1月，恢复广东省海南黎族苗族自治州气象局(台)建制，广东省海南行政区气象局和海南黎族苗族自治州气象局再次分开管理。

1987 年 12 月，根据中共中央、国务院的决定，海南建省办经济特区，同时撤销海南黎族苗族自治州。1988 年 1 月，撤销海南黎族苗族自治州气象局(台)，成立广东省通什市气象台，科级。1988 年 5 月改名为海南省通什市气象局。2001 年 7 月，通什市更名为五指山市；同年 8 月，通什市气象台改称海南省五指山市气象局(站)。

管理体制 1958 年 10 月 1 日，广东省通什气候站成立，实行广东省气象局与保亭县人民委员会双重领导，以保亭县人民委员会领导为主。1969 年 1 月，划归广东省海南黎族苗族自治州农业站管理，实行保亭县革命委员会与广东省海南行政区气象局双重领导，以保亭县革命委员会领导为主。1971 年 1 月，实行保亭县革命委员会与保亭县人民武装部双重领导，以保亭县人民武装部领导为主。1974 年 1 月，实行保亭县革命委员会与广东省海南行政区气象局双重领导，以保亭县革命委员会领导为主。1981 年 1 月，实行广东省海南黎族苗族自治州气象局与保亭县人民政府双重领导，以广东省海南黎族苗族自治州气象局领导为主。1984 年 1 月，实行广东省海南行政区气象局与保亭县人民政府双重领导，以广东省海南行政区气象局领导为主。1985 年 1 月，实行广东省海南黎族苗族自治州气象局与保亭县人民政府双重领导，以广东省海南黎族苗族自治州气象局领导为主。1988 年 1 月，实行广东省海南行政区气象局与通什市人民政府双重领导，以广东省海南行政区气象局领导为主。1988 年 5 月，实行海南省气象局与五指山市人民政府双重领导，以海南省气象局领导为主的体制。

机构设置 1981 年 1 月，广东省海南黎族苗族自治州气象局机构设置：办公室、业务科、预报科。1995 年 10 月，海南省通什市气象局增设防雷技术所。2001 年 8 月，海南省五指山市气象局机构设置：办公室、气象预报测报股、防雷技术所、人工影响天气办公室。2008 年机构设置：办公室、预报股、测报股、防雷技术所。

单位名称及主要负责人变更情况

<table>
<tr><th>单位名称</th><th>姓名</th><th>职务</th><th>任职时间</th></tr>
<tr><td>广东省通什气候站</td><td>韩玉丰</td><td>站长</td><td>1958.10—1962.04</td></tr>
<tr><td rowspan="3">广东省海南黎族苗族自治州气象台</td><td>邱永良</td><td>台长</td><td>1962.04—1963.04</td></tr>
<tr><td>韩玉丰</td><td>台长</td><td>1963.04—1963.10</td></tr>
<tr><td>曹凤鸣</td><td>台长</td><td>1963.10—1970.12</td></tr>
<tr><td rowspan="3">广东省通什气象台</td><td>章华才</td><td>指导员</td><td>1971.01—1971.11</td></tr>
<tr><td>李国军</td><td>指导员</td><td>1971.11—1973.09</td></tr>
<tr><td rowspan="2">吴俊民</td><td rowspan="2">台长</td><td>1973.09—1975.09</td></tr>
<tr><td rowspan="4">广东省海南黎族苗族自治州气象台</td><td>1975.09—1976.10</td></tr>
<tr><td>钟玉芬</td><td>负责人</td><td>1976.10—1977.03</td></tr>
<tr><td>佟兆锦</td><td>台长</td><td>1977.04—1978.03</td></tr>
<tr><td rowspan="2">曹凤鸣</td><td>台长</td><td>1978.03—1980.12</td></tr>
<tr><td rowspan="2">广东省海南黎族苗族自治州气象局</td><td>副局(台)长(主持工作)</td><td>1981.01—1983.01</td></tr>
<tr><td>谭振国</td><td>局(台)长</td><td>1983.01—1984.01</td></tr>
<tr><td>广东省海南黎族苗族自治州气象台</td><td>郑有平</td><td>副台长(主持工作)</td><td>1984.01—1985.01</td></tr>
<tr><td>广东省海南黎族苗族自治州气象局</td><td>凌宗业</td><td>局(台)长</td><td>1985.01—1987.12</td></tr>
</table>

续表

单位名称	姓名	职务	任职时间
广东省通什市气象台	李芳合	台长	1988.01—1988.04
海南省通什市气象局		局(台)长	1988.05—1993.05
	黄守清	局(台)长	1993.05—1995.07
	王千志	副局(台)长(主持工作)	1995.07—1998.10
		局(台)长	1998.11—2001.07
海南省五指山市气象局		局(站)长	2001.08—2008.05
	吴海峰	副局(站)长(主持工作)	2008.05—

人员状况 广东省通什气候站建站初期人数不详。1987年广东省海南黎族苗族自治州气象局在编人员47人;截至2008年底,五指山市气象局在编人员共12人。其中,本科学历5人,专科学历1人,中专学历4人,高中学历2人;中级职称1人,初级职称11人;年龄结构为:21～30岁为3人,31～40岁1人,41～50岁8人。中共党员3人,共青团员2人。

气象业务与服务

1. 气象业务

地面气象观测 1958年10月1日,广东省通什气候站开始进行地面气象观测工作。观测项目:云、能见度、天气现象、降水、风向、风速、温度、湿度、蒸发、日照、地温。1959年1月1日,增加地面温度、浅层地温观测。1963年1月1日,增加气压观测。1966年11月15日,取消浅层地温观测。1967年1月13日,取消地面温度观测。1973年4月1日,恢复地面温度观测。1998—2008年,观测项目:云、能见度、天气现象、降水、风、温度、湿度、气压、蒸发、日照、地温。

1958年10月1日,开始每天地方平均太阳时08、14、20时3次气候观测和发报,守夜班。1963年2月23日,开始承担3个固定单位、4个预约单位的航危报。1995年12月31日起,停止拍发航危报(气业发〔1995〕42号)。1963年6月1日,开始拍发小天气图报。1965年6月1日,3次气候观测发报改为4次。2007年1月1日,升格为国家气象观测站一级站,人工和自动观测双轨运行。2008年,实行自动气象观测。

1986年1月1日,使用PC-1500袖珍计算机进行地面测报工作。1995年10月,实行台式计算机编制地面记录报表业务(琼气业发〔1995〕12号)。1996年9月1日,实施计算机网络传输气象电报业务(琼气业发〔1996〕09号)。2004年1月1日,执行2003年版《地面气象观测规范》(气发〔2003〕273号)。

天气预报 五指山市气象局制作和发布短期和中长期天气预报。在20世纪80年代以前,短期预报主要是通过收听大台广播,结合本地气象资料、老预报员经验,制作未来24小时、48小时晴雨天气预报。1981年1月成立广东省海南黎族苗族自治州气象局(台),下设业务科和预报科,负责下属8个县的气象业务指导工作。当时主要用传真机接收地面天气图和资料;20世纪90年代使用计算机接收各种图表资料制作天气预报。中长期天气预报根据省气象台旬报、月报和冬春、汛期天气趋势预报，结合老预报员的经验以及各类预报工具，编制中、长期预报简报，报送各级政府领导、农场和专业服务用户。20 世纪 90 年代后期，利用气象远程终端综合气象信息系统和 9210 卫星小站接收的气象资料、预报产品来指导预报工作，提高预报业务水平。

气象信息网络建设 1962 年，广东省海南黎族苗族自治州气象台开展无线收、发报业务。配置 7512 型、403 型、56 型短波收讯机，人工抄收武汉、北京、成都等发报台发送的气象资料；配置 55 型、XF-DIB 型报话发射机，用于发报。1974 年底，广东省通什气象台终止莫尔斯通信业务。

1975 年，广东省海南黎族苗族自治州气象台无线接收汉口、北京中心发送的移频广播实时气象资料，先后配置了 6610 型移频接收机与 DCY-1 型机械式电传打字机。1976 年，配置 62 丙型单边带短波接收机。1978 年，配置西门子 1000 型全电子式电传打字机，工作速率为 50 波特。1988 年 3 月，因广东省海南黎族苗族自治州被撤销，海南省通什市气象台无线电传终止工作。

为了无线接收北京、日本、关岛等区域气象中心的各类资料和预报产品，通什气象台先后配置了 117 型(平面化学纸式)，上海 123 型和桂林 CZ-80 型(滚筒式，1982 年)传真机。1986 年 10 月，增加抄收广州华南区域气象中心的二级传真广播。

1985 年，广东省海南行政区气象局开始组建短波辅助通信网，以海口为中心的北部网，覆盖海南行政区(汉族区)10 个县，以通什为中心的南部网，覆盖自治州(民族区)9 个县，配置恩施 301 型和日产八重州 2640 型甚高频电话机，在网内传递海南岛区域各类天气报告，通报灾害性天气实况、会商天气预报以及行政业务联系。1988 年 6 月起，南北两网通过阿陀岭中转站合并为一网，在全省范围内传递各种气象信息。

2. 气象服务

五指山市的主要气象灾害有：热带气旋、干旱、非台风暴雨、雷暴、冰雹、寒害。市气象局坚持做好决策气象服务、公众气象服务、专业气象服务。

①公众气象服务

五指山市气象台发布的短期天气预报，是通过市电视台以及“12121”天气预报自动咨询电话为公众提供气象服务；中长期天气预报是通过邮寄以及传真的方式为市政府各相关部门、农场以及专业服务用户提供服务。

1995 年，通什市市委书记李洪波亲自批示拨款支持城镇天气预报制作，通什市气象台的天气预报率先登上海南省电视台荧屏。

1995 年 5 月，通什市气象台气象远程终端机投入运行，提高气象灾害的监测、预报和气象信息的传输能力。

②决策气象服务

五指山市气象台重视决策气象服务工作，当灾害性天气出现时，值班预报员主动召集全体预报员商讨，局领导把关，一旦灾害性天气预报发出后，全局人员出动跟踪服务，局领导亲自向市主要领导汇报，并通过《重要信息快报》、《重要信息专报》以及各类信息和警报等书面形式告知市政府各相关部门，给市领导当好气象参谋。2008 年 6 月，市气象台建成决策气象灾害预警短信平台，通过短信向全市各级领导、农村应急联系员发送气象短信。

1987 年 8 月 22 日凌晨，遭受 8710 号强台风的袭击，通什市出现了平均风速 30 米/秒、阵风 40 米/秒的灾害天气。自治州气象台对该台风提前做出了比较准确的预报。自治州党委、政府 8 月 17 日及早部署防台工作，派出工作组分赴有关县市，协助当地党政部门指导防台抗灾，使受灾损失大为减少。自治州粮食局有一批粮食在三亚市刚开始卸船，当接到台风警报后，立即组织 600 多人奋战加盖多层帆布，确保了大米和面粉共 2701 吨不受损失；自治州保险公司接到警报后，组织人员深入检查 232 户投保单位，查出隐患 103 个，对 76 个仓库的门窗进行了加固，使该公司减少赔款 100 万元。

③专业与专项气象服务

气象专业服务　20 世纪 90 年代后期，五指山市气象局开展施放气球以及气象资料有偿服务。利用人工制氢施放气球，为企业开张、机关单位节日庆典等活动提供气球悬挂宣传标语服务，取得了一定的社会效益和经济效益。气象资料有偿服务是通过上门服务、信件邮递、电话咨询和预警系统等手段向广大用户发送短、中、长期天气预报以及相关气象资料信息。与农林、建筑、交通、水利等部门建立密切的业务联系，为用户利用气象信息安排生产提供便利。服务范围由农业部门逐步扩大到工业、商业和旅游业等领域。服务单位由全民所有制单位发展到集体所有制及个体户。

气象职工进行施放气球服务

人工增雨作业　1977 年，海南黎族苗族自治州气象台首次组织开展“三七”高炮人工增雨作业，效果显著，得到当时任广东省海南黎族苗族自治州州委书记张玉和的表彰并亲自主持陵水县现场会加以推广。2004 年，采用流动火箭作业车进行人工增雨作业。2005 年 3 月 1 日—8 月 4 日，开展火箭增雨作业历时 5 个月，作业 66 次，增雨效果非常显著，市政府非常满意，期间拨款 14 万元给气象局购买了 1 辆增雨作业车及配套设备。

防雷技术服务　1995 年 10 月，五指山市气象局成立防雷技术所，对外开展防雷装置检测和防雷工程设计安装工作。经过 10 余年的发展，防雷技术所现有在岗职工 6 人，其中中级职称 1 人，初级职称 4 人，其他 1 人。

2004 年 9 月，五指山市政府办下发《五指山市防雷安全专项大检查实施方案》，强调做好防御雷电灾害工作，减少雷击事故的发生，确保人民群众生命财产的安全。按实施方案要求，成立了由市气象局、市安全生产监督管理局、市公安局消防大队、市教育局等单位组成市防雷专项联合检查组，对全市进行防雷安全专项大检查。

④气象科技成果

1982—1987 年，五指山市气象局科技人员对预报技术与服务进行了探索，有科技成果及表论文 8 篇。《用 MOS 方法作短期降水预报》等 3 项科技成果获广东省海南黎族苗族自治州科技成果三、四等奖；《初台相关分析及近十年初台预报》等 3 篇论文获广东省海南行政区气象学会优秀论文三等奖；1 篇论文在《广东气象》上发表；1 篇论文被录入 1986 年广东省气象学会年会论文集。

气象法规建设与管理

依法行政　2004—2005年，五指山市政府办公室发文《关于做好五指山市防雷工作的通知》(五府办〔2004〕86号)、《关于切实做好全市建设项目防雷装置设计审核竣工验收工作的通知》(五府办〔2005〕12号)。2005年4月、2007年11月，五指山市建设与国土环境资源局、五指山市土地管理局、五指山市城市规划管理办公室对五指山市气象探测环境保护范围进行备案。

在2005年以前，五指山市新建建筑物均无防雷装置审核申请及竣工验收申请。经五指山市气象局多次宣传海南省防雷有关管理规定后，2007年到市气象局申请进行建筑物防雷装置审核及竣工验收的有26件，建筑物防雷装置申报率达35%。2008年，五指山市城市建设与规划局要求新建筑物报建审批必须具有气象部门出具的防雷装置审核意见书，2008年到五指山市气象局进行建筑物防雷装置审核申请及竣工验收申请的有159件，建筑物防雷装置申报率达95%。

政务公开　2004年，执行“两公开、两监督”，对气象行政审批程序、服务内容、执法依据、收费标准等，实行户外公示、电视公告等形式向社会公开；对干部任用、干部考核、工程招标等通过职工大会、办公系统等向全体职工公开；计划内预算外经费收支、医疗保险等采取月和年度定期公开，接受干部群众和社会民主监督。

党建与气象文化建设

1. 党建工作

党的组织建设　1958年10月—1981年9月，党组织建设情况不详。1981年10月，成立中共广东省海南黎族苗族自治州气象局党组。1988年1月，海南黎族苗族自治州气象局(台)机构撤销，成立通什市气象台(科级)，3月建立党支部，共有党员5人。截至2008年底，共有党员3人。

1987年7月，被中共广东省海南黎族苗族自治州委员会评为1987年度先进党支部，同月，在“创先争优”活动中，被中共海南黎族苗族自治州直属机关委员会评为先进单位。1993年7月，市气象台党支部被市直属机关委员会评为先进党支部。1994年度被市农口总支部评为先进支部。1998年7月，市气象局党支部被市农口总支部评为1997年度农口先进党支部。2003年7月，市气象局党支部被市农口总支部评为2003年度先进党支部。

党风廉政建设　五指山市气象局自觉加强党风廉政建设，制定了《党风廉政建设责任制实施细则》、《党务政务公开制度》；全面落实党风廉政建设和反腐败工作责任制，成立工作执行小组；落实党风廉政建设和反腐败工作的宣传、教育工作；推进领导干部廉洁自律工作；落实源头预防和治理腐败工作，建立气象局内部自主监督和制约机制；完善党内监督条例，强化对党员领导干部的监督。

2. 气象文化建设

为加快推进气象文化建设进程，2007年4月，五指山市气象局成立了气象文化建设领导小组，下设办公室，加大对气象文化建设的投入，将之纳入气象事业发展总体规划，通过自筹资金和省气象局支持的方式，设立气象文化建设专项资金。

气象职工图书阅览室

2008 年 11 月，市委组织“实践科学发展观、打造华夏养生之都”知识竞赛活动，五指山市气象局两位同志获得机关组三等奖。2008 年底，新业务办公楼落成，市气象局加快气象文化建设步伐，制作完成“中国气象”标牌、“六个一流”宣传口号和气象人愿景词标牌。新业务办公楼内设立气象文化长廊、科普宣传栏，安排 40 平方米的独立房间作为阅览室，实行管理制度上墙，设立廉政文化区。《工作管理制度》、《岗位职责》、《工作流程图》等全部上墙。每年 3 月 23 日，市气象局都组织开展纪念世界气象日宣传活动，解答市民有关气候和防雷安全方面的热点问题。每年 5 月，市气象局积极组织职工参与市政府组织的科技月活动，营造学科学、爱科学、用科学的良好氛围。

3. 荣誉

1987—2003 年，五指山市（通什市）气象局共获得县处级以上集体荣誉 10 项、个人奖励 2 项。其中，1987 年 9 月，被广东省气象局评为先进集体。1989 年 11 月，被海南省气象局评为 1989 年台风气象保障先进单位；同年，被通什市市委、市政府授予“抢险救灾先进集体”称号。1992 年 6 月，被海南省气象局评为 1991 年度气象技术装备管理工作“三好”（领导重视、专人管理、爱护装备）单位。1993 年 3 月，被海南省气象局评为 1993 年度技术装备管理“三好”单位。1999 年 5 月，被海南省文明办、海南省气象局授予“文明单位”称号。2000 年 11 月，荣获海南省气象局 1999—2000 年度全省气象部门目标管理先进单位称号；荣获市委、市政府授予“1999—2000 年度市县级文明单位”称号。

台站建设

1965 年 10 月，海南黎族苗族自治州气象台迁至现五指山市海榆南路，占地面积约 17198 平方米。1976 年，建成 1 幢二层办公楼、面积约 300 平方米。1983 年，在二层办公楼基础上加盖一层面积约 100 平方米；1978 年，建成 1 幢三层 12 单元宿舍楼、面积约 1000 平方米；1985 年，建成 1 幢二层 8 单元宿舍楼、面积约 600 平方米。2005—2008 年，中国气象局、省气象局和地方政府提供建设资金共计 332 万元，用于台站环境综合改善和新业务办公楼建设；共投入资金 71 万元用于气象局大院挡土墙和观测场四周挡土墙建设，并对大院东面低洼地段进行了平整，在观测场四周种植草坪、绿化带共计 4000 平方米。2008 年 6 月，拆除旧办公业务楼后，投入资金 178 万元在原址建设 1 幢三层新办公业务楼，面积为 1019 平方米，设置“五室一馆”，即会议室、接待室、图书阅览室、档案室、文体活动室和气象科普馆。自筹资金 5 万元建设大院围墙和简易大门。

2008 年建设中的五指山市气象局办公楼

2008 年的五指山市气象局观测场

东方市气象局

海南省东方市地处海南岛西部，西面濒临北部湾，北面、东面与昌江县隔江（昌化江）相望，南面毗邻乐东县，总面积2256平方千米，总人口约37.76万人，属县级市，管辖10个乡镇。东方市为海南省的工业重地，有全国大型企业——中海油富岛化工厂。

东方市历史悠久，行政区划多变。汉武帝元封年（公元前110年）始置县，隋大帝三年（公元607年）为感恩县。1949年12月与昌江县合并为昌感县。1952年4月建立东方县；1958年12月，东方、昌感、白沙三县合并为东方县。1961年5月，三县分开，成立东方县。1987年1月，东方县改为东方黎族自治县。1997年3月，撤县设东方市，县级市。

东方市属热带海洋性季风气候，年中季风影响明显，光热充沛，年平均气温25.0℃。年降水量内陆1600～2000毫米，沿海接近1000毫米。年平均日照时数2600小时以上，占年可照时数的59%。年平均风速沿海4.4米/秒，内陆2.3米/秒。冬半年以偏北风为主；夏半年以偏南风为主。7—10月份为热带气旋活动和影响盛期。

2005年1月31日，中国气象局局长秦大河一行前来东方市气象局检查指导工作，对东方市气象局的工作给予肯定，对东方市气象事业的发展提出要求，激励广大职工团结一致、做好本职工作。

机构历史沿革

历史沿革 1952年10月1日，建立海南军区司令部北黎气象站，为国家基本气象观测站。站址在昌感县第一区北黎办事处北黎“郊外”（现八所镇北黎村）。观测场位于北纬19°08′，东经108°38′，海拔高度16.6米。1953年10月1日，改称为广东省海南行政公署北黎气象站。1954年8月1日，更名为广东省北黎气象站。1956年1月，因站址周围环境不符合气象观测要求，迁址至新街乡剪半园村附近（现八所镇剪半园村），距原站址1500米，观测场经纬度不变，海拔高度11.9米。1958年11月，更名为广东省昌感县气象站。1959年3月，改称为广东省东方县新街气象站。1960年3月，改名为广东省东方县新街气象服务站。1962年6月20日，迁往八所镇“郊外”（现八所镇南部郊区），占地面积1.53万平方米，观测场位于北纬19°06′，东经108°37′，海拔高度8.4米。1962年7月，气象站与海洋站合并，改名为广东省东方县海洋、水文气象服务站。1966年1月，气象站与海洋站分开，更名为广东省东方县气象站。1969 年 1 月，站名改为广东省东方县气象站(组)。1970 年 10 月，更名为广东省东方县气象站。1980 年 4 月 18 日，改为广东省东方县气象局。1988 年 4 月海南建省后，更名为海南省东方黎族自治县气象局。1997 年 4 月因东方撤县建市，改名为海南省东方市气象局。1993 年 1 月 1 日，被确定为国家基准气候观测站。

管理体制　1952 年 10 月 1 日，海南军区司令部北黎气象站受海南军区中南气象处领导。1953 年 10 月 1 日，受广东省海南行政公署气象科领导。1954 年 8 月 1 日，实行广东省气象局与东方县人民委员会双重领导，以广东省气象局领导为主。1959 年 3 月，实行广东省气象局与东方县人民委员会双重领导，以东方县人民委员会农业委员会领导为主。1960 年 3 月，实行广东省气象局与东方县人民委员会双重领导，以广东省气象局领导为主。1969 年 1 月，实行广东省海南行政区气象局与东方县革命委员会双重领导，以东方县革命委员会农林水服务站领导为主。1971 年 4 月—1973 年 8 月，实行东方县革命委员会与东方县人民武装部双重领导，以东方县人民武装部领导为主。1973 年 9 月，实行广东省海南行政区气象局与东方县革命委员会双重领导，以东方县革命委员会农林水办公室领导为主。1981 年 1 月—1983 年 12 月，实行广东省海南黎族苗族自治州气象局与东方县人民政府双重领导，以广东省海南黎族苗族自治州气象局领导为主。1984 年 1 月—12 月，实行广东省海南行政区气象局与东方县人民政府双重领导，以广东省海南行政区气象局领导为主。1985 年 1 月，实行广东省海南黎族苗族自治州气象局与东方县人民政府双重领导，以广东省海南黎族苗族自治州气象局领导为主。1988 年 1 月，实行广东省海南行政区气象局与东方黎族自治县人民政府双重领导，以广东省海南行政区气象局领导为主。1988 年 4 月海南建省后，实行海南省气象局与东方黎族自治县人民政府双重领导，以海南省气象局领导为主。1997 年 3 月，实行海南省气象局与东方市人民政府双重领导，以海南省气象局领导为主的体制。

机构设置　1980 年 4 月，广东省东方县气象局设置观测股和预报股。1995 年 10 月，海南省东方县气象局增设防雷技术所。2008 年 1 月，东方市气象局机构设置：办公室、气象台、测报室、预报服务中心、防雷技术所。

单位名称及主要负责人变更情况

单位名称	姓名	职务	任职时间
海南军区司令部北黎气象站	贾隆友	站长	1952.10—1953.06
海南军区司令部北黎气象站	苏成华	站长	1953.06—1953.09
广东省海南行政公署北黎气象站	苏成华	站长	1953.10—1953.12
广东省海南行政公署北黎气象站	赵绍浜	站长	1953.12—1954.07
广东省北黎气象站	赵绍浜	站长	1954.08—1955.08
广东省北黎气象站	薛殿卿	站长	1955.08—1958.10
广东省昌感县气象站	符文华	站长	1958.11—1959.02
广东省东方县新街气象站	吴凤国	站长	1959.03—1960.02
广东省东方县新街气象服务站	吴凤国	站长	1960.03—1962.06
广东省东方县海洋、水文气象服务站	吴凤国	站长	1962.07—1965.07
广东省东方县海洋、水文气象服务站	凌宗业	副站长(主持工作)	1965.07—1965.12

续表

单位名称	姓名	职务	任职时间
广东省东方县气象站	凌宗业	副站长(主持工作)	1966.01—1968.12
广东省东方县气象站(组)		站长	1969.01—1970.03
	吴琼尧	组长	1970.03—1970.09
广东省东方县气象站		站长	1970.10—1971.02
	钟钢传	站长	1971.02—1980.04
广东省东方县气象局		局长	1980.04—1982.08
	王安茂	副局(站)长(主持工作)	1982.08—1988.03
海南省东方黎族自治县气象局			1988.04—1992.07
	罗步养	局(站)长	1992.07—1997.03
海南省东方市气象局			1997.04—1997.08
	张生尧	局(站)长	1997.08—2002.07
	黄槐平	局(站)长	2002.07—2005.10
	羊红真	局(站)长	2005.10—2007.08
	何海龙	局(站)长	2007.08—

人员状况 1952年建站时，仅有气象工作人员2人。1963年发展至9人，至1992年最多达19人。截至2008年底，东方市气象局编制人员15人，现有13人，其中本科学历2人，专科学历8人，中专学历3人；中级职称2人，初级及以下职称11人。中共党员10人(其中退休党员3人)。外聘人员4人。

气象业务与服务

1. 气象业务

地面气象观测 1952年10月1日—1960年12月31日，每天进行地方平均太阳时01、07、13、19时4次定时观测，昼夜守班。观测项目：气压、气温、湿度、能见度、地表状态、最低草温、风向、风速、日照、云、降水、天气现象、蒸发。1961年1月1日—1992年12月31日，改为每天北京时02、05、08、11、14、17、20、23时8次定时观测，观测项目不变。1992年12月31日20时起，开展基准气候观测，每天从01时—24时进行24次定时观测。观测项目有：云、能见度、天气现象、气压、气温、湿度、风向、风速、降水、日照、蒸发、地温等。2005年1月，增加土壤湿度观测业务。2007年1月起，开展酸雨观测业务。2008年4月起，开展闪电定位观测。

东方市气象站为全球气象情报交换网站，承担向有关部门拍发天气报和补充天气报、重要天气报、加密报、气象旬(月)报、气候月报、酸雨日报告、航危报。1952年10月—1960年12月，每天01、07、13、19时次拍发4次地面天气报，1961年1月—2008年12月，每天02、08、14、20时拍发4次地面天气报及05、11、17、23时拍发4次地面补充绘图报。1966年3月—1988年9月，每天固定每小时1次向海口、陵水、加来、乐东机场拍发航危报，预约向北京、广州、遂溪机场拍发航危报。1988年10月1日—1998年12月31日，每天固定

06—20 时向海口机场拍发每小时 1 次航危报。

1952 年 10 月—1995 年 7 月，采用手工抄录制作月(年)报表(气表-1、气表-21)。1995 年 10 月起，采用台式计算机处理、制作月(年)报表。2007 年 1 月起，开始制作酸雨月报表。

高空风探测 1957 年 11 月 1 日—1990 年 3 月 1 日，担负高空风探测任务，每天 07 时和 19 时进行 2 次小球测风并发报。

地面遥测自动气象站 2004 年 1 月 1 日，建成并启用 CAWS600-S 型遥测自动气象站，同时进行为期两年的人工站和自动站双轨运行。2006 年 1 月 1 日起，自动气象站正式单轨业务运行。

区域自动气象站网建设 2004—2009 年，全市建成并启用中尺度乡镇自动气象站 14 个、水文气象自动观测站 2 个、高速公路自动观测站 1 个。自动站观测项目分别为四要素站：降水量、气温、风向、风速，五要素站增加气压，六要素站增加气压、湿度；水文自动站观测项目：降水量、气温、风向、风速、水位；高速路自动站观测项目：降水量、气温、风向、风速、路温。

气象信息网络建设 1952 年 10 月 1 日—1993 年 12 月 31 日，气象报文通过专线固定电话传给县邮电局，再由邮电局上传收报单位。1986 年 1 月，开始使用 PC-1500 袖珍计算机查算和编发报。1994 年 1 月 1 日—1999 年 12 月 31 日，气象报文通过程控电话报给市邮电局，再由邮电局上传收报单位。2000 年 1 月 1 日起，改用 X. 25 分组交换通信协议的计算机网络终端传送气象报文到海南省气象信息中心网络运行科。2004 年 1 月 1 日起，使用 SDH 光纤通信网络终端传输气象报文到海南省气象信息中心网络运行科。

1995 年，建成县级计算机网络通信，可以快速查询气象传真图、卫星云图、雷达回波等各种气象信息。2000 年 1 月 1 日，建成卫星接收小站 PC-VSAT，开始使用天气预报业务平台 MICAPS1. 0 系统调取卫星云图、传真图、上级指导产品以及各类气象信息。2004 年 2 月升级到 MICAPS2. 0，2008 年升级到 MICAPS3. 0。2005 年，实现了 2 兆光纤通信、固定电话通信、手机通信，开通天气预报视频会商系统和 OA 网上无纸化办公系统。

天气预报 1962 年起，东方市气象站承担每天制作和发布短期天气预报任务。1962—1979 年，通过每天早上收听大台广播，绘制单站气象要素时间剖面图，结合当地气象资料以及预报员经验，制作未来 24 小时、48 小时晴雨天气预报，每天傍晚 6 时左右送县广播站广播。1980 年以后，通过气象传真机接收传真图、卫星云图、713 型雷达监测热带气旋位置以及强度变化，获取制作短期天气预报参考资料。1985 年 4 月，安装甚高频对讲机，实现县气象站能与省、区气象台及周边兄弟台站随时进行天气会商。

县气象站依照省、区气象台发布的汛期、冬春天气趋势预报、旬报、月报，结合预报员制作的预报工具，制作中、长期天气趋势预报简报，送给各级政府领导、农场和专业服务用户。县气象站老一辈预报员还根据天气预报服务需要，经过分析各种天气个例，结合多年工作经验和通过参与 1975 年和 1976 年海南行政区气象局组织的春季天气预报大会战，采用“相似法”、“投票法”、“点聚图法”和“数理统计方法”，制作了包括“台风暴雨”、“各月降水”、“干旱程度”、“雨季开始(结束)”、“台风个数”等中长期天气预报工具。还建立了一整套长期预报的特征指标和方法，为做好中长期天气预报提供重要依据。

2. 气象服务

东方市所处地理位置特殊，天气独特，主要气象灾害有：热带气旋、暴雨、水灾、旱灾、干热风、雷灾、冷空气等，市气象站积极做好公众和决策气象服务。

①公众气象服务

1997年1月，开通“121”天气预报自动答询电话，2005年1月升位为“12121”。2005年1月，市气象站制作的天气预报在市电视台、广播电台播出；同月，建成市县—省级预报视频会商系统，可以通过该系统参加全省气象部门天气会商和召开远程视频会议。2007年6月，建成东方兴农网，为全国各地提供东方市主要农副产品价格信息和相关新闻。2008年5月，建成气象灾害预警短信系统，通过发布预警短信平台向全市各级党政领导和有关人员发送预警信息，及时做好防灾抗灾工作。2008年9月，通过东方市气象局门户网站发布天气预报。

②决策气象服务

东方市气象局（站）努力做好为当地政府和有关部门防灾减灾决策服务工作。决策气象服务工作的方式、内容不断有新的变化，在原来单一的人工报送天气预报稿的基础上，逐渐增加了传真、手机短信等传递决策气象服务产品的方式。从2007年起，增加了《气象信息快报》、《气象信息专报》等决策服务产品，进一步提高了决策气象服务水平。

2000年8月29日—9月5日，东方市连续普降暴雨，过程雨量达841.2毫米，造成50年一遇的重大洪涝灾害。市气象站提前做出准确的指导预报，为政府和有关部门开展抗洪救灾提供决策依据，最大限度减少了人员伤亡和财产损失，受到市委、市政府的好评。

2003年11月，中海油东方化工城举办庆典活动，中央电视台“心连心”艺术团首次慰问演出，此时，东方市正遭遇0318号台风“尼伯特”的袭击，由于市气象局在第一时间向市委、市政府和活动组委会提供准确的预报信息，使得慰问演出活动安全顺利举行，受到市委、市政府和组委会的高度评价和群众普遍称赞。

2005年9月，东方市遭受30年来登陆海南最强的台风“达维”的影响，出现极大风速达40.8米/秒，市气象站提前两天发布准确的台风预报信息，为市委、市政府部署防台抗灾赢得宝贵时间，避免了人员伤亡和重大经济损失。

③专业与专项气象服务

气象专业有偿服务　1985年起，东方市气象局积极开展气象专业有偿服务，主要以专项预报和气象资料服务为主。服务项目主要有：旬、月天气趋势预报、今冬明春天气趋势预报、汛期天气趋势预报、台风趋势专题天气预报、干旱趋势天气预报及服务单位所需专题天气预报等。为开展好此项工作，经常组织人员深入各有关单位宣传气象科普知识，同时上门洽谈和签订天气预报服务合同。服务用户已涉及农林、化工、盐业、农场、港口、保险等行业，取得良好的社会效益和经济效益。

2000年以来，东方市气象局分别为八所市政工程部、东方盐场、红泉农场、广坝农场、八所港务总公司、中海油东方化工城等企业开展专项预报服务，取得显著社会效益和经济效益。如2004年，在东方市气象局适时天气预报指导下，东方盐场干部职工抓住有利的气象条件，全力开展原盐生产，全年原盐产量由前5个月原盐产量仅6190吨增至23234吨，显著提高了经济效益，有效保障了该场近500名员工的正常工作和生活。

人工增雨作业　1979年4月，开始由县三防指挥部与气象部门联合，借用部队的“三七”高炮进行人工增雨作业。2003年以后，市气象局采用流动车载火箭炮进行人工增雨作业。自开展人工增雨工作以来，各次人工增雨作业均取得了不同程度的增雨效果，有效缓解了当地的旱情。如2004—2005年，东方市出现历史特大旱情，粮食作物和经济作物大面积受旱，有的地方人畜饮水严重困难。2004年11月—2005年7月31日，市气象局开展火箭增雨作业59次，共降下多场中到大雨，有效地缓解了当地的旱情。还通过人工增雨扑灭了两起发生在东部内陆山区的森林大火。东方市委为表彰市气象局在抗旱和灭火工作中的突出贡献，特送“人为本祈福百姓，冒酷暑力增甘霖”和“丹心送甘霖，百姓获福祉”两面锦旗。

防雷技术服务 1995年10月，东方市气象局成立防雷技术所，开展建筑物的防雷装置检测、设计、安装及整改和防雷安全风险评估等防雷技术服务。

④气象科普宣传

东方市气象局利用每年“3·23”世界气象日和安全生产检查月等时机，都开展各种气象宣传活动，组织人员上街道、下乡镇、到农场、进学校开展气象科普知识宣传，以及举办安全生产、防雷减灾知识讲座等活动。

⑤气象科技成果

20世纪80年代以来，东方市气象局取得气象科技成果6项：1983年，钟钢传、王安茂、符兴唐、文家华、符永培等人参与，由符兴唐主笔编写的《东方县农业气候区划报告》，1985年1月被东方县农业区划委员会办公室载入《东方县农业区划报告集》；1991年4月，吴照荣研发的两个预报工具被海南省气象局评为1990年度优秀预报工具；2005年10月，黄耀武发表的《海南省盛夏季节一次非台风暴雨过程的分析》，被海南省气象学会评为优秀科技论文三等奖；2007年11月，文承贵发表的《从地面气象观测数据文件中读取数据列excel的vba代码实现方法》，被海南省气象学会评为优秀科技论文三等奖。

气象法规建设与管理

依法行政 2004年9月2日，东方市人民政府下发《关于加强防雷安全工作的通知》（东府〔2004〕51号），2008年9月2日，东方市人民政府下发《关于进一步规范和加强建设工程防雷设计审核和防雷工程竣工验收工作的通知》（东府〔2008〕48号），规范化管理全市的防雷减灾工作。

2004年，东方市气象局成立气象行政执法队，由取得海南省行政执法资格的5人组成，对气象观测环境保护、防雷及施放气球、气象信息发布等开展气象行政执法工作。

2008年10月19日，经东方市政府批准，在东方市行政服务中心设立气象窗口，承担防雷工程的图纸设计审核、竣工验收和施放气球等气象行政审批工作。

政务公开 2003年，开展“两公开两监督”工作，对干部任用、干部考核、办公费用支出、计划内和预算外经费开支、工资奖金、医疗保险等事项向全体职工公开，实行双轨运行机制，通过OA办公系统、局务公开栏或全局职工大会公开，广泛接受干部群众的监督。2006年，被中国气象局授予“气象部门局务公开先进单位”称号。2007年，被海南省气象局评为“气象部门局务公开一档”单位。2008年，被海南省气象局评为“气象部门局务公开二档”单位。

党建与气象文化建设

1. 党建工作

党的组织建设 1952年建站不久便成立了党支部，东方市气象局党支部积极参与当地的经济建设和党建活动，参加机关工委组织的水利建设、环境整治、计划生育、救灾捐款、文体活动等活动，多次受到东方市委的好评。1952—1959年10月党支部书记及党员人数不详。截至2008年底，共有中共党员10人，其中退休党员3人。

2005年，黄槐平被中共东方市直属单位工作委员会授予"优秀共产党员"称号。2005年7月，东方市气象局党支部被东方市直属单位工作委员会评为"先进基层党组织"。

党风廉政建设 东方市气象局党支部积极开展党风廉政教育和廉政建设活动，统一制作局务公开栏，配备兼职廉政监督员。与海南省气象局签订党风廉政建设责任书，并与各股室负责人签订相关责任书，一级抓一级，层层抓落实，不断促进党风廉政建设工作向前发展。建立健全规章制度建设，2007年以来，制定了《财务管理制度》、《车辆管理规定》、《防雷工作管理规定》、《考勤制度》、《公务接待规定》、《岗位津补贴发放管理规定》等规章制度，使管理工作进一步合理化和科学化，各项工作开展有章可循，有力地调动了干部职工的工作积极性，提高了工作效率，推动各项工作稳定协调发展。

2. 气象文化建设

东方市气象局历届领导班子高度重视气象文化建设和精神文明建设，成立精神文明建设领导小组，认真制定和落实精神文明建设方案，始终坚持以人为本的科学发展观，弘扬自力更生、艰苦创业精神，大力开展文明创建规范化建设。2002年10月1日，东方市气象局举行建站50周年庆祝活动，激发了全体气象工作者继续保持和发扬50年"风雨依然、创业依然、耕耘依然、探求依然"的气象人精神。2002年以来，通过开展台站环境综合改造，逐步建成园林式庭院，台站面貌发生了巨大变化。通过制作局务公开栏、学习园地、气象人愿景词、建设图书阅览室、职工休闲小站等，为干部职工提供了良好的学习、工作、生活场所。经常组织干部职工参加各种文艺和体育锻炼活动，还鼓励职工参与海南省气象部门和当地有关部门举办的各类文体竞赛活动，丰富了干部职工的文体生活，提高干部职工的身体素质。

2005年，东方市气象局被海南省委、海南省政府授予"海南省文明单位"称号；2008年，被中国气象局授予"全国气象部门精神文明建设先进单位"称号。

3. 荣誉

1998—2008年，东方市气象局获得县处级以上集体荣誉12项。其中，1998年2月，被东方市委、市政府评为"东方市文明单位"；2001年9月27日，被东方市委、市政府评为"东方市2001年抗洪救灾先进集体"；2003年12月10日，被东方市委、市政府评为"2003年第20号强热带风暴抗风救灾先进单位"；2003年12月，被东方市委、市政府评为"中海油东方化工城庆典活动先进单位"；2004年4月2日，被海南省气象局评为"2003年全省气象部门目标管理标兵单位"；2005年3月，被海南省气象局评为"2004年全省气象部门目标管理标兵单位”;2005 年 10 月,被东方市委、市政府评为“东方市 2005 年防风救灾先进单位”;2005 年 12 月,被中国气象局评为“气象部门局务公开先进单位”;2007 年 6 月,被海南省委、省政府评为“海南省 2003—2006 年度文明单位”;2006 年 1 月,被人事部、中国气象局联合授予“全国气象工作先进集体”称号。

1964—2008 年,东方市气象局个人获得县处级以上个人荣誉 6 项。

台站建设

1952 年建站时,气象站观测场面积为 25 米×25 米。1962 年,搬迁至八所镇南郊时,观测场面积改为 20 米×16 米。1965 年 11 月,观测场恢复为 25 米×25 米,木围栏改为铁丝网围栏。截至 2008 年,观测场围栏为木栅栏。观测场内除了安装原有人工观测设备外,还安装了自动采集各种气象要素的现代化设备。

建站初期,气象站仅有 1 幢砖木结构的平房 2 间,建筑面积 64.26 平方米,工作室和宿舍各 1 间。1962 年,搬迁至八所镇后主要建筑物有 1 幢坐南朝北呈“工字型”的砖木结构平房,其中办公室 1 间、值班室 1 间、宿舍 8 间、制氢室 1 间。1968 年 12 月,建成 1 间混凝土办公值班共用平房,面积 40 平方米。1979—1980 年,建成值班室、职工宿舍平房共计 7 幢 26 间,总面积 504.6 平方米,并安装自来水,较大改善了干部职工的工作生活条件。1983 年,建成二层混凝土结构办公、宿舍综合楼,面积约 210 平方米,建设局大院围墙,并对旧职工宿舍楼进行修缮改造。1999 年,通过集资建房方式,建起 2 幢 14 套职工宿舍楼,总面积 1400 平方米,于 2000 年 1 月投入使用。2004 年,由中央财政拨款 81 万元,建成 1 幢具有现代气息的业务综合办公楼,面积 710 平方米,并配备电脑、办公桌等先进办公设备,同时建有干部职工文化娱乐活动室。

2004—2005 年,东方市气象局大力加强台站综合治理,绿化美化环境。先后投入 8 万元资金和组织干部职工多次义务劳动,铺建局大院硬化人行道,建设活动场地 1200 平方米,按规划种植 1000 多株花木果树;在通往观测场小路上铺设地板砖,并沿路种上花草,装上园林路灯。2007—2008 年,投入 6 万余元,对局大院围墙进行修缮和部分加高,并在大院内建造 1 个休闲小园地。近些年通过长期不断进行台站综合改造,彻底改变了台站的旧面貌,使东方市气象局大院焕然一新,呈现布局合理、设置得当、人与自然和谐优美的新面貌。

20 世纪 60 年代的东方县气象站旧貌

20 世纪 70 年代的东方县气象站旧貌

2004 年建成的东方市气象局气象观测场

2004 年建成的东方市气象局综合办公楼

定安县气象局

海南省定安县位于海南岛东北部，地形南北长东西狭，南高北低，南部为丘陵山地，北部为平缓的台阶地，东界文昌市，西接澄迈县，东南与琼海市毗邻，西南与屯昌县接壤，北隔南渡江与海口市相望。定安县建置于元朝至元二十九年(公元 1292 年)，迄今已有 700 余年，期间元天历二年(公元前 1329 年)至明洪武二年(公元 1369 年)升格为南建州。1958 年 12 月，定安县与屯昌县合并为定昌县，1961 年 5 月恢复定安县建制。全县面积 1177.64 平方千米，人口 32 万。定安县在明清时期出过以张岳崧(探花)父子进士、王映斗父子进士为代表的 93 名举人、12 名进士、1 名探花。有“一里三进士”、“父子双进士”、“公孙举人”之佳说。拥有琼北最大的人工淡水湖南丽湖、古老神话传说的道教文化胜地文笔峰和二十三年红旗不倒的海南革命摇篮母瑞山等风景名胜。

定安县属热带海洋性季风气候，气候温和，热量丰富，阳光充足，雨量充沛；冬春雨水少，夏秋风雨多，干湿季分明，且雨热同季。常年受干旱、非台风暴雨、热带气旋、低温阴雨和雷雨大风等灾害天气影响。

定安县气象站自建站以来，得到各级党政领导的关怀。2000 年 10 月 28 日，中国气象局局长温克刚在海南省气象局局长邓昌松的陪同下，到定安县气象局视察工作并看望全体干部职工。2004 年 11 月 25 日，中国气象局副局长许小峰在海南省气象局局长吴岩峻的陪同下，到定安县气象局检查指导工作。

机构历史沿革

历史沿革　1961 年 7 月 1 日，始建广东省定安县气象服务站，为股级单位。站址在定安县定城镇东郊县水电局大院内，位于北纬 19°42′，东经 110°20′，观测场海拔高度 21.5 米，面积为 16 米×20 米，承担国家一般气象站观测任务。1962 年 8 月 9 日，因精简机构，定安县气象站被撤销。1963 年 1 月 1 日，恢复成立广东省定安县气象服务站，办公地点仍在县水电局大院内。1980 年 4 月根据定安县革命委员会《关于成立定安县气象局的通知》(定革发〔1980〕67 号文)，成立定安县气象局，为县科级单位，实行局站合一，一套人马，两块牌子的体制，编制 10 人。1981 年 9 月 1 日，站址从定安县水电局大院迁到定城镇山椒坡，距离原址北北西方向约 200 米，观测场海拔高度为 24.2 米，面积为 25 米×25 米。1988 年 4

月海南建省，同年 5 月海南省气象局成立，6 月广东省定安县气象局改称海南省定安县气象局。2002 年因建设需要，观测场面积改为 16 米×20 米。2007 年 1 月，海南省定安县气象局地面观测站改称为国家气象观测站二级站。2008 年 12 月 31 日，恢复国家一般气象观测站称号。

管理体制 1961 年 7 月，广东省定安县气象服务站实行广东省海南行政公署气象局与定安县人民委员会双重领导，以广东省海南行政公署气象局领导为主。1969 年 1 月，实行广东省海南行政区气象局与定安县革命委员会双重领导，以定安县革命委员会领导为主。1970 年 1 月—1973 年 7 月，实行定安县革命委员会与定安县人民武装部双重领导，以定安县人民武装部领导为主。1973 年 8 月，实行定安县革命委员会与广东省海南行政区气象局双重领导，以定安县革命委员会领导为主，由定安县革命委员会农业办公室直接管理。1981 年 1 月—1988 年 4 月，实行广东省海南行政区气象局与定安县人民政府双重领导，以广东省海南行政区气象局领导为主。1988 年 5 月，实行海南省气象局与定安县人民政府双重领导，以海南省气象局领导为主的体制。

机构设置 1980 年 4 月，广东省定安县气象局机构设置：地面观测股和预报股。1995 年 10 月，海南省定安县气象局增设防雷技术所。2003 年 5 月，机构改革后增设办公室。2005 年 1 月，预报股和测报股合并为基础业务股。截至 2008 年底机构设置：办公室、基础业务股、防雷技术所。

单位名称及主要负责人变更情况

单位名称	姓名	职务	任职时间
广东省定安县气象服务站	周传恩	副站长(主持工作)	1961.07—1962.08
			1963.01—1972.09
	陈世侯	副站长(主持工作)	1972.09—1980.04
广东省定安县气象局	王尚业	局(站)长	1980.04—1982.02
	潘先昌	副局(站)长(主持工作)	1982.02—1984.10
	符定联	副局(站)长(主持工作)	1984.10—1988.05
海南省定安县气象局	周汉伟	负责人	1988.06—1989.09
		副局(站)长(主持工作)	1989.09—1990.03
	符定联	副局(站)长(主持工作)	1990.04—1990.06
		局(站)长	1990.06—1992.10
	潘先昌	副局(站)长(主持工作)	1992.10—1994.09
		局(站)长	1994.09—2001.05
	苏创平	副局(站)长(主持工作)	2001.05—2003.05
	王 芳(女)	副局(站)长(主持工作)	2003.05—2004.05
	钟起海	副局(站)长(主持工作)	2004.05—2005.09
		局(站)长	2005.09—

人员状况 1961 年建站时，干部职工为 5 人。1978 年底为 7 人。截至 2008 年底，在职在编人员 10 人(5 男 5 女)，均为汉族。其中，年龄结构为：21～30 岁 3 人，31～40 岁 6 人，41～50 岁 1 人；学历结构为：本科学历 3 人，大专学历 7 人；职称结构为：中级职称 2 人，初级职称 8 人。中共党员 8 人(其中退休党员 4 人)，预备党员 1 人，共青团员 2 人。

气象业务与服务

1. 气象业务

地面观测 定安县气象局(站)主要承担国家一般气象站观测任务。观测项目有:风向、风速、气温、气压、湿度、云、能见度、天气现象、降水、日照、小型蒸发、地面温度,2004年,遥测自动气象站建成并轨运行;同年增加草面、深层和浅层地温自动观测项目。2005年1月,增加土壤湿度观测业务。

每天08、14、20时(北京时)进行3次定时地面观测并编发报文(2004年6月15日之前,还承担11时和17时的补充观测发报任务)。不定时编发重要天气报和台风加密报。

定安县气象站从建站至1985年,使用查算表,人工计算气象观测数据及编发气象电报。1986年1月,起用PC-1500袖珍计算机编发报。1995年8月,开始使用台式计算机编发报和制作报表。每年制作12份地面气象月报表和1份年报表。

地面遥测自动气象站建设 2004年1月,ZQZ-CⅡ$_1$型遥测自动气象站投入双轨业务运行。2004年1月,启用(OSSMO 2004版)地面气象测报业务软件。2006年1月,定安县气象站遥测自动气象站正式投入单轨运行,实现气象要素观测自动化。

气象哨建设 1958年开始,在定安县黄竹公社建设气象哨,20世纪70年代进行扩建。1974年10月,定安县完成11个公社气象哨建设,实现社社有气象哨。同时还建立气象小组、大队气象员和群众观测天象队伍,后因人员、经费不足等原因在20世纪70年代末陆续停止运行。

区域自动气象站网建设 2005年起,推进中尺度乡镇自动气象站网建设,定安县气象局用4年时间建成全县12个中尺度乡镇自动气象站、2个水文观测点和2个高速公路自动观测站。

天气预报 定安县气象局(站)自建站以来,主要开展为地方服务的补充天气预报,预报内容有短期、中期和长期预报。短期预报主要通过收听(接收)省电台播发的天气形势与分区要素预报,结合单站气象要素时间剖面图及当地天象、物象特征的综合分析,利用各类预报方法制作预报。短期预报时效为24小时和48小时,内容为天空状况、晴雨、降水级别、最高最低温度、风向风速等。中期预报主要制作每旬天气趋势预报,短期气候预测主要制作每月天气趋势预报、冬春(11月—翌年4月)天气趋势预报、汛期(5—10月)天气趋势预报。1987年起,利用县气象站6—10月份雨量距平曲线分型等趋势预报工具制作次年春旱(2—5月)天气趋势预报。

气象信息网络建设 1986年2月起,定安县气象局(站)改变原来通过收音机收听天气形势广播进行人工填图工作的方式,使用气象传真通信设备。同年8月,使用甚高频电话进行天气会商。1995年,开通计算机终端信息系统。1996年9月,实施计算机网络传输气象电报业务。2004年1月,计算机网络通信由X.25专线改为宽带网;同年12月计算机网络通信由宽带网改为光纤网数据传输,速率由每秒1千兆字节升级为每秒2千兆字节。2005年1月,开通OA网上无纸化办公系统;同年3月,开通视频天气会商系统。

2. 气象服务

①公众气象服务

定安县气象局(站)自建站始,通过定安县广播站每天向公众发布未来24小时、48小时天气预报和不定时发布重要性、关键性、灾害性天气预警信息。1999年7月,开通“121”天气预报咨询服务电话。2006年9月,利用移动网络建立气象预警灾害手机发布系统,开通天气预报手机短信服务业务。2007年11月,通过定安县气象局门户网站发布天气预报。2008年2月,定安县电视天气预报节目开播。

②决策气象服务

定安县气象局(站)自建站以来,为地方各级党政领导提供重要性、灾害性和关键性天气信息服务,后逐步扩大到为各类重要节日和重大活动提供决策气象服务。

2000年10月11—16日,定安县连续普降暴雨,过程雨量748.7毫米,尤其是15日最大降水量达304.7毫米,造成全县遭遇了50年一遇的洪涝灾害,南渡江定城段最高水位达18.56米,超出警戒水位3.56米。定安县气象局根据天气变化,建议县政府对相关水库进行放水泄洪,保障了水库的安全。

2008年10月12—15日,定安县连续降大暴雨,全县各地过程总雨量366～510毫米,造成严重洪涝灾害,南渡江定城段最高水位达16.79米,超过警戒水位1.79米。定安县气象局对此做出准确的指导预报,并利用手机短信随时发送最新气象信息,为地方党政领导开展抗洪救灾决策赢得主动权,最大限度减少了群众的损失。

截至2008年底,定安县气象局(站)提供的决策服务书面材料的有:《重要天气快报》、《重要天气专报》、《一周天气专报》等,服务的范围包括农业、工业、交通、旅游等行业。1989—2008年,定安县气象局在开展气象决策服务中有8人次得到各级党政部门的表彰,2008年,被海南省气象局评为“全省重大气象服务先进集体”。

③专业与专项气象服务

1985年,定安县气象局(站)开始开展气象专项服务。前期主要以气象资料和专项预报服务为主,20世纪90年代初期,增加庆典气球制作服务。1995年,增加防雷技术服务。2006年10月,成立定安向阳气象科技服务中心,对各类专项服务资金统筹管理。

农业气象服务 1977年,定安县气象站拓展农业气象服务,第一次进行稻田耕作制度改革气象条件分析,为生产指挥机关安排本县播种季节提供资料服务;第一次根据农业气象指标,紧密配合地方党委开展农事(春播插秧)气象条件预报为生产服务;第一次建立并开展农业服务基点现场服务工作;第一次开展农气观测调查研究和农气指标确定工作。

20世纪90年代初期,针对南渡江下游地区受洪涝影响,定安县晚稻生产历年产量低而不稳(多年平均亩①产约110千克,1988—1989年仅亩产50多千克)的问题,定安县气象站推广气象科研成果,为群众谋利益。1990年,会同省气象局与定安县仙沟镇政府合作,在仙沟镇吉秀管区推广低产田大面积气候安全植期实用农业气象技术的试验。同年,吉秀管区晚稻产量首次跃出低谷,60公顷试验田平均亩产达305千克,总产超过前3年的总和。

① 1亩=1/15公顷,下同。

定安县气象局为此次实验撰写的《用气象指导，晚稻大丰收》的经验总结材料，被县科委推荐参加全省科学大会先进评选。海南电视台和《海南日报》先后报道了5次，干部群众称赞："科技兴农立大功，气象科学信得过"。从21世纪起，定安县气象局开展荔枝种植专业气象服务。

人工增雨作业 1977年5月，定安县气象服务站第一次开展小火箭和"三七"高炮人工增雨作业。特别是配合县炮竹厂进行小火箭增雨试验成功。人工增雨作业由上级有关部门根据旱情统一部署；作业方式在2004年前以"三七"高炮为主，在2005年之后全部使用流动火箭作业车进行人工增雨作业。

防雷技术服务 1995年第四季度，根据海南省人事劳动保障厅、海南省消防总队、海南省气象局联合印发《关于发布〈海南省防雷安全管理暂行办法〉的通知》(琼人劳〔1995〕45号)的精神，定安县气象局设立防雷技术所开展防雷装置设计、安装、检测和整改等业务。2002年底，将防雷装置安装、整改等业务划归海南祥云雷电防护有限公司定安工程部实行企业管理。2005年以后，防雷技术服务得到快速发展，经济效益逐年上升，气象事业发展经费得到有力补充。

④气象科技成果

1988年以来，定安县气象局先后获得气象科技成果4项、优秀论文奖2项。其中，陈世候主持的《热带季风地区县级农业气候区划主导指标的选定》，获得1988年海南行政区科学技术进步奖三等奖。陈世候主持的《杂交水稻高产农业气象适用技术》，分别获得1991年海南省科学技术进步奖四等奖和定安县科学技术进步奖二等奖。陈世候撰写的《气候安全植期法是晚稻收割成功的基本保证》，1991年被海南省气象学会评为优秀气象科技论文奖三等奖。王芳撰写的《浅析自动和人工雨量观测数据的差异》，2006年被海南省气象学会评为优秀气象科技论文奖二等奖。

⑤科普宣传

充分利用每年的"3·23"世界气象日、科技活动月、安全生产月和法制宣传日等活动日，宣传气象科普、法律法规、气象行政审批和防雷减灾等知识。2004年10月，编发《定安气象》宣传月刊，并于2005年通过定安县政府网向外发布。2007年，开始建设新业务办公楼，加强台站文化建设，不断完善各类文化设施；同年建立局门户网站扩大宣传。

气象法规建设与管理

依法行政 1997年开始，定安县政府先后下发《关于我县防雷设施检测有关问题的通知》(定府办〔1997〕16号)、《关于认真做好防雷减灾工作的通知》(定府办〔1999〕47号)和《关于加强防雷安全工作的通知》(定府办〔2003〕119号)。从2003年起，定安县气象局被列为县安全生产委员会成员单位，负责定安县防雷安全管理和雷击灾害事故调查工作。2006年5月31日，在定安县行政服务中心设立气象窗口，依法承担防雷工程的图纸设计审核、竣工验收和施放气球等气象行政审批工作。

政务公开 2003年，定安县气象局开始规范政务公开工作，不断增加公开形式和丰富公开内容。从2007年起执行"两公开"质量考核制度以来，定安县气象局连续两年被海南省气象局评为"两公开工作质量考评一档单位"。两公开形式包括局内部网公开、全局会议公开和公开栏公开3种；公开内容主要有：财务收支、干部任免、目标考核、基础设施建设、工程招投标、奖金福利发放等。

党建与气象文化建设

1. 党建工作

党的组织建设 1972年以前，定安县气象站因党员人数少，未设立党支部。1973—1974年，设立党小组，党员编入定安县农业办公室党支部(其中1972—1973年编入定安县人民武装部党支部)。1980年7月，成立定安县气象局党支部。1982年，因党员人数少，撤销定安县气象局党支部。1984年，党员人数增加，符合条件，恢复成立定安县气象局党支部。1984—2008年，先后发展党员4人。定安县气象局(站)1978年有党员2人，1988年党员5人。截至2008年底，定安县气象局党支部共有党员8人(含退休党员4人)，预备党员1人。

2007年，钟起海被定安县委、定安县政府评为“优秀党员”。

党风廉政建设 定安县气象局(站)自觉加强党风廉政建设，制定并落实党风廉政建设目标责任制。

2. 气象文化建设

定安县气象局坚持以人为本，弘扬自力更生、艰苦创业的精神，深入持久地开展精神文明创建工作。把领导班子的自身建设和职工队伍的思想建设作为文明创建的重要内容，开展经常性的政治理论、法律法规学习。发动职工自己动手建设简易的篮球场、羽毛球场和乒乓球室等活动场所，经常开展文体活动，并积极参加地方政府组织的各类文体活动。同时，鼓励干部职工参加在职学历教育，不断提高干部职工的文化水平和业务素质。

3. 荣誉

1961年建站以来，定安县气象局(站)获得县处级以上集体荣誉8项。其中，定安县气象局1990年被中共定安县委、定安县政府评为1990年度全县精神文明建设先进单位。2007年2月，被全国妇女联合会、“巾帼建功”领导小组评为“巾帼文明单位”；同年3月，被海南省妇女联合会授予“巾帼文明单位”。2007年，被中共定安县委、定安县政府评为“2003—2006年度精神文明单位”。2007年被海南省气象局评为2007年度全省气象部门目标管理特别优秀达标单位。1997年度、2005年度、2008年度分别被海南省气象局评为全省气象部门目标管理优秀达标单位。

1985—2008年，定安县气象局(站)个人获得县处级以上的个人荣誉73人(次)。

台站建设

1961年建站初期，定安气象站仅有1间约30平方米的砖瓦房和4间共40平方米的职工宿舍。1981年，定安县气象局(站)从定安县水电局大院搬迁到定城镇山椒坡后，积极争取定安县政府和海南行政区气象局的建设资金。1985年，建设1幢76平方米的平顶房作为办公室。1989 年，建设 1 幢三层共 9 套，总面积为 594 平方米的职工宿舍楼。2007 年，利用中国气象局项目经费，在定安县政府划拨的行政办公新址用地上建设 1 幢三层总面积为 740 平方米的办公楼，同时积极筹集资金开展台站绿化、美化工作，营造优美的工作和生活环境。

1981 年迁站时建设的定安县气象局业务值班室和职工宿舍

1985 年建设的定安县气象局办公室平房全貌

2002 年建成的定安县气象局观测场全景

2007 年建成的定安县气象局新办公业务楼

屯昌县气象局

海南省屯昌县位于海南岛中部偏东北，地处五指山北缘丘陵地带，是琼北地区进入五指山的咽喉。境内乌坡是古时黎汉区贸易大集市；新兴镇石峡村是明朝忠臣海瑞的出生地，至今尚存海氏家族的4座祖坟。全县总面积1231.5平方千米，人口27.8万。

屯昌县是个新置县，其前身是1948年2月建立的新民县，1952年更名为屯昌县。1958年12月，屯昌县与定安县合并为定昌县。1961年5月，屯昌县与定安县分开设置，恢复屯昌县建制。

屯昌县属于热带海洋性季风气候，光、热、水充足。年平均气温23.4～23.6℃，年平均日照时数达1990～2100小时，年太阳总辐射量124.7千卡/平方厘米，年平均雨量1960～2400毫米，一年四季花木繁茂，适合热带作物生长。

1991年11月8日，国家气象局副局长马鹤年到屯昌县气象局视察工作。1997年5月10日，中国气象局名誉局长邹竞蒙到屯昌县气象局视察工作。

机构历史沿革

历史沿革 1958年11月，广东省屯昌县气象站（原名广东省定昌县气象服务站）成立，为股级单位，站址在屯昌镇镇郊，即现在的屯昌县屯城镇文化路。观测场位于北纬19°22′，东经110°06′，海拔高度118.3米。1959年7月1日，更名为广东省定昌县中心气象站。1960年1月1日，改称为广东省定昌县气象服务站。1961年5月，屯昌县与定安县分开设置，恢复屯昌县建制；同年6月，更名为广东省屯昌县气象服务站。1968年6月，更名为广东省屯昌县革命委员会生产指挥部农林水组；同年11月，更名为广东省屯昌县社会主义农业服务站。1972年1月，改称为广东省屯昌县气象站。1979年12月，更名为广东省屯昌县气象局。1988年6月，更名为海南省屯昌县气象局。

管理体制 1958年12月，广东省定昌县气象服务站实行广东省气象局与定昌县人民委员会双重领导，以定昌县人民委员会领导为主。1962年8月，实行广东省海南行政公署气象局与屯昌县人民委员会双重领导，以广东省海南行政公署气象局领导为主。1968年6月，实行广东省海南行政区气象局与屯昌县革命委员会双重领导，以屯昌县革命委员会领导为主。1971年5月—1973年8月，实行屯昌县革命委员会与屯昌县人民武装部双重领导，以屯昌县人民武装部领导为主。1973 年 9 月，实行广东省海南行政区气象局与屯昌县革命委员会双重领导，以屯昌县革命委员会领导为主。1981 年 1 月—1988 年 3 月，实行广东省海南行政区气象局与屯昌县人民政府双重领导，以广东省海南行政区气象局领导为主。1988 年 4 月海南建省，实行海南省气象局与屯昌县人民政府双重领导，以海南省气象局领导为主的体制。

机构设置 1982 年，广东省屯昌县气象局机构设置：办公室、测报股、预报股。1995 年，海南省屯昌县气象局机构改革后设置：办公室、天气监测股、科技服务股。2003 年机构设置：办公室、气象台、防雷技术所、防雷工程公司。2008 年机构设置：办公室、测报股、预报股、防雷技术所、防雷工程部。

单位名称及主要负责人变更情况

<table>
<tr><th>单位名称</th><th>姓名</th><th>职务</th><th>任职时间</th></tr>
<tr><td>广东省定昌县气象服务站</td><td rowspan="2">周传恩</td><td rowspan="2">站长</td><td>1958.11—1959.06</td></tr>
<tr><td>广东省定昌县中心气象站</td><td>1959.07—1959.12</td></tr>
<tr><td>广东省定昌县气象服务站</td><td rowspan="2">文关兰</td><td rowspan="2">站长</td><td>1960.01—1961.05</td></tr>
<tr><td rowspan="2">广东省屯昌县气象服务站</td><td>1961.06—1964.07</td></tr>
<tr><td>蔡文祥</td><td>站长</td><td>1964.08—1968.05</td></tr>
<tr><td>广东省屯昌县革命委员会生产指挥部农林水组</td><td rowspan="2">曾祥文</td><td rowspan="2">指导员</td><td>1968.06—1968.10</td></tr>
<tr><td rowspan="2">广东省屯昌县社会主义农业服务站</td><td>1968.11—1971.04</td></tr>
<tr><td rowspan="3">杨兹蕃</td><td rowspan="2">站长</td><td>1971.05—1971.12</td></tr>
<tr><td>广东省屯昌县气象站</td><td>1972.01—1979.11</td></tr>
<tr><td rowspan="2">广东省屯昌县气象局</td><td>副局(站)长(主持工作)</td><td>1979.12—1981.06</td></tr>
<tr><td>蔡文祥</td><td>副局(站)长(主持工作)</td><td>1981.07—1988.05</td></tr>
<tr><td rowspan="4">海南省屯昌县气象局</td><td rowspan="2">吴清云</td><td>副局(站)长(主持工作)</td><td>1988.06—1992.04</td></tr>
<tr><td>局(站)长</td><td>1992.05—1999.07</td></tr>
<tr><td rowspan="2">林　发</td><td>副局(站)长(主持工作)</td><td>1999.08—2001.04</td></tr>
<tr><td>局(站)长</td><td>2001.05—</td></tr>
</table>

人员状况 1958 年 12 月建站时只有职工 3 人。截至 2008 年底有在编职工 10 人。其中：大学本科学历 3 人，大专学历 3 人，中专学历 2 人，高中学历 2 人；中级职称 3 人，初级职称 6 人；50～55 岁 3 人，40～49 岁 2 人，30～39 岁 3 人，30 岁以下 2 人。党员 7 人(其中退休党员 2 人)，共青团员 2 人。

气象业务与服务

1. 气象业务

地面气象观测 1959 年开始，每天进行地方平均太阳时 02、08、14、20 时 4 次定时观测。观测项目有：云状、云量、能见度、天气现象、气压、气温、湿度、风向、风速、降水、日照、蒸发、地温等。1988 年 10 月 11 日，停止 02 时地面气象观测。

自建站以来，屯昌县气象站曾担负拍发补充绘图报、重要天气报、航危报、加密报等任务。其中，1962 年 4 月 12 日，增加大雨过程报和大风实况报。2008 年 6 月 1 日，增加霾、浮尘、沙尘暴、雾、雷暴、龙卷风、冰雹等重要天气报。

1974 年前后，每天固定 24 小时向海口、陵水、加来、乐东机场及民航等单位拍发航危报。1988 年 10 月 11 日开始，停发每天夜间 21 时到第二天早上 05 时的航危报，夜间不再守班。1999 年 1 月起停止拍发航危报。

1959 年 1 月，开始手工编制 4 份地面气象记录报表（气表-1、气表-2），向国家气象局、省气象局、区气象局上报各 1 份，县气象站留存 1 份。1987 年 3 月起，采用 PC-1500 袖珍计算机编制报表。1994 年 11 月起，采用台式计算机编制报表。

地面遥测自动气象站 2005 年 9 月 1 日，建成 ZQZ-CⅡ$_1$ 型遥测自动气象站，正式投入业务运行，同时实行人工站和自动站双轨运行，自动站与人工站资料并存互为备份，每天 20 时后备份存盘，归档保存上报。自动气象站观测项目有：气压、气温、湿度、风向、风速、雨量、草面温度、0～320 厘米地温。

区域自动气象站网建设 2006—2008 年，全县建成中尺度乡镇自动气象站 13 个、水文自动气象站 1 个、公路自动气象站 1 个。全县建成自动气象监测网，对屯昌县防灾减灾工作发挥了重要作用。

气象信息网络建设 1959 年 1 月 1 日—1988 年 12 月 31 日，气象报文用专线电话报给县邮电局报房，由报房上传给海南行政区气象台。1986 年 1 月 1 日起，使用 PC-1500 袖珍计算机开展地面观测业务和预报应用工具的制作。1989 年 1 月 1 日—1992 年 12 月 31 日，用甚高频电话直接将气象电报传给海南省气象台；1995 年 10 月 1 日，使用台式计算机网络终端发送气象电报至海南省气象台。1995 年 10 月 1 日起，使月信息网络上传数据。1997 年 12 月 8 日，微机终端速率由 2400 比特/秒提高到 9600 比特/秒。2004 年 1 月 1 日，通信网络由 X. 25 专线改为 ADSL 宽带网络。2004 年 12 月 20 日，通信网络由 ADSL 宽带网络改为光纤通信，速率由 1 兆增大到 2 兆。2005 年，开通 OA 网上无纸化办公系统，同年安装使用视频天气会商系统。

天气预报 1959 年开始，每天制作和发布补充天气预报。1960—1984 年，通过收听省、区广播电台的天气广播，绘制简易天气图，结合县站气象资料、群众看天经验和老预报员经验，制作未来 24 小时、48 小时晴雨天气预报，送县广播站广播。1985 年后，通过气象传真机接收天气图、卫星云图，分析资料制作天气预报。1988 年 4 月，安装甚高频对讲机，实现县气象站与区气象台或其他县气象站进行天气会商。

20 世纪 60 年代起，按照广东省气象台和海南行政区气象台发布的旬报、月报和冬春、汛期天气趋势预报，结合县气象站预报工具，编制中、长期天气趋势预报简报，每期印发 9 份，报送各级政府领导、专业服务用户。

2. 气象服务

影响屯昌县的主要气象灾害有热带气旋、暴雨、干旱、低温阴雨、雷暴、龙卷、冰雹等。尤其是热带气旋带来的狂风暴雨对屯昌县人民生命财产危害极为严重。历史上对屯昌县影响最为严重的一次强台风是 1973 年 9 月的第 14 号强台风，其风力为 18 级。9 月 14 日凌晨从琼海登陆后袭击屯昌县，造成全县受灾，全县死亡 12 人、重伤 8 人、轻伤 75 人；房屋全倒塌 1317 间、半倒塌 4092 间；水稻损失 560 公顷，甘蔗损失 473 公顷，杂粮及坡稻损失 1900 多公顷，橡胶树损失达 2000 公顷。

①公众及决策气象服务

当热带气旋影响时，屯昌县气象站依据台站联防机制获取热带气旋有关资料，提前发布各种消息、警报，为县委、县政府和县三防指挥部办公室组织领导群众做好防风救灾工作，当好气象参谋。

1995 年 1 月，建成县级气象信息计算机网络终端系统，及时获取气象传真图、卫星云图、雷达回波图等各种气象信息。1998 年 6 月，开通海南省农业三防气象信息网络系统终端，连接县三防办、农业局，为服务单位提供及时服务。2002 年，县气象局与县电信局合作开通“121”天气预报咨询服务电话，2005 年 1 月升级为“12121”天气预报咨询服务电话。2008 年 2 月，建成灾害性天气警报系统，通过移动通信气象商务短信平台，向全县各级领导和农村应急联系员发送气象短信。2008 年 8 月 1 日，制作乡镇影视天气预报在县电视台播放，及时为社会公众提供天气预报及气象灾害预警信息。

②专业与专项气象服务

人工增雨作业 多年来，屯昌县气象局大力开展人工增雨作业，为屯昌县人民服务。1985 年从 8 月 13—26 日，屯昌县气象局与县“三防”指挥部及高炮部队积极配合，进行了为期 14 天的人工增雨抗旱作业，形成有效降水 156 毫米，较好地缓解了旱情，得到当地群众与县领导的称赞。

防雷技术服务 1995 年 5 月，屯昌县气象局成立屯昌县防雷技术所，开展防雷装置检测和防雷工程设计安装工作。2003 年，成立防雷所和防雷工程公司，将防雷检测与防雷工程设计安装分开管理。县防雷所负责对全县建筑物防雷装置进行检测，防雷工程公司负责防雷工程设计和施工。

③气象科技服务

根据国务院办公厅 1985 年第 25 号文转发国家气象局关于气象部门开展有偿服务和综合经营的报告的通知，屯昌县气象局积极参与推动专业服务和综合经营快速发展，气象专业服务和综合经营有了质的飞跃，经济效益有较大提高，创收收入翻番增长，为气象事业发展提供了有力支撑。

④气象科普宣传

多年来，屯昌县气象局大力宣传气象科普知识，提高广大人民群众防御气象灾害的能力。每年多次在县城中心繁华地区、中小学校等地方进行气象科普宣传。尤其是每年“3·23”世界气象日组织科技宣传，普及防雷知识；每年 5 月海南科技宣传月对气象科普知识进行全面的宣传；每年 6 月的安全生产月重点对防雷安全知识进行宣传。采取街头答询、散发宣传品、挂横幅标语、讲课等多种方式进行宣传。2008 年，屯昌县气象局与屯昌县电视台合作，在县电视台连续一个星期播放气象科普知识宣传材料。

气象法规建设与管理

依法行政 屯昌县气象局加强雷电灾害防护的组织和领导，规范防雷市场的管理，提高防雷工程的安全性，通过县政府法制办出台《屯昌县防雷工程设计审核、施工监督和竣工验收管理办法》，并在全县范围内实施，使防雷行政许可和防雷技术服务逐步规范化。

2004 年 1 月，屯昌县气象局成立了气象行政执法队，有 3 人取得行政执法资格证。经常开展气象行政执法巡查，取缔违法进行防雷施工、施放气球和危害观测环境等行为。

2007 年 3 月，屯昌县气象局进入县行政审批中心，设立气象行政许可服务窗口，对外受理防雷装置工程设计审核、施工监督、竣工验收和施放气球行政审批业务。

政务公开 2004 年，县气象局抓好“两公开、两监督”工作，对气象行政审批程序、服务内容、执法依据、收费标准等，实行户外公示，广泛向社会公开；对干部任用、干部考核、工程招标等通过职工大会、办公系统、局公开栏等向全体职工公开；计划内和预算外经费开支、工资奖金、医疗保险等采取月、季度和年终定期公开。广泛接受干部群众和社会民主监督。2007 年，屯昌县气象局的政务、财务公开工作被海南省气象部门树立为全省气象部门的学习榜样。

党建与气象文化建设

1. 党建工作

党的组织建设 1958 年 12 月—2001 年 2 月，屯昌县气象局没有设立党支部，党员编入县农委党支部管理。2001 年 3 月 29 日，经县机关工委文件(屯工字〔2001〕7 号)批准，设立屯昌县气象局党支部，有中共党员 4 人。截至 2008 年底，县气象局党支部有中共党员 7 人，其中退休党员 2 人。

党风廉政建设 屯昌县气象局不断加强党风廉政建设。从 2001 年成立党支部起，局党支部积极开展廉政建设活动，努力建设文明单位、和谐单位和廉洁单位。通过开展经常性的政治理论、法律法规学习和廉政教育，造就了清正廉洁的干部队伍，锻炼出一支高素质的职工队伍。局负责人签订廉政建设目标责任书，全体党员廉洁自律。

2. 气象文化建设

屯昌县气象局坚持以人为本，弘扬自力更生、艰苦创业精神，深入持久地开展文明创建工作，大力开展文明创建规范化建设，文明创建工作跻身于全省气象部门先进行列。自 2005 年起，县气象局改造观测场，装修业务值班室，统一制作局务公开栏、法制宣传栏；建设网球场、职工活动中心等文体活动场所、丰富了干部职工的业余生活。2008 年，屯昌县气象局加大了气象文化建设步伐，在办公楼走廊、楼梯口等显眼地方悬挂气象名人肖像、名人名言等气象文化作品，营造文化氛围。

3. 荣誉

1989—2008 年，屯昌县气象局获得省部级集体荣誉 5 项。其中：1989 年，屯昌县气象局被海南省气象局评为台风气象保障工作先进单位；2000 年 2 月，被中共海南省委、海南省人民政府授予“海南省 1998—1999 年度创建文明行业先进单位”称号；2000 年 4 月，被海南省气象局授予“1999 年度全省气象部门目标管理先进单位”称号；2007 年，被中共海南省省委、海南省政府授予“2003—2006年度海南省文明单位”称号；2008年，屯昌县气象局被中央精神文明建设指导委员会授予“全国精神文明建设工作先进单位”称号。

1997—2008年，屯昌县气象局个人获得省部级荣誉6人次。

台站建设

自1958年12月建站起，屯昌县气象局干部职工们自始至终把台站当作自己的家，全心全意、积极努力地参加台站建设。历经半个世纪的努力，把屯昌县气象局当初只有1幢6间总面积270平方米的瓦房，建设成面积660平方米的现代化办公楼和面积近千平方米的职工宿舍。建成文化娱乐休闲场所和体育锻炼场地，尤其是现代化的标准网球场。拥有功能齐备、环境优美的局机关大院。

1970年，在军代表的带领下，屯昌县气象站组织人员进山砍木料，多方筹措资金，盖了2幢10间瓦房作职工宿舍。1978年，广东省气象局拨款4万元，建成面积410平方米的3层办公楼。1986年，广东省气象局拨款5万元，县财政配套1万元，建设了二层5套、总面积360平方米的职工宿舍楼，使干部职工的住房条件得到改善。1998年，海南省气象局下拨了5.12万元，用于屯昌县气象局道路硬化、建设排球场和铺设草坪等。2000年，干部职工集资建房，建成1幢三层的职工宿舍楼，较好地解决了干部职工的住房问题，并配套安装了自来水管，解决了气象局长期未能解决的饮水问题。2005年，中国气象局拨款74万元建设新的业务办公楼，面积660平方米。截至2008年底，屯昌县气象局占地面积约1.33公顷，办公楼1幢，职工宿舍3幢，车库1间。

2007—2008年，屯昌县气象局对局大院内的环境进行综合改造，重新修建装饰旧宿舍楼；规划整修道路，硬化了2000平方米路面，其中铺设鹅卵石1000平方米；在大院内铺植草坪，面积约5000多平方米；栽种了风景树，全院绿化率达到75%以上，大院景观仿佛变成了风景秀丽的花园。

1982年的屯昌县气象局观测场全貌

2007年的屯昌县气象局观测场全貌

1979 年建成投入使用的屯昌县气象局办公楼

2007 年 7 月建成投入使用的屯昌县气象局新办公楼

澄迈县气象局

海南省澄迈县位于海南岛西北部，毗邻省会海口市，陆地面积 2067.6 平方千米，海域面积 1100 平方千米，海岸线 37.5 千米，人口 51 万。澄迈建制历史悠久，汉代为苟中县地，属珠崖郡。西汉元封元年(公元前 110 年)建县制，至今已有 2100 多年的历史。澄迈县因有澄江、迈水而得名。位于澄迈县老城的通潮阁是个古渡驿站，唐宋时期琼岛渡海的重要港口，北宋文豪苏东坡等从内地渡海的文人骚客或者贬官罪臣多在此登陆。1892 年，澄迈县城从老城迁往现在的金江镇，1958 年 12 月，澄迈、临高两县合并成立澄迈县，1961 年两县分开恢复澄迈县建制。1990 年以来，澄迈县先后获得全国科技进步先进县、全国双拥模范县、中国果菜十强县、中国果菜无公害科技示范县、中国最具投资价值 20 强经济开发区、中国最佳休闲旅游县、中国长寿之乡等殊荣。

澄迈县属热带海洋性季风气候北缘，受季风影响大，光照充足，高温多雨，雷暴多，台风影响频繁，四季不明显，干雨季分明，干凉同季，雨热同期。一般以每年 11 月—翌年 4 月为干凉季，5—10 月为雨热季。年平均气温 23.9℃，年平均降水量 1785.3 毫米，年雷暴日数最多高达 149 天，居全国之最。

机构历史沿革

历史沿革 澄迈县气象站始建于 1958 年 10 月，同年 12 月 1 日正式开始地面气象观测。站址澄迈县金江镇地坡岭的县拖拉机站附近，位于北纬 19°44′，东经 109°59′，观测场海拔高度 47.0 米，面积为 20 米×20 米，承担国家一般气候站观测任务。由于影响雷暴观测，1961 年 1 月站址迁到金江镇京岭坡，位于北纬 19°44′，东经109°59′，1965 年调整至北纬 19°44′，东经 110°00′，观测场海拔高度 31.7 米；观测场面积 1979 年以前为 20 米×20 米，1980 年改为 25 米×25 米。

澄迈县气象站成立之初为股级单位，单位全称为广东省澄迈县气象站。1959 年 7 月更名为广东省澄迈县中心气象站。1960 年 1 月，广东省澄迈县水文站和广东省澄迈县气象站合并，成立广东省澄迈县水文气象局。1962 年 3 月，气象与水文分开管理，改称广东省澄迈县气象局。1962 年 8 月，调整体制，广东省澄迈县气象局又改为广东省澄迈县气象服务站。1968 年 6 月，成立广东省澄迈县气象服务站革命领导小组，同年 12 月撤销广东省澄迈县气象服务站革命领导小组，恢复广东省澄迈县气象站名称。1981 年 5 月，成立广东省澄迈县气象局，自此时起，县气象站由股级单位升级为县科级单位；县气象局与县气象站实行局站合一的管理模式。1988 年 5 月，改称海南省澄迈县气象局。

管理体制 1958 年 10 月—1962 年 7 月，广东省澄迈县站实行广东省气象局与澄迈县人民委员会双重领导，以澄迈县人民委员会领导为主。1962 年 8 月，实行广东省海南行政公署气象局与澄迈县人民委员会双重领导，以广东省海南行政公署气象局领导为主。1968 年 12 月，实行广东省海南行政区气象局与澄迈县革命委员会双重领导，以澄迈县革命委员会领导为主。1971 年 4 月，实行澄迈县革命委员会与澄迈县人民武装部双重领导，以澄迈县人民武装部领导为主。1973 年 9 月，实行澄迈县革命委员会与广东省海南行政区气象局双重领导，以澄迈县革命委员会领导为主。1980 年 12 月，实行广东省海南行政区气象局与澄迈县人民政府双重领导，以广东省海南行政区气象局领导为主。1988 年 4 月海南建省，实行海南省气象局与澄迈县人民政府双重领导，以海南省气象局领导为主的体制。

机构设置 1981 年 5 月，广东省澄迈县气象局设置地面观测股和预报股。1995 年 10 月，增设防雷技术所。2002 年 12 月，成立防雷工程部。2008 年海南省澄迈县气象局机构设置：办公室、业务股、财务室、防雷技术所、防雷工程部。

单位名称及主要负责人变更情况

<table>
<tr><th>单位名称</th><th>姓名</th><th>职务</th><th>任职时间</th></tr>
<tr><td>广东省澄迈县气象站</td><td>林根全</td><td>负责人</td><td>1958.10—1959.06</td></tr>
<tr><td>广东省澄迈县中心气象站</td><td>陈敬才</td><td>负责人</td><td>1959.07—1960.01</td></tr>
<tr><td rowspan="2">广东省澄迈县水文气象局</td><td>王尚宪</td><td>局长</td><td>1960.01—1961.05</td></tr>
<tr><td rowspan="3">薛殿卿</td><td rowspan="2">副局长(主持工作)</td><td>1960.06—1962.02</td></tr>
<tr><td>广东省澄迈县气象局</td><td>1962.03—1962.08</td></tr>
<tr><td rowspan="2">广东省澄迈县气象服务站</td><td>站长</td><td>1962.08—1966.04</td></tr>
<tr><td rowspan="4">徐道浓</td><td>副站长(主持工作)</td><td>1966.05—1968.06</td></tr>
<tr><td>广东省澄迈县气象服务站
革命领导小组</td><td>组长</td><td>1968.06—1968.12</td></tr>
<tr><td rowspan="5">广东省澄迈县气象站</td><td>副站长(主持工作)</td><td>1968.12—1971.05</td></tr>
<tr><td>站长</td><td>1971.06—1972.06</td></tr>
<tr><td>韦茂义</td><td>指导员</td><td>1972.06—1973.09</td></tr>
<tr><td rowspan="4">刘清香</td><td>副站长(主持工作)</td><td>1973.09—1977.11</td></tr>
<tr><td>站长</td><td>1977.12—1981.04</td></tr>
<tr><td>广东省澄迈县气象局</td><td rowspan="2">副局(站)长(主持工作)</td><td>1981.05—1988.04</td></tr>
<tr><td rowspan="5">海南省澄迈县气象局</td><td>1988.05—1991.12</td></tr>
<tr><td>何义坚</td><td>局(站)长</td><td>1992.01—2003.05</td></tr>
<tr><td>陈　明</td><td>局(站)长</td><td>2003.06—2004.05</td></tr>
<tr><td rowspan="2">陈道松</td><td>副局(站)长(主持工作)</td><td>2004.06—2005.06</td></tr>
<tr><td>局(站)长</td><td>2005.06—</td></tr>
</table>

人员状况 澄迈县气象局(站)始建时有工作人员6人,1978年有13人。2003年机构改革,澄迈县气象局进行了定编定岗,现有在职工作人员11人,其中学历结构为:本科学历3人,大专学历3人,中专学历4人,高中1人;职称结构为:中级职称4人,初级及以下职称7人;年龄结构为:50岁以上4人,30～40岁7人。中共党员7人(其中退休党员2人)。

气象业务与服务

1. 气象业务

地面气象观测 澄迈县气象局(站)建站初期担负着每天3次定时气候观测任务,拍发08、14、20时3次小天气图报。观测的项目有:云(包括云量、云状、云高)、能见度、天气现象、风向、风速、温度、湿度、降水、蒸发、日照、地温等。当时观测采用怀表进行对时,对时方法主要通过收音机和邮局进行。1959年1月,开始编制观测记录月报表。1960年11月11日,开始担负航空观测业务。1961年4月,增加气压观测。1965年,调整为4次定时气候观测任务,拍发24小时航危报。1988年1月1日起,改为拍发08—18时航危报及其他气象报告(如台风、大雨报等)。1988年10月,调整为3次定时观测,夜间不守班。

地面遥测自动气象站 21世纪初,县级气象现代化建设开始加快。2003年下半年,澄迈县气象局建成AMS-Ⅱ型遥测自动气象站。2004年1月1日,自动气象站开始试运行,实行自动站和人工站双轨运行,以人工站为主,2006年1月1日自动站正式投入业务运行。自动气象站观测的项目有:气压、气温、湿度、风向、风速、降水、地温等,观测项目全部采用仪器自动采集、记录,替代了人工观测。

区域自动气象站网建设 澄迈县中尺度乡镇自动气象站从2006年开始陆续建设。2006年1月,在桥头镇红山农场建成第一个中尺度乡镇自动气象站,观测项目有温度、降水、风向、风速4个要素;之后,分别在老城、大丰、福山、中兴、仁兴、加乐、文儒、瑞溪及永发等10个乡镇建成了9个四要素站和4个五要素站(增加湿度)共13个中尺度乡镇自动气象站。

海洋气象站和气象哨建设 1959年9月,广东省气象局派员在澄迈县桥头镇玉苞港建立海洋水文气象站。1966年1月,根据中央和国务院关于成立国家海洋局的指示,玉苞港海洋水文气象站移交给国家海洋局南海分局。1961年,澄迈县第一个气象哨在中兴镇墩雅水库建成。1971—1972年,先后在中兴镇小学、美亭水库、南方水库和加潭水库建立气象哨,1974—1975年,又分别在太平、山口、仁兴、加乐、文儒、石浮、福山、白莲、老城、马村、长安、瑞溪、新吴、永发和县农科所建立气象哨,形成了覆盖全县各乡镇和国营农场的澄迈县气象监测网。1978年以后,因经费和其他原因,大部分气象哨陆续停办,至今仅剩下福山镇红光农场保留专职气象观测人员进行气象观测。

农业气象观测 1962年3月,澄迈县气象局(站)开始农业气象观测。观测点一直设在金江镇钟寨生产队的田地里。1966年2月—1977年2月,农业气象观测因故停止。1977年3月—1978年6月,又短暂恢复农业气象观测,观测点移到白莲农科所。主要观测项目有:水稻和甘蔗生育期、土壤湿度及小气候观测,编制农作物物候观测记录、农作物受灾害天气或病虫害危害记录和农作物产量分析记录等报表。1984—1985年开展农业气候调查及农业气候区划工作，编写了《澄迈县农业气候区划》。

气象信息网络建设 澄迈县气象局(站)所用的观测仪器、通讯设备均由海南行政区气象局配发。1971年，更新了测风仪器，以EL型电接风向风速仪代替了维尔达风压器。1985年，配备了PC-1500袖珍计算机和甚高频电话。1986年，配备了气象传真接收机和气象警报接收机，开始接收我国和日本的数值天气预报广播。1998年，开始组建和使用分组交换局域网，2004年网络通信改为宽带网。2005年初，开始使用光纤网传输数据，速率由1兆比特/秒升级为2兆比特/秒。2005年1月，开通OA网上无纸化办公系统；同年3月，安装视频天气会商系统。

天气预报 澄迈县气象局(站)的天气预报始于1958年，当时称作"单站补充天气预报"，时限为24～72小时。1959年以后才开展长期天气趋势预报，1962—1980年增加农业气象业务。2004年，因预报业务技术体制调整，由海南省气象台集中制作发布各市县短期天气预报；2008年7月，调整为市县气象局对海南省气象台发布的短期天气预报进行订正。

建站初期，澄迈县气象局(站)主要通过利用单站气象要素时间剖面图进行分析，邀请有看天经验的老农交流经验以及结合当地天物象特征，制作天气预报。20世纪80年代起，通过气象传真接收机和气象警报接收机接收中央气象台和省气象台的数值天气预报广播，再结合本地气象资料、天气过程的周期变化，运用天气谚语、韵律关系等方法，制作当地补充订正天气预报。同时，利用灾害性天气个例和概率统计、气象要素的相关系数等，通过效果检验，建立一套中长期预报的特征指标和方法，这套预报方法一直沿用下来。20世纪90年代后，依托气象卫星、新一代天气雷达等先进探测手段，利用MICAPS业务系统调取各种气象资料制作天气预报。

2. 气象服务

①公众气象服务

建站初期，主要通过县有线广播发布公众天气预报。20世纪80年代中期，配备甚高频电话、气象传真接收机和气象警报接收机，开始使用预警系统对外开展服务。1999年7月，开通"121"天气预报自动咨询电话服务。2003年在澄迈县电视台开设《澄迈县天气预报》栏目，每天《澄迈新闻》栏目后以文字滚动加上配音的方式，播发澄迈县未来48小时天气预报，内容包括天气状况、温度及风向风速等。2007年8月，通过移动通信网络开通气象手机短信平台，以手机短信方式向全县各级领导发送气象信息；同年11月，建立澄迈县气象局门户网站，对外发布气象信息。

②决策气象服务

21世纪前，主要针对台风、干旱和低温阴雨等灾害性天气开展决策气象服务，这项工作得到澄迈县委、县政府和各部门领导的重视，并拓展到重要节日(如春节、国庆、元旦和龙水节等)、重要会议、庆典和高考等活动，服务领域涉及农业、工业、交通、旅游等各行各业。

2005年9月26日，超强台风"达维"登陆海南省万宁市，澄迈县出现极大风速30.4米/秒，24小时最大降水量149.1毫米。在"达维"影响期间，9月23—27日，澄迈县气象局多次发布紧急天气报告、警报，并先后发出台风黄色、橙色、红色预警信号，同时以电话、短信形式及时向县领导汇报，为澄迈县提前做好防风、防汛准备工作提供了科学依据。

③为反季节瓜菜生产服务

澄迈县是全国果菜十强县之一，全县种植有1.07万亩反季节瓜菜。20世纪90年代起，澄迈县气象局(站)每年都为反季节瓜菜提供优质的气象服务，除了以一周农业气象情报、专题天气预报和气象信息快报等书面方式提供给县领导和县农业局外，遇到低温、干旱、台风、强降水、大风等灾害性和转折性天气时，还提前以电话、传真、手机短信和专报等方式及时向县领导和农业局报告，最大程度地确保澄迈县反季节瓜菜的产量和营销。

④专业与专项气象服务

防雷技术服务 根据海南省人事劳动保障厅、海南省消防总队、海南省气象局联合印发《关于发布〈海南省防雷安全管理暂行办法〉的通知》(琼人劳〔1995〕45号)文件精神，澄迈县气象局从1995年下半年成立防雷技术所并开展防雷检测、安装和整改业务。当时澄迈县技术监督局质检站也开展该项业务，直至2002年1月1日《海南省实施〈中华人民共和国气象法〉》颁布施行，澄迈县技术监督局质检站才逐渐停止该项业务。2002年底，对防雷业务进行调整，澄迈县防雷检测、图纸审核和竣工验收由澄迈县气象局组织管理，防雷装置整改、安装由有资质的防雷公司进行施工。

20世纪90年代，澄迈县气象局没有固定防雷工作人员，2002年后，防雷队伍逐渐固定并向专业化发展，每年都依法对全县区域内的防雷装置进行年度检测，并受理防雷图纸审核、竣工验收等事项，取得了很好的经济和社会效益。

人工增雨作业 澄迈县每年都会出现不同程度的干旱。20世纪90年代前，澄迈县人工增雨作业大都采用部队退役“三七”高炮作业方式，2003年之后改为车载火箭流动作业方式。特别是2002年在加乐、山口镇开展高炮作业，2003—2005年和2007年采用车载火箭方式进行作业，均取得很好的效果。

2003年开展人工增雨后，解救澄迈县受旱的水稻2834.73公顷，1162.6公顷水稻恢复耕作插秧。8月2日人工增雨后福山镇的一位老农说：“有了人工增雨，以后种瓜菜就不用再愁水了。”2003年出版的《中国气象报》总1281期充分报道了此次人工增雨作业取得的良好效果。

2005年澄迈县遭受严重干旱，加潭、南方、促进、美亭4大水库的总蓄水量仅为704万立方米，实施火箭增雨作业结束后，总蓄水量增加到1465万立方米；九龙水电站在增雨作业前因水位过低只有1台机组发电，实施火箭增雨作业结束后，4台机组均能正常发电。为此，海南电视台《阳光无限》栏目对2005年澄迈县人工增雨作业过程进行了跟踪拍摄，并制作了抗旱专题报道《追云增雨的气象人》。

⑤科普宣传与科研成果

21世纪前，澄迈县的气象科普宣传主要以悬挂横幅为主，之后内容和形式逐渐多样化，除了悬挂横幅，设立开放日、科普知识咨询以及图片巡展到乡镇外，还深入企业、学校举办防雷知识专场讲座以及通过广播电视、互联网站和报纸刊物进行宣传等。2004年9月，澄迈县科协、澄迈县科技局在澄迈县气象局建立“科普教育基地”。基地实行定期和不定期开放，主要向参观者展示了气象卫星接收系统、全国可视天气会商系统、全省气象部门办公自动化系统以及地面遥测气象站等现代化成果，至今已接待参观者8000多人，包括行政领导、各中小学校长、教师、学生等，使气象知识深入人心，让气象科技走向社会。

1985 年以来，澄迈县气象局先后获得科技进步成果奖 1 项、优秀学术论文奖 4 项。其中，徐济天主持的《澄迈县农业气候规划》，获得 1985 年海南行政区科学技术进步奖先进集体奖。王佩芸撰写的《0308 热带风暴“天鹅”影响过程分析》，被海南省气象学会评为 2003 年优秀气象科技论文成果奖二等奖。林萍撰写的《热带气旋进入北部湾海面与相应降水的关系》，被海南省气象学会评为 2005 年优秀气象科技论文成果奖三等奖。黄明旺撰写的《海南省澄迈县雷暴气候特征及其灾害防御》，被海南省气象学会评为 2007 年优秀气象科技论文成果奖三等奖。陈道松撰写的《一次“低温阴雨”天气过程分析及预报检验》，被海南省气象学会评为 2008 年优秀气象科技论文成果奖三等奖。

气象法规建设与管理

依法行政 为加强雷电灾害防御的依法管理工作，2003 年 5 月，澄迈县气象局成立气象行政执法分队。执法分队由取得海南省行政执法资格的人员组成，每月进行气象执法巡查。2003—2008 年，执法分队共制止 2 起因建房破坏观测场探测环境的行为，对 8 起无证施放气球行为的广告公司进行执法，制止 6 起无防雷工程施工资质资格而进行防雷施工的违法行为，对 4 家酒店向社会发布公众气象预报的违法行为进行执法。

2004 年 4 月 9 日，澄迈县政府召开 2004 年澄迈县安全生产和消防工作会议，会议上明确了澄迈县气象局是澄迈县防雷工作职能主管部门。会后，澄迈县政府办公室印发了《关于认真做好 2004 年全县雷电灾害防御和防雷装置安全性能检测工作的通知》(澄府办〔2004〕6 号)，要求各单位积极配合气象主管部门做好防雷装置安全性能检测工作。之后的每年 4 月前，澄迈县政府都印发相应的文件给全县各单位，部署做好防雷装置安全性能检测工作。2006 年 3 月，澄迈县气象局在澄迈县行政审批中心设立气象窗口，开展气象行政许可审批工作。行政许可审批项目有防雷装置设计审核、防雷装置竣工验收、施放气球活动审批和大气环境影响评价使用气象资料审查等 4 项。

政务公开 从 2003 年开始，及时将财务收支、干部任免、工程招投标、奖金福利、目标考核、基础设施建设、职称申报、干部职工休假等重要事项通过内部网、全局会议或公开栏进行对内公开；同时将气象行政审批办事流程、气象服务内容、气象行政执法依据、服务收费依据和标准等，通过网络、公众媒体等向社会公开。公开形式和内容也不断丰富和完善。

2007 年，澄迈县气象局被海南省气象局评为“两公开工作质量考评一档单位”。

党建与气象文化建设

1. 党建工作

党的组织建设 澄迈县气象局(站)在 1969 年 11 月以前仅有党员 1 人，组织生活编入澄迈县农村部(后改名为县农办)党支部；1969 年 11 月有党员 2 人，组织生活编入澄迈县武装部党支部；1971 年下半年，成立澄迈县气象局党支部，有党员 4 人。2002 年后，澄迈县气象局党支部归澄迈县农业局党委直接领导。

截至2008年底，澄迈县气象局党支部有党员7人，含退休党员2人。澄迈县气象局党支部曾被中共澄迈县委直属单位工作委员会评为2005—2006年度“先进党支部”。何义坚、徐庆义、王录雄3人先后7次被中共澄迈县直属单位工作委员会评为“优秀党员”。

党风廉政建设 澄迈县气象局自觉加强党风廉政建设，每年都把党风廉政工作列入党支部重要工作议程，制定并落实党风廉政建设目标责任制。

2. 气象文化建设

澄迈县气象局始终把领导班子自身建设和干部职工思想建设作为气象文化创建的重要内容。通过领导干部带头学、带头讲、带头做的方法，造就了清正廉洁的干部。通过选送干部职工参加在职学历教育和业务培训、远程学习等方式，使职工素质得到明显提高。

文明创建阵地建设和开展文体活动也是澄迈县气象局文化建设的一项重要内容。2001年，澄迈县气象局被海南省文明办、海南省气象局评为“1999—2000年度县级文明单位”。2006年，澄迈县气象局调整精神文明建设领导小组，重新制定澄迈县精神文明建设实施方案，2008年又制订精神文明建设工作计划。2007年新办公大楼落成后，先后设立了科普宣传栏、廉政建设宣传栏、气象人愿景词、学习园地、两公开宣传栏、图书室等，并进行局大院道路改造以及大院的绿化美化，使职工的工作和生活环境明显改善。同时，积极开展文体活动，联合海南省福山油田勘探有限公司、澄迈县羽毛球协会等单位，开展篮球、羽毛球等一系列文体活动；联合屯昌、琼中、五指山、白沙等市县气象局组成中部代表队，联合临高、儋州、昌江、东方等市县气象局组成西部代表队，分别参加了海南省气象部门第一届、第二届篮球比赛，干部职工精神面貌积极向上。

3. 荣誉

1990—2008年，澄迈县气象局获得县处级以上集体荣誉12项。其中，1996年度被海南省气象局评为“汛期气象服务先进集体”；2003年度被海南省气象局评为“全省气象部门目标管理先进单位”；2007年度被澄迈县委、县政府授予“十佳扶持农村薄弱学校先进单位”称号；2003—2008年连续六年被澄迈县委、县政府度授予“澄迈县安全生产先进单位”称号。

1990—2008年，澄迈县气象局个人获得县处级以上个人荣誉33人次。

台站建设

1961年，澄迈县气象局(站)搬到现址时，在距观测场北面约80米处建设有总面积60平方米的5间小瓦房，其中1间为办公值班室，1间为仓库，另3间为职工宿舍。1974年，筹资6983元建成大院围墙。1979年，筹资3.19万元建成1幢二层砖混结构，总面积为318平方米的办公楼。1986年和1988年先后筹资4.2万元和6.9万元建成北面、南面两幢各4套职工宿舍楼，每套约70平方米。2006年，利用中国气象局项目资金，拆除北幢宿舍楼，在其原址上建设2层新办公楼、总面积693平方米，总投资约110万元，2007年7月建成投入使用。截至2008年底，县气象局大院实施了综合改造，基本实现了道路硬化，环境美化的目标。

澄迈县气象局大院呈长方形，总面积为 7248.78 平方米。局大门在大院的西南面，观测场在大院的南面，面积为 25 米×25 米；大院的东北面为新办公楼，大院西北面为职工住宿楼建设的预留空地；大院的中间为两幢两层楼房，东幢为旧办公楼，西幢为职工住宿楼；大院四周为 2.2 米高的围墙。

20 世纪 70 年代以前的澄迈县气象站办公和居住用瓦房

1971 年建成并投入使用的澄迈县气象局办公楼

20 世纪 70 年代的澄迈县气象站观测场全景

2007 年综合改造后的澄迈县气象局全景

2007 年建成并投入使用的澄迈县气象局新办公楼

临高县气象局

海南省临高县位于海南岛西北部，东邻澄迈县，西南与儋州市接壤，北濒琼州海峡。陆地面积 1317 平方千米，人口 46.74 万。境内的临高角是 1950 年 4 月中国人民解放军打响解放海南战役的突袭渡海登陆目标地。临高县风土人情独特，被评为"全国民间艺术之乡"，渔歌"哩哩美"和人偶戏被列为中国民间艺术的瑰宝。

临高，古名富罗、临机，早在秦时属象郡。隋炀大业三年（公元 607 年）始建县，县名毗善县，属珠崖郡。唐武德五年（公元 622 年）改名富罗县，属儋州，同年撤富罗县，设置临机县。唐玄宗开元元年（公元 713 年）更名临高县。1958 年 11 月，临高县和澄迈县合并为金江县。1961 年 5 月恢复临高县建制。

临高县属热带海洋性季风气候，阳光充足，季风明显，气温高，雨量充沛。年平均日照时数 2095.6 小时，年平均气温 23.7℃，年平均降水量 1431.0 毫米。主要气象灾害有热带气旋、暴雨、干旱、低温阴雨、雷暴等。

机构历史沿革

历史沿革 1958 年 12 月，始建广东省临高县气象服务站，为股级单位，属于国家一般气象站。站址位于广东省临高县城西郊华新岭，观测场位于北纬 19°55′，东经 109°40′，海拔高度 52.3 米。1959 年 7 月，广东省临高县气象服务站被撤销，合并入澄迈县。1961 年 5 月，澄迈与临高分开设县，气象站迁返临高县城西郊华新岭原址，改名为广东省临高县水文气象站。1961 年 12 月，因原址交通不便且距离县城较远，不便于开展气象服务，同时生活环境差，经中共临高县委批准，站址迁往距原址偏东方向约 3 千米的县城东郊，位于北纬 19°54′，东经109°41′，地面观测场面积为 25 米×25 米，海拔高度 31.0 米。1962 年 3 月，中共临高县委组织部通知水文与气象分开，撤销临高县水文气象站，设立临高县气象站。1970 年 3 月，更名为广东省临高县农林水战线革命委员会气象站。1971 年 5 月，改称广东省临高县气象站。1980 年 6 月，中共临高县委组织部通知成立临高县气象局，为科级单位。1988 年 4 月海南建省，1988 年 6 月更名为海南省临高县气象局。

管理体制 1958 年 12 月—1959 年 6 月，广东省临高县气象服务站实行广东省气象局与临高县人民委员会双重领导、以临高县人民委员会领导为主。1959 年 7 月—1961 年 4

月，广东省临高县气象服务站被撤销。1961 年 5 月—1962 年 7 月，实行广东省气象局与临高县人民委员会双重领导，以临高县人民委员会领导为主。1962 年 8 月—1969 年 10 月，实行广东省海南行政公署气象局与临高县人民委员双重领导，以广东省海南行政公署气象局领导为主。1969 年 11 月—1971 年 3 月，实行广东省海南行政区气象局与临高县革命委员会双重领导，以临高县革命委员会领导为主。1971 年 4 月—1973 年 8 月，实行临高县革命委员会与临高县人民武装部双重领导，以临高县人民武装部领导为主。1973 年 9 月—1980 年 5 月，实行临高县革命委员会与广东省海南行政区气象局双重领导，以临高县革命委员会领导为主。1980 年 6 月—1988 年 4 月，实行广东省海南行政区气象局与临高县人民政府双重领导，以广东省海南行政区气象局领导为主。1988 年 5 月，实行海南省气象局与临高县人民政府双重领导，以海南省气象局领导为主的体制。

机构设置 1980 年 6 月，广东省临高县气象局机构设置：测报股、预报股、农气股。1995 年 10 月，海南省临高县气象局增设防雷技术所。2002 年 10 月，成立防雷工程公司。2006 年 1 月机构设置：办公室、业务股、防雷技术所。2008 年 1 月机构设置：办公室、预报测报股、防雷技术所。

单位名称及主要负责人变更情况

单位名称	姓名	职务	任职时间
广东省临高县气象服务站	不详	站长	1958.12—1959.06
广东省临高县水文气象站	李光志	站长	1961.05—1962.02
广东省临高县气象站			1962.03—1968.09
	云婉婷(女)	负责人	1968.09—1970.03
广东省临高县农林水战线革命委员会气象站	黄守清	站长	1970.03—1971.04
广东省临高县气象站	云婉婷(女)	副站长(主持工作)	1971.05—1973.11
	李光志	站长	1973.12—1978.11
	云婉婷(女)	副站长(主持工作)	1978.11—1979.12
	刘付忠	站长	1979.12—1980.06
广东省临高县气象局		副局(站)长(主持工作)	1980.06—1984.11
	林先学	副局(站)长(主持工作)	1984.11—1985.03
	刘付忠	局(站)长	1985.03—1988.06
海南省临高县气象局			1988.06—1989.10
	林先学	副局(站)长(主持工作)	1989.10—1993.12
	符笃书	局(站)长	1993.12—2002.06
	邱冠坚	副局(站)长(主持工作)	2002.07—2003.05
	羊红真	局(站)长	2003.06—2005.11
	邱冠坚	局(站)长	2005.11—

注：1959 年 7 月—1961 年 4 月，广东省临高县气象服务站被撤销。

人员状况 1958 年，临高县气象服务站建站初期只有 5 人。1978 年底增加到 8 人。截至 2008 年底，编制 11 人，在编职工 9 人。其中 5 男 4 女，均为初级职称。本科学历 3 人，专科学历 3 人，中专学历 2 人，高中毕业 1 人。年龄结构为：30 岁以下 1 人，30～40 岁 5

人,40～50 岁 1 人,50 岁以上 2 人。中共党员 6 人(含退休党员 3 人),预备党员 1 人。

气象业务与服务

1. 气象业务

地面气象观测　1959 年 1 月 1 日—2008 年 12 月,临高县气象站每天进行 08、14、20 时 3 次定时地面气象观测。观测项目有:云、能见度、天气现象、气压、气温、湿度、风向、风速、降水、日照、蒸发、地温等。从 1962 年 1 月 1 日开始,每天 08、14、20 时 3 次拍发小天气图报。

1970 年,临高县气象站开始承担航危报任务,每小时 1 次向有关机场编发固定或预约的航空报。观测项目为:云、能见度、天气现象、气压、气温、风向、风速等。当出现危险天气现象时,拍发危险报。2002 年 1 月 1 日起,不再担负航危报任务。

1983 年 11 月,广东省气象局下文增加降水、瞬间大风、龙卷风、冰雹等重要天气报。2008 年 6 月,海南省气象局下文增加霾、浮尘、雾、雷暴等重要天气报。由县气象站不定时观测发报。

在热带气旋影响期间,根据省气象局要求拍发每小时 1 次的补充地面气象天气报告。

1962 年 1 月—1988 年 12 月,气象报文用专线电话报给县邮电局报房,再由报房电话报给海南气象台。1989 年 1 月—1992 年 12 月,用甚高频电话直接上报给海南省气象台。1995 年 1 月之后,使用计算机网络终端发送给海南省气象台。

1962 年 1 月,开始手工抄写编制 3 份气表-1,4 份气表-21,向国家气象局、省气象局、区气象局各报送 1 份,县站留存 1 份。1986 年 1 月,使用 PC-1500 袖珍计算机编制报表。1996 年,使用台式计算机进行编制报表。

海洋气象站与气象哨　20 世纪 60 年代,在新盈港建成 1 个海洋气象观测站。20 世纪 70 年代初期,在临高县境内建成 10 个气象哨,同时组建 20 名气象员的队伍,承担地面气象观测和预报任务;后来因人员、经费不足等原因,于 20 世纪 70 年代末陆续停止运行。

地面遥测自动气象站　2004 年 1 月 1 日,临高县气象站建成 ZQZ-C$Ⅱ_1$ 型遥测自动气象站,开始利用自动站资料编发报,同时保留人工站平行观测,自动站资料与人工站资料并存互为备份。

区域自动气象站网建设　2005 年 12 月,在临高县临高角建成第一个中尺度乡镇自动气象站;截至 2006 年底,全县完成 15 个中尺度乡镇自动气象站的建设任务。

气象信息网络建设　1985 年 5 月,临高县气象站安装气象传真通信设备,开始接收 500 百帕、700 百帕、850 百帕高空图、地面图、日本传真图等;1995 年 1 月,建成县级业务系统计算机网络终端,实现气象传真图、卫星云图、雷达回波图等各种气象信息的及时调阅。1996 年,实施计算机网络传输气象电报业务。2003 年 12 月,建成县气象局至县电信局的 2 兆光纤网络专线。2005 年 1 月,开通 OA 网上无纸化办公系统;同年 3 月,安装视频天气会商系统。

天气预报　自 1958 年建站以来,临高县气象站每天制作补充天气预报。主要通过收听大台广播,结合县站气象资料、群众看天经验和老预报员经验,制作未来 24 小时、48 小时晴雨天气预报，送县广播站广播。1985年后通过气象传真机接收传真图和卫星云图。1986年1月，PC-1500袖珍计算机投入预报统计工作，并应用于中长期和短期预报业务；同年，安装甚高频对讲机，实现县气象站与区气象台天气会商。1994年起，使用计算机终端接收传真图和卫星云图，期间台式计算机的投入使用，大大提高了预报业务水平。2005年，通过视频天气会商系统与省气象台开展天气会商，并利用MICAPS(气象信息综合分析处理系统)制作天气预报。

临高县气象站根据省气象台和区气象台发布的旬报、月报和冬春、汛期预报情况，结合县气象站预报工具和老预报员经验，制作中、长期天气趋势预报简报，分别送给各级政府领导、农场和专业服务用户使用。

2. 气象服务

热带气旋是影响临高县最严重的气象灾害，平均每年有4.3个热带气旋影响临高县，1971年、1973年最多达到7个。自1958年建站以来，临高县气象局(站)依托气象现代化建设，加强气象监测、预报、预测，努力提高气象服务水平和经济社会效益。

①公众气象服务

1962年，临高县气象局(站)与县广播电台协作播放临高天气预报，每天向公众发布未来24小时、48小时天气预报和不定时发布重要性、关键性、灾害性天气预警信息。1992年4月，安装15瓦单边带电台1部，用于海洋渔业服务；1998年7月，建设三防信息服务系统。1999年7月，县气象局同电信局合作正式开通“121”天气预报自动咨询电话。2005年1月升级为“12121”天气预报自动咨询电话。2007年6月建成临高县兴农网，实现农副产品价格信息及农业新闻上网；同年12月，建成临高县气象局气象信息服务网站。2008年11月，在全县11个乡镇组建由11人组成的灾害信息员队伍，担负当地各类气象灾情收集上报工作。

②决策气象服务

1958年建站以来，临高县气象局(站)为地方各级党政领导提供重要性、灾害性天气信息服务及节假日、重大活动等决策气象服务。2006年6月底，在临高县政府网站增设“天气预报”服务专栏。2008年初，启用海南省气象灾害预警短信平台向各级领导干部发送手机预警信息。

2003年，在台风“科罗旺”影响期间，临高县文澜江江水猛涨，威胁到两岸低洼地带的居民。在决定是否从临高新盈港调船撤离灾民的关键时刻，县气象局准确预报天气形势，向县政府建议两岸居民不需要撤离，避免了巨大经济损失。

在2005年超强台风“达维”的影响过程中，县气象局提前5天发布热带风暴消息，提前2天发布台风警报，提前1天发布台风紧急警报并准确预报了台风登陆位置，共向各级领导发布手机短信1300条，通过广播电视发布台风信息共计38次，台风信息载入政府网站总计38次。气象服务工作受到县委、县政府领导的好评。

③农业气象服务

临高县气象局(站)没有农业气象观测任务，但积极开展农业气象服务并且取得显著成果。1976年，完成《水稻气候条件与耕作改制》技术研究；1984年1月，完成全县农业气候区划工作；2005年1月1日，开展土壤湿度观测和水库水情监测工作。

④专业与专项气象服务

气象专业有偿服务 临高县气象局(站)从1985年开始推行气象有偿专业服务。主要为全县各乡镇(场)或相关企事业单位提供生产需要的中、长期专题天气预报和气象资料,一般以旬天气预报为主。1989年,签订的专业有偿服务合同达到15份。

人工增雨作业 临高县气象局(站)先后于1980年、1988年、1995年、1996年、2000年、2002—2007年等年份在临高县境内实施人工增雨作业,增雨效果明显。如:2006年6月2日—7月10日,共开展了7次人工增雨作业,有效地缓解了全县的旱情。

防雷技术服务 1996年11月,成立临高县防雷技术所,开展防雷装置检测和防雷工程设计安装工作。2002年10月,成立防雷所和防雷工程公司,将防雷检测与工程设计安装分开进行管理。

⑤气象科技服务

2006年9月,成立临高气象科技服务中心。2006年12月和2007年12月,县政府分别发出书面表扬函件和《关于通报临高县气象局工作的函》(临府办〔2007〕56号),表扬气象局在年度气象服务、人工增雨和防雷安全工作中的突出贡献和成绩。

⑥气象科普宣传

以多种方式开展"3·23"世界气象日、防雷安全宣传月、科技活动月和安全生产月等大型宣传活动。

气象法规建设与管理

依法行政 临高县气象局(站)主要从加强宣传教育、开展调查工作和加大气象执法力度3方面入手,强化气象探测环境保护、施放气球活动及防雷安全工作的职能管理。临高县气象局重点加强雷电灾害防御的依法管理工作。2004年2月,成立临高县气象局气象行政执法队,有3人取得行政执法证,2007年气象执法队伍发展到6人。2005年、2007年先后两次发函至临高县国土环资局、县住房与城市建设局等部门进行探测环境保护备案。2002年10月,临高县政府办公室转发《县建设与环境资源局、县气象局关于加强全县新建、扩建、改建建(构)筑物防雷装置管理工作意见的通知》;2006年3月和7月,县政府分别下发《关于做好2006年全县防雷装置安全性能检测工作的通知》和《关于进一步加强防雷装置设计审核和竣工验收工作的通知》,大力推动了防雷安全检测、设计审核及竣工验收工作。2007年10月,在临高县政务服务中心设立气象行政审批窗口,承担防雷工程图纸设计审核、竣工验收和施放气球等气象行政审批工作。

政务公开 2004年起,开展气象部门"两公开,两监督"工作,实行财务和政务公开,坚持重大、重要事项集体讨论决定,并通过网络、宣传栏等方式向群众公开。

党建与气象文化建设

1. 党建工作

党的组织建设 1958—1969年,广东省临高县气象服务站党的建设情况不详。1970

年，临高县气象站仅有3名党员，没有成立党支部，党员编入县人民武装部党支部。1973年，成立临高县气象站党支部，有党员3名。1981年1月，党员发展到4名。截至2008年底，中共临高县气象局党支部共有党员6名(含退休党员3名)，预备党员1名。

2007年6月，临高县气象局被临高县委授予“先进党支部”称号。2007—2008年，邱冠坚同志连续两年被评为县优秀共产党员。2008年5月，四川汶川大地震发生后，县气象党支部发动广大党员捐款抗震救灾4次，共计人民币2500元。

党风廉政建设 临高县气象局重视党员的思想教育和廉政建设，将党风廉政工作列入党支部工作议事日程。通过成立领导小组、制定年度工作计划、签订年度廉政责任书、开展廉政文化活动等方式，加强反腐倡廉工作。2003年以来，先后制定了业务、财务、气象服务、专业技术岗位考核、领导班子重大问题议事规则、党风廉政建设责任追究制度等30余项规章制度。

2. 气象文化建设

1980年以来，临高县气象局重视实施“两个文明”建设，通过抓好思想作风教育、建立健全规章制度、推进民主科学管理、提供优质气象服务、培育高素质人才、优化工作生活环境、丰富员工精神生活等举措，发扬“自力更生、艰苦创业”精神，深入开展文明创建工作。

2003年，临高县气象局提出“内强素质，外塑形象”创建目标口号，成立以局长为首的精神文明创建工作领导小组，把精神文明建设列入气象事业发展规划。同年，对气象局大院进行大规模环境整治，铺设水泥道路。

2006年新建干部职工文娱室“职工之家”，集餐饮、文化活动为一体，增设乒乓球桌、图书阅览室等，同时，发动干部职工动手兴建篮球场、制度上墙等。

2007年，临高县气象局与多文镇头龙村结成城乡文明共建对子。每年不定期组织干部职工及家属开展歌咏、象棋、排球、篮球、乒乓球等各类文体比赛活动。

1982年12月，临高县气象局被海南行政区气象局评为“两个文明”建设先进集体。2005年12月，临高县气象局被评为临高县精神文明建设先进单位。2007年6月，临高县气象局被海南省委、省政府授予“海南省2003—2006年度文明单位”称号。

2006年6月，临高县气象局全体干部职工建设新篮球场

2006年11月，海南省文明委和临高县文明办领导到县气象局考评2003—2006年度精神文明创建工作

3. 荣誉

集体荣誉 1958—2008年，临高县气象局(站)获得县处级以上集体荣誉12项。其中，1964年被广东省人民委员会授予“先进单位”称号；1991年9月、1996年11月分别被中共临高县委、县政府授予“抗风救灾先进单位”称号；1996年被海南省气象局授予“汛期气象服务先进集体”称号，获一等奖；2005年，被中国气象局授予气象部门“气象部门局务公开先进单位”称号；2006年、2007年连续两年荣获“海南省气象部门目标管理优秀达标单位”称号。

个人荣誉 1958—2008年，临高县气象局(站)个人获得县处级以上个人荣誉9人次。

台站建设

1961年，临高县气象站仅有1幢瓦房共7间、面积约144平方米，其中1间为办公房，其余6间为职工宿舍。1976年，广东省海南行政区气象局拨款3万多元兴建1幢约100平方米的办公楼。1979年，兴建宿舍楼1幢，面积约460平方米。1995年，干部职工集资兴建职工宿舍楼1幢三层面积共540平方米，1998年竣工。2005年，申请海南省气象局出资修建职工厨房5间。

1983年，临高县气象局占地面积2820平方米。1992年9月，征用气象观测场东面、南面、西面3面的土地共7800平方米并按红线范围修建围墙。

2005年底，为解决历史遗留问题，保护探测环境，向海南省气象局提出迁站请示并得到同意。2008年4月17日，县政府召开十三届第二十九次常务会议，决定同意县气象局采取土地置换方式，整体搬迁到位于二环路江南小区(临城镇多莲村旁)政府储备地进行重建，新址建设用地为1.47公顷。

截至2008年底，临高县气象局台站搬迁重建工作已逐项落实项目备案立项、用地规划许可、台站规划设计及业务楼报建等手续，完成了700米新址围墙建设、100米深钻井、200米高压线路迁移、80千伏安变压器安装等项目。

1983年的临高县气象站观测场全景

2007年的临高县气象局观测场全景

昌江黎族自治县气象局

海南省昌江黎族自治县(简称昌江县)位于海南岛西北偏西部,是海南岛建制较早的郡县之一。西汉元封元年(公元前110年)即建至来县,后称昌化。民国三年(1914年),昌化县改名昌江县。1950年5月,昌江、感恩县解放,成立昌感县。1958年12月,国务院批准将昌感、东方、白沙三县合并为东方县。1962年5月,复立昌江县。1987年11月,国务院批准撤销昌江县,设立昌江黎族自治县。全县面积1596平方千米,海岸线52.2千米,辖7镇1乡,总人口24万,其中黎族人口9万多,约占全县人口的37%。境内有大小河流14条,是海南省最大的天然林区之一,矿产资源丰富,主要有铁、铜、钴、金等,其中最著名的是被称为"宝岛明珠"的海南露天铁矿。

昌江县地处热带北缘,属于典型的干湿交替的热带季风气候。年平均气温24.3℃,全年无冬,四季如春,日照充足;年平均雨量1676毫米,生态环境好,土地肥沃,水源充足,发展名优特水果、反季节瓜菜等高效农业县有得天独厚的条件。

机构历史沿革

历史沿革 1965年4月10日筹建,1965年8月4日建成广东省昌江县气象服务站,为股级单位,站址在昌江县石碌镇河北区"郊外"(现石碌镇东风路52号)。位于北纬19°16′,东经109°03′,观测场海拔高度98.1米。1974年4月1日,改名为广东省昌江县气象站。1980年4月,改名为广东省昌江县气象局(站),升格为科级单位。1988年5月,更名为海南省昌江黎族自治县气象局(简称昌江县气象局)。2007年1月—2008年12月,为国家气象观测站二级站,2008年12月31日,恢复为国家一般气象观测站。

管理体制 1965年8月—1968年12月,广东省昌江县气象服务站实行广东省海南行政区气象局与昌江县人民委员会双重领导,以广东省海南行政区气象局领导为主。1969年1月—1970年12月,实行广东省海南行政区气象局与昌江县革命委员会双重领导,以昌江县革命委员会农业办公室领导为主。1971年1月—1973年8月,实行昌江县革命委员会与昌江县人民武装部双重领导,以昌江县人民武装部领导为主。1973年9月,实行广东省海南行政区气象局与昌江县革命委员会双重领导,以昌江县革命委员会农林水办公室领导为主。1981年1月—1983年12月,实行广东省海南黎族苗族自治州气象局与昌江县人民政府双重领导，以广东省海南黎族苗族自治州气象局领导为主。1984 年 1—12 月，实行广东省海南行政区气象局与昌江县人民政府双重领导，以广东省海南行政区气象局领导为主。1985 年 1 月，实行广东省海南黎族苗族自治州气象局与昌江县人民政府双重领导，以广东省海南黎族苗族自治州气象局领导为主。1988 年 1 月，实行广东省海南行政区气象局与昌江黎族自治县人民政府双重领导，以广东省海南行政区气象局领导为主。1988 年 5 月，实行海南省气象局与昌江黎族自治县人民政府双重领导，以海南省气象局领导为主的体制。

机构设置　1965 年 8 月—1995 年 9 月，广东省昌江县气象局设置地面股和预报股。1995 年 10 月，海南省昌江黎族自治县气象局增设防雷技术所。2003 年 5 月，机构改革后增设办公室。2004 年 1 月，将预报股和测报股合并为业务服务股。截至 2008 年底机构设置：办公室、业务服务股、防雷技术所。

单位名称及主要负责人变更情况

单位名称	姓名	职务	任职时间
广东省昌江县气象服务站	吴桂生	站长	1965.05—1966.01
广东省昌江县气象服务站	张山喜	临时负责人	1966.02—1971.01
广东省昌江县气象服务站	文关兰	站长	1971.01—1973.08
广东省昌江县气象服务站	郑华孔	副站长（主持工作）	1973.09—1974.03
广东省昌江县气象站	郑华孔	副站长（主持工作）	1974.04—1976.04
广东省昌江县气象站	周传恩	副站长（主持工作）	1976.05—1980.03
广东省昌江县气象局	周传恩	副局（站）长（主持工作）	1980.04—1981.11
广东省昌江县气象局	郑华孔	副局（站）长（主持工作）	1981.12—1982.07
广东省昌江县气象局	陈应彩	副局（站）长（主持工作）	1982.08—1984.10
广东省昌江县气象局	羊红真	副局（站）长（主持工作）	1984.10—1988.04
海南省昌江黎族自治县气象局	羊红真	副局（站）长（主持工作）	1988.05—1993.01
海南省昌江黎族自治县气象局	羊红真	局（站）长	1993.01—2003.05
海南省昌江黎族自治县气象局	陈少健	副局（站）长（主持工作）	2003.06—2005.10
海南省昌江黎族自治县气象局	陈少健	局（站）长	2005.10—

人员状况　1965 年建站时，干部职工为 2 人。1977 年发展到 8 人。截至 2008 年底，在编人员 10 人，其中，年龄结构为：21～30 岁 1 人，31～40 岁 6 人，41～50 岁 3 人；民族结构为 8 人为汉族，1 人为黎族，1 人为瑶族；学历结构为：本科学历 2 人，大专学历 7 人，中专学历 1 人；职称结构为：中级职称 1 人，初级职称 9 人；党员 7 人（其中退休党员 1 人）。

气象业务与服务

1. 气象业务

地面气象观测　1965 年 8 月 3 日 20 时，开始进行地面气象观测，承担国家一般气象站观测任务。观测项目有：风向、风速、气温、气压、湿度、云、能见度、天气现象、降水、日照、蒸发、地面温度；每天 08、14、20 时（北京时）3 次进行定时地面观测并编发气象电报，2003 年 6

月15日—2004年6月15日，增加11时、17时地面观测发报任务；不定时编发重要天气报和台风加密报(预约)。2005年1月，增加土壤观测业务。2006年1月，遥测自动气象站正式投入单轨业务运行，观测项目包括：气压、气温、湿度、风向、风速、降水、0～320厘米地温。2008年10月17日增加草温观测。

制作地面气象观测月报表(气表-1)和年报表(气表-21)。1965年8月，开始手工抄写编制气表-1；1986年1月，用PC-1500袖珍计算机编制报表；1995年10月，开始使用台式计算机制作报表。

1965—1985年，使用查算表，人工计算气象观测结果及编发气象电报；1986年1月起用PC-1500袖珍计算机编发报；1995年10月，开始使用台式计算机编发报。2004年1月ZQZ-C$Ⅱ_1$型遥测自动气象站投入双轨业务运行。2004年1月，启用(OSSMO 2004版)地面气象测报业务软件。

1974年，担负乐东机场00—24时固定航危报任务。1975年1月1日起，担负乐东机场06—18时固定航危报。1980年12月1日起，增加加来机场04—22时固定航危报。1982年4月1日起，增加海口机场04—22时固定航危报任务。1987年3月1日00时，加来机场固定航危报改为预约。1988年10月，乐东机场预约航危报由05—22时改为06—20时。1989年3月31日，航危报从06—20时改为08—18时并取消海口机场预约航危报。1996年，取消所有拍发航危报任务。

区域自动气象站网建设 从2005年起，推进区域自动气象站网建设，用4年时间建成全县13个中尺度乡镇自动气象站、2个水文自动气象站和1个高速公路自动气象站。

气象哨建设 20世纪60年代初，在昌江县霸王岭建设气象哨，到20世纪70年代扩建为每镇1个气象哨，共12个。同时，还建立气象小组、大队气象员和群众观测天象队伍，后来因人员、经费不足等原因在20世纪70年代末陆续停止运行，但海尾气象哨到20世纪末才停止运行。

气象信息网络建设 1986年2月起，改变原来通过收音机收听广东省气象台天气预报进行人工填图工作的方式，使用天气图传真通信设备；同年8月，使用甚高频电话传递小天气图报和会商天气。1995年，开通计算机终端信息系统。1996年9月，实施计算机网络传输气象电报业务。2004年1月，计算机网络通信由X.25专线改为宽带网，12月由宽带网改为光纤网数据传输，速率由1兆比特/秒升级为2兆比特/秒。2005年1月，开通OA网上无纸化办公系统；同年3月，安装视频天气会商系统。

天气预报 自1965年建站以来，主要开展为地方服务的补充天气预报，预报内容有短期、中期和长期天气预报。主要通过收听(接收)省气象台播发的天气形势与分区要素预报，结合单站气象要素时间剖面图与当地天象、物象特征的综合分析，利用各类预报方法制作天气预报。1987年起，利用气象站6—10月雨量距平曲线分型等趋势预报工具制作次年春早期(2—5月)天气趋势预报。

20世纪80年代，使用气象传真机接收各种天气图表和资料，用甚高频电话同海南气象台会商天气；20世纪90年代，使用计算机通过网络接收各种天气图表资料制作天气预报，用气象卫星综合应用业务系统(9210工程)接收卫星云图，用BP机传递预报信息；2005年，开始利用气象信息综合分析处理系统(MICAPS)制作天气预报。

短期预报时效为24小时和48小时，内容为天空状况、晴雨、降水级别、最高最低温度、风向风速等。中期预报主要制作每旬天气趋势预报，短期气候预测（长期预报）主要制作每月天气趋势预报、冬春（11月—翌年4月）天气趋势预报、汛期（5—10月）天气趋势预报。

2. 气象服务

①公众气象服务

1965年，建站初期发布24～72小时天气预报，由昌江县广播站对外广播。1989年8月5日，建立气象警报发射台，通过QJF-83型发射机，每天上、下午各广播1次，用户通过预警接收机定时接收气象预报信息。2006年9月1日，昌江县气象局与县广播电视局协商同意通过电视台播放天气预报，天气预报信息节目由气象局提供，电视台定时播出。2006年10月，建成昌江气象短信息平台，负责向全县各单位主要领导发布气象信息。2008年5月，建成灾害性天气警报系统，通过移动通信气象商务短信平台，向全县各级领导和农村气象信息员发送气象短信。同时，利用省气象台气象服务信息制作《昌江气象信息》、《昌江短期气候趋势预测》等，每月定期发送给全县各单位及乡镇。

②决策气象服务

自1965年建站以来，为地方各级党政领导的决策气象服务从提供重要性、灾害性和关键性天气信息服务，逐步扩大到各类重要节日和重大活动的专题服务。截至2008年底，县气象局提供的决策服务书面材料有《重要天气快报》、《重要天气专报》、《一周天气预报》等，服务的范围包含农业、工业、交通、旅游等行业。

③专业与专项气象服务

随着社会的发展，专业与专项气象服务领域不断扩大。1995年6月，县气象局正式开展防雷设计、安装、检测工作。1997年1月，县气象局与电信局合作开通"121"天气预报自动答询电话，2005年1月升级为"12121"天气预报自动咨询电话。2006年9月29日，成立天翔气象科技服务中心，负责气象科技服务工作。

农业气象服务 1975年，昌江县气象站开展农业气象服务，第一次进行稻田耕作制度改革气象条件分析，为生产指挥机关安排本县播种季节提供资料服务；第一次根据农业气象指标，紧密配合中共地方党委开展春播插秧气象条件预报为生产服务；第一次建立并开展农业服务基点现场服务工作；第一次开展农气观测调查研究和农气指标确定工作。20世纪80年代初期，昌江县气象局会同农办、林业局、农业局及热作局等单位，共同编写了《昌江县综合农业区划报告》，向昌江县政府提供全县农业自然资源、社会经济条件和农业生产现状的调查研究资料。1975年以来，县气象局科技人员开展《昌江县稻田耕作制度改革及早稻高产的意见》、《昌江气候对芒果的影响》等技术研究。

人工增雨作业 1976春，昌江县气象局开展土火箭人工增雨工作。1977年5月，第一次开展"三七"高炮人工增雨工作。2001年前，采用借调部队的"三七"高炮进行人工增雨作业。2003年起，使用流动车载火箭增雨作业车进行人工增雨作业，增雨作业效果明显。

2004年10月7日—2005年4月26日，昌江县出现了长达201天的秋冬春夏连旱，总降水量仅为20.1毫米，水库严重干枯，人员饮水困难，春耕生产受到了严重影响。县气象局积极向县政府提出建议，及早开展了近5个月的人工增雨作业。每次作业后都普降小到中雨,降中雨以上量级的约 44 次,降大雨以上量级的约 11 次。

2005 年 6 月 7 日,昌江县气象局抓住南海低压槽影响的有利机会,分别于早上 6 时 52 分和 7 时 7 分进行人工增雨作业,红林、水尾作业点普降大雨,县气象站降水量 35.4 毫米。人工增雨作业的成功,有效地缓解了全县各地的旱情,增加了水库蓄水量,取得显著的社会效益和经济效益,受到当地政府、有关单位和人民群众的一致好评。

防雷技术服务 1995 年 10 月,昌江县气象局设立防雷技术所并开展防雷装置设计、安装、检测和整改等业务。2002 年底,将防雷装置安装、整改等业务划归海南祥云雷电防护有限公司昌江工程部实行企业化管理。2005 年以后,防雷技术所的技术服务覆盖率逐渐加大,技术服务快速发展,经济效益逐年上升,为气象事业发展提供了有力支撑。

④气象科技成果

1984 年以来,昌江县气象局获得优秀论文奖 5 项。其中,1984 年《昌江地区西南干热风浅析》和 1986 年《海尾地区杂交早稻分期播种实验》分别获广东省海南行政区气象学会优秀论文二等奖及三等奖。周过海主持的《现代建筑物防雷接地装置的结构》获得 2005 年海南省气象学会优秀论文三等奖。蔡小辉主持的《短期强降水特征分析及预报预警》获得 2008 年海南省气象学会优秀论文三等奖。

气象法规建设与管理

依法行政 从 1995 年起,为做好雷电灾害防御的依法管理工作,昌江县人民政府先后下发《关于开展全县防雷安全专项检查的通知》(昌安委会〔2006〕5 号)、《关于切实加强防雷装置设计审核和竣工验收工作的通知》(昌府办〔2007〕52 号)、《昌江县政府办关于切实加强防雷装置设计审核和竣工验收工作的通知》(昌府办〔2007〕75 号)等。从 2000 年起,昌江县气象局被列为县安全生产委员会成员单位,负责昌江县防雷安全管理和雷击灾害事故调查工作。2004 年 5 月 31 日,在昌江县行政服务中心设立气象行政许可服务窗口,承担防雷工程图纸设计审核、竣工验收和施放气球等行政审批工作。2004—2006 年,气象行政许可服务窗口连续 3 年荣获昌江县行政服务“红旗窗口,服务标兵”称号。

政务公开 2003 年,昌江县气象局开始规范政务公开工作,不断增加公开形式,丰富公开内容。公开形式包括局内部网上公开、全局会议公开和公开栏公开。公开内容主要有:财务收支、干部任免、目标考核、基础设施建设、工程招投标、奖金福利发放等。2007 年,昌江县气象局“两公开”质量考核被海南省气象局评为“两公开工作质量考评一档单位”。对气象行政审批办事程序、气象服务内容、气象行政执法依据、服务收费依据与标准等,通过网络、宣传单等向社会公开。

党建与气象文化建设

1. 党建工作

党的组织建设 在 1972 年以前,昌江县气象站因党员人数少,未成立党支部。1973 年 7 月,成立昌江县气象站党支部。1973 年 8 月—1975 年 12 月、1984 年 11 月—1992 年

12 月、2003 年 6 月—2006 年 2 月因党员人数少，未设立昌江县气象局党支部。1976 年 1 月—1978 年 12 月成立党小组，党员编入县农委党支部。1979 年 1 月—1984 年 10 月、1993 年 1 月—2003 年 5 月、2006 年 3 月—2008 年 12 月党员人数增加，符合条件，成立昌江县气象局党支部。1984—2008 年，发展党员 5 人。截至 2008 年底，有党员 7 人，其中退休党员 1 人。

党风廉政建设 昌江县气象局高度重视廉政建设和政务公开工作，自觉加强党风廉政建设，制定并落实党风廉政建设目标责任制。

2. 气象文化建设

昌江县气象局坚持以人为本，弘扬自力更生、艰苦创业的精神，深入持久地开展文明台站创建工作。把领导班子自身建设和职工队伍的思想建设作为文明台站创建的重要内容，开展经常性的政治理论、法律法规学习。先后建设了羽毛球场和乒乓球室等运动场所，开展丰富多彩的文体活动，并积极参加地方政府组织的各类文体活动。同时，鼓励干部职工参加在职学历教育，不断提高干部职工的文化水平和业务素质。充分利用每年的“3·23”世界气象日、“科技活动月”、“安全生产月”和“法制宣传日”等活动，宣传气象科普、法律法规、气象行政审批和防雷减灾等知识。2002—2003 年，开展全县性巡回宣传防雷安全知识讲座。2005 年 1 月起，编发《昌江气象》宣传刊物，同年建立“昌江气象”网站，扩大气象宣传工作。

3. 荣誉

1965—2008 年，昌江县气象局(站)获得县处级以上集体荣誉 8 项。其中，1983 年被中国气象局授予“全国气象部门抗灾减灾先进单位”称号；2002 年 4 月被海南省爱国卫生委员会评为“海南省卫生先进单位”；2003 年 5 月被昌江县委、县政府评为“精神文明建设先进单位”；2004 年获得海南省气象局职工文艺汇演优秀奖；2005、2007、2008 年度分别被昌江县委、县政府评为“安全生产先进单位”；2005、2007、2008 年分别被海南省气象局授予“全省气象部门目标考核优秀达标单位”称号；2005、2006 年度分别被昌江县委、县政府授予“社会治安综治工作优秀单位”称号；2008 年，被中国气象局命名为“全国气象部门廉政文化示范点”。

1965—2008 年，昌江县气象局(站)个人获得县处级以上个人荣誉 10 人次。其中，1985 年 6 月，羊红真同志在《中国青年》等 14 家报刊社组织的边陲优秀儿女挂奖章活动中，被评为全国边陲优秀儿女铜质奖。

台站建设

1965 年建站初期，仅有 1 幢平顶房，分 7 个房间，面积 100 多平方米。1980 年，拥有 6 幢平房共 30 间房，总面积 583.3 平方米。其中，3 幢为钢筋水泥结构，3 幢为砖瓦结构；30 间房中工作用房 4 间、生活用房 19 间，其他用房 7 间。1988 年，建设 1 幢二层 6 套的职工宿舍楼，面积 552 平方米。1996 年，建设 1 幢办公楼，面积 309 平方米。2000 年 11 月，职工集资建设 1 幢宿舍楼，面积 630 平方米。2005 年 11 月，利用中国气象局项目经费建设 1 幢二层新办公楼，面积 663 平方米，同时重新建设局大门，硬化路面，建设停车场等，筹集资金绿化、美化局大院，营造优美的工作和生活环境。

20 世纪 80 年代的昌江黎族自治县气象局观测场

20 世纪 90 年代建成的昌江黎族自治县气象局观测场

1996 年建成的昌江黎族自治县气象局观测场与业务办公楼

2005 年建成的昌江黎族自治县气象局观测场

2005 年 11 月建成的昌江黎族自治县气象局新办公楼

2000 年 11 月建成的职工集资宿舍楼

乐东黎族自治县气象局

海南省乐东黎族自治县(简称乐东县)位于海南岛西南部,靠山临海,东南毗邻著名旅游胜地三亚市,西北与海南新兴工业城东方市相邻,总面积2747平方千米,人口48万,是海南省少数民族自治县中人口最多、土地面积最大、文化较为发达的县份。

民国二十四年(1935年)三月始建乐安县,9月改名为乐东县。1948年6月乐东县解放,建立县人民政府。1984年4月改为乐东黎族自治县。境内有闻名国内外的尖峰岭国家森林公园;有中国南方最大的莺歌海盐场和正在开发的莺歌海油气田;有神奇独特的毛公山自然景观和古海遗迹景观等。乐东县素有"天然温室"、"热作宝地"、"旅游胜地"、"绿色宝库"之美称,是海南省重要的南繁育种基地、冬季瓜菜生产基地、高位池养虾基地、香蕉生产基地和粮油、芒果、槟榔、橡胶生产基地。

乐东县属于热带海洋性季风气候,年平均温度24.5℃,年平均降水量1584.8毫米,光照充足,热量丰富,雨量充沛,轻风无霜,农作物一年可三熟。

机构历史沿革

历史沿革 1960年2月,建立广东省乐东县中心气象站,站址为乐东县黄流旧机场,位于北纬18°30′,东经108°46′,海拔高度10.1米。1961年6月,搬迁到乐东县抱由镇"镇郊",现乐东县抱由镇吉祥路9号,位于北纬18°45′,东经109°10′,海拔高度159.9米,改称为广东省乐东县气象服务站。1962年1月,更名为广东省乐东县水文气象站。1963年1月,更名为广东省乐东县气象服务站。1971年5月1日,更名为广东省乐东县气象站。1979年8月28日,根据广东省乐东县委组织部(乐组字〔1979〕55号)文件通知,将乐东县气象站由股级单位升格为副科级单位。1980年3月根据乐东县革命委员会(乐革发〔1980〕53号)文件通知,改称为广东省乐东县气象局,属科级单位。1984年4月,改称广东省乐东黎族自治县气象局。1988年4月海南建省后,同年7月站名改为海南省乐东黎族自治县气象局。1996年12月,拆除旧观测场围栏重建新围栏,观测场面积由20米×20米改为16米×16米。2005年6月,对观测场进行改造,由16米×16米改为16米×20米。2007年1月,更名为国家气象观测站二级站,2008年12月31日恢复为国家一般气象站。由于观测场环境遭破坏,2007年4月启动新观测场建设工作。2008年12月31日20时,新观测场正式投入业务使用。新观测场位于乐东县林业良种种苗场，北纬 18°45′，东经 109°10′，海拔高度 155.0 米。

管理体制 1960 年 2 月，广东省乐东县中心气象站实行广东省气象局与乐东县人民委员会双重领导，以乐东县人民委员会领导为主。1962 年 8 月，实行广东省海南行政公署气象局与乐东县人民委员会双重领导，以广东省海南行政公署气象局领导为主。1966 年 1 月，实行广东省海南行政区气象局与乐东县人民委员会双重领导，以乐东县人民委员会领导为主。1969 年 1 月，实行乐东县革命委员会与广东省海南行政区气象局双重领导，以乐东县革命委员会领导为主。1971 年 4 月—1973 年 8 月，实行乐东县革命委员会与乐东县人民武装部双重领导，以乐东县人民武装部领导为主。1973 年 9 月，实行乐东县革命委员会与广东省海南行政区气象局双重领导，以乐东县革命委员会领导为主。1981 年 1 月，实行广东省海南黎族苗族自治州气象局与乐东县人民政府双重领导，以广东省海南黎族苗族自治州气象局领导为主。1984 年 1 月，实行广东省海南行政区气象局与乐东县人民政府双重领导，以广东省海南行政区气象局领导为主。1985 年 1 月，实行广东省海南黎族苗族自治州气象局与乐东黎族自治县人民政府双重领导，以广东省海南黎族苗族自治州气象局领导为主。1988 年 1 月，实行广东省海南行政区气象局与乐东黎族自治县人民政府双重领导，以广东省海南行政区气象局领导为主。1988 年 4 月海南建省，实行海南省气象局与乐东黎族自治县人民政府双重领导，以海南省气象局领导为主的体制。

机构设置 1960 年 2 月，广东省乐东县中心气象站机构设置：办公室、测报小组、预报小组。1995 年 4 月，海南省乐东黎族自治县气象局增设防雷技术所。2002 年 1 月，成立防雷工程公司。2008 年 1 月机构设置：办公室、测报股、预报股、防雷技术所、防雷工程部和气象科技服务中心。

单位名称及主要负责人变更情况

<table>
<tr><th>单位名称</th><th>姓名</th><th>职务</th><th>任职时间</th></tr>
<tr><td>广东省乐东县中心气象站</td><td rowspan="4">曹凤鸣</td><td rowspan="4">站长</td><td>1960.02—1961.06</td></tr>
<tr><td>广东省乐东县气象服务站</td><td>1961.06—1961.12</td></tr>
<tr><td>广东省乐东县水文气象站</td><td>1962.01—1962.12</td></tr>
<tr><td rowspan="4">广东省乐东县气象服务站</td><td>1963.01—1963.09</td></tr>
<tr><td>吴逸介</td><td>站长</td><td>1963.09—1970.01</td></tr>
<tr><td>何运国</td><td>站长</td><td>1970.02—1971.02</td></tr>
<tr><td rowspan="2">钟运榜</td><td rowspan="2">指导员</td><td>1971.02—1971.04</td></tr>
<tr><td rowspan="2">广东省乐东县气象站</td><td>1971.05—1973.08</td></tr>
<tr><td rowspan="2">凌宗业</td><td>站长</td><td>1973.09—1980.02</td></tr>
<tr><td rowspan="2">广东省乐东县气象局</td><td>局(站)长</td><td>1980.03—1981.05</td></tr>
<tr><td rowspan="4">林金柏</td><td rowspan="3">副局(站)长(主持工作)</td><td>1981.06—1984.03</td></tr>
<tr><td>广东省乐东黎族自治县气象局</td><td>1984.04—1988.06</td></tr>
<tr><td rowspan="4">海南省乐东黎族自治县气象局</td><td>1988.07—1992.06</td></tr>
<tr><td>局(站)长</td><td>1992.07—2001.08</td></tr>
<tr><td rowspan="2">张剑巍</td><td>副局(站)长(主持工作)</td><td>2001.08—2003.04</td></tr>
<tr><td>局(站)长</td><td>2003.04—</td></tr>
</table>

人员状况 1960年2月建站时，乐东县中心气象站仅有干部职工7人。截至2008年底，乐东黎族自治县气象局在编人员共11人。其中，本科学历4人，专科学历7人；中级职称1人，初级职称10人。党员6人（其中退休党员2人），预备党员2人，共青团员3人。

气象业务与服务

1. 气象业务

地面气象观测 1961年8月1日，开始每天北京时08、14、20时进行3次定时观测。观测项目有：空气的温度和湿度、风向、风速、云、能见度、天气现象、蒸发、降水等。1962年2月1日，增加日照观测。1963年4月1日，增加气压观测。1973年4月1日，增加地面最高、最低、0厘米地温观测。1974年2月1日，改为北京时02、08、14、20时4次定时观测，同年5月1日起改为北京时08、14、20时进行3次定时观测，夜间不守班。1980年1月1日，增加曲管地温观测。

2004年1月，启用（OSSMO 2004版）地面气象测报业务软件。2005年1月，增加土壤观测业务。

1962年6月1日起，每天08、14、20时3次定时拍发小天气图报；拍发固定或预约每小时1次的航险报。1974年1月22日起停止拍发航危报任务；拍发重要天气报；1963年4月1日，增加大雨过程报和大风实况报；2008年6月1日，增加霾、浮尘、沙尘暴、雾、雷暴、龙卷风、冰雹等重要天气报。

1961年6月—1995年9月，采用手工编制4份气表-1、气表-21，分别上报中国气象局、省气象局、区气象局各1份，自留底1份。1995年10月，应用地面测报业务软件编制报表。2004年1月，通过局域网上传气象报表，同时打印2份纸质报表，1份邮寄省气象局，1份站里存档。

地面遥测自动气象站 2006年1月，建成ZQZ-CⅡ$_1$型遥测自动气象站并投入双轨业务运行。2007年12月31日20时，遥测自动气象站投入单轨运行。自动气象观测项目有：气压、气温、湿度、风向、风速、降水、草面温度、0～320厘米地温。

区域自动气象站网建设 截至2008年底，全县建成中尺度乡镇自动气象站16个、莺歌海海岛无人自动气象站1个、高速公路自动气象站1个、水文自动气象站1个。

1972—1989年，乐东县境内乐中农场、乐光农场、保显农场、保国农场、山荣农场、福报农场、抱伦农场、三平镇乐平农场和黄流中学分别建立了人工气象哨，每天进行08、14、20时3次定时观测，夜间不守班。

气象信息网络建设 1961年6月1日—1994年2月5日，气象报文通过专线电话传给县邮电局，再由邮电局上传收报单位。1986年1月，开始使用PC-1500袖珍计算机查算和编发报。1994年2月6日—1999年12月31日，气象报文通过程控电话报给市邮电局，再由邮电局上传收报单位。1995年，建成县级计算机网络，快速查询气象传真图、卫星云图、雷达回波等各种气象信息。2000年1月1日，建成PC-VSAT卫星接收小站，开始使用天气预报业务平台MICAPS1.0系统调取卫星云图、传真图、上级指导产品以及各类气象信息，同年2月升级到MICAPS2.0，2008年升级到MICAPS3.0。2005年1月，开通OA

网上无纸化办公系统；同年3月，视频天气会商系统正式投入使用。

天气预报 1961—1979年，通过收听大台广播，绘制气象要素时间剖面图，结合预报员经验，制作未来24小时、48小时晴雨天气预报，每天下午5时报送县广播站广播。1980年，通过气象传真机接收传真图、卫星云图、713型天气雷达监测热带气旋的资料，制作短期天气预报。1986年5月，安装甚高频对讲机，实现无线天气会商。

制作中期、长期天气趋势预报，主要依据省气象台制作的汛期、冬春天气趋势预报、旬报、月预报，结合县气象站的预报工具来制作中、长期天气趋势预报简报，报送给县各级政府领导、农场和专业服务用户。县气象站老一辈预报员还根据天气预报服务需要，经过对各种天气个例进行分析，结合多年工作经验，采用相似法、点聚图法和数理统计方法等，研制了包括台风暴雨、各月降水、干旱程度、台风个数等中、长期天气预报工具，还建立了一整套长期天气预报的特征指标和方法，作为做好中、长期天气趋势预报的重要依据。

农业气象观测 1960—1964年，开展农业气象观测、生产调查和情报、预报工作。1965年，停止农业气象观测工作。1979年，开展农业气象简易观测，结合大田调查。1980年，开始进行水稻生育期观测和报表工作，为南繁制种提供气象情报、预报服务，并编写完成《乐东县农业区划报告》。1981年，担负晚稻联合试验任务。1982年，被确定为二级农业气象观测站，主要任务是对水稻主要发育期和动植物物候期进行观测，并制作报表。1982年，执行《农气观测方法》规范进行基本观测，担负甘蔗不同植期试验、土壤湿度测定、农气报表、预报和专题调查分析服务。1993年，开展物候观测和报表工作。1998年，停止甘蔗调查和观测工作。1999年，开展水稻、物候生育期观测和报表工作。2005年1月1日，增加自然坡地、橡胶地、农作物地等土壤水分观测任务。

2. 气象服务

①公众气象服务

乐东县气象局在不断提高预报准确率的基础上，着力推进服务产品的延伸服务，不断拓宽服务渠道。在1994年以前，主要开展气象广播服务。1994年后，开通电话天气预报咨询服务。1997年1月，开通"121"天气预报自动咨询电话；2005年1月，升级为"12121"天气预报自动咨询电话。2005年10月，县气象站天气预报在县电视台播出。2007年6月，建成气象兴农网，为全国各地提供乐东县主要农副产品价格信息和相关新闻。2008年5月，建成气象灾害预警短信系统，通过发布预警短信平台向全县各级党政领导和有关单位负责人发送预警信息。

②决策气象服务

乐东县气象局对可能发生的重大灾害性天气，提前做好监测、预报、预警工作，积极当好县委、县政府的决策参谋。自1960年建站以来，在每次灾害性天气影响期间，均做到服务及时、主动。2005年至现在，在每一次灾害性天气来临之际，均通过制作报送《重要天气信息快报》、《重要天气信息专报》，以及电话、手机短信等多种方式向县有关领导汇报，做好防灾减灾决策气象服务。

影响乐东县的主要气象灾害是：热带气旋、暴雨、干旱、低温阴雨、雷暴等。1971—2008年，影响乐东县的台风合计91个，年平均2.4个。1977年7月17—22日，影响县气象站的台风瞬间最大风速达38米/秒，为历年最大风速。1983年7月17—18日，影响县气象站的台风过程降雨量达333.9毫米，为历年最大降雨量。

热带气旋影响时，实行上下气象台站联防机制，县气象局做到提前发布各种消息、警报，提供给县委、县政府和县“三防”指挥部办公室，为县领导部署防风救灾工作当好气象参谋。

2003年11月18日白天到夜间，0302号台风“尼伯特”从乐东县近海海面经过，台风中心附近最大风力12级，乐东县境内陆地出现8～9级、阵风11级的大风和暴雨天气。在对台风“尼伯特”的整个预报服务过程中，乐东县气象站共发布了3次消息、6次警报、50份书面报告、50次电话通知及150次电话答询，向县委、县政府、县“三防”及各机关、国营农场、企业单位汇报台风情况。此次气象预报工作取得了较好的社会经济效益，受到县委、县政府领导及相关单位的一致好评。

③专业与专项气象服务

农业气象服务 随着农村经济的发展，乐东县专业气象服务不断扩大领域，从原来的为渔业、粮食生产服务扩大到为香蕉、花卉、橡胶生产服务；从为种植业生产扩大到为养殖业生产服务。气象服务人员在做好预报预测业务工作的前提下，将天气预报与农事、农时紧密结合起来，加强灾前、灾中、灾后的服务工作，指导和引导用户有效抗御各种气象灾害。通过电话、传真及手机短信等方式，及时将有关气象信息发送到用户手中。特别是在生产工作中对气象要素要求较高的行业，还制作了具有较大针对性的服务新产品对其进行指导。

在针对农场的割胶服务中，割胶时段如果出现大于10毫米的降水量，就会出现水冲胶现象。针对此情况，县气象站实时制作短时临近服务产品对其进行生产指导，最大限度地减少了水冲胶造成的经济损失。2004年，县气象站开展针对农场的割胶专项服务，使接受服务的农场取得较好的经济效益。

人工增雨作业 2002年以前，县气象局采用“三七”高炮进行人工增雨作业。2003年后，采用流动车载火箭增雨作业车进行人工增雨作业，增雨效果明显，有效缓解了旱情。

2007年自入春以来，乐东县出现了历史上罕见的旱灾，在海南省政府和海南省气象局的统一部署和乐东黎族自治县县委、县政府的大力支持下，于2007年3月5日—5月31日进行了54次人工增雨作业，逐步缓解了全县旱情，并增强了农民抗旱救灾的决心和信心。

防雷技术服务 1995年4月，成立乐东黎族自治县防雷技术所，开展防雷装置检测和防雷工程设计安装工作。2002年，成立县防雷所和县防雷工程公司，实行防雷检测与防雷工程安装职权分离运作。县防雷所负责对全县建筑物防雷装置进行检测，县防雷工程公司负责防雷工程设计和施工。

乐东县气象局加强指导和协助乡镇、农村、基层社区、学校等防雷基础设施建设，为全社会落实防雷安全设施提供优质、周到的技术服务。县防雷所开展防雷装置安全性能检查检测工作，对全县的易燃易爆场所、学校、公众聚集场所及各机关单位和农场实施安全检查，查找存在的安全隐患，存在问题的，及时出具整改通知书，并限期进行整改。加强雷击灾害调查鉴定工作，一旦出现雷击事故，第一时间派出技术人员亲临现场进行勘察，然后制作雷击事故鉴定报告送交有关部门。坚持把社会效益放在首位，依法履行好社会管理职能和公共服务职能，强化防雷减灾的社会责任；着力推进防雷行政审批工作，严格把关防雷装置设计审核和竣工验收的许可行为，确保防雷装置的安全可靠运行；加大雷电防护的宣传工作，利用光盘、展板、挂图、手册等宣传材料，通过广播、电视、报刊等媒体，认真做好防雷减灾知识科普宣传教育工作。特别是加强针对学校、乡村、种养植（殖）场和人员密集场所等的宣传教育工作，提高社会公众的避险、自救和互救能力及意识。

④气象科普宣传

为了提高公众气象防灾减灾、应对及适应气候变化的能力，最大限度地减少气象灾害造成的人员伤亡和财产损失，乐东县气象局工作人员在气象防灾减灾宣传活动现场张挂气象防灾减灾挂图，向来往的市民群众发放气象防灾减灾宣传资料，接受市民的咨询，耐心解答群众有关雷电、高温和暴雨等问题。同时，利用“3·23”世界气象日、“5·12”防灾减灾日、科技活动周等契机，与地方媒体联合大力宣传雷电灾害防御知识，并走进农村、社区、学校为农民、社区居民、师生送去防雷减灾知识。

气象法规建设与管理

依法行政　2004年9月23日，乐东县人民政府下发了《乐东黎族自治县防雷减灾管理办法》。2005年1月县气象局成立了气象行政执法队伍，有5人取得行政执法资格证。2007年7月，县气象局设立行政审批中心，将防雷装置工程设计审核、施工监督、竣工验收纳入气象行政管理范围。

根据《中华人民共和国气象法》、《海南省实施〈中华人民共和国气象法〉办法》等法律法规以及《气象探测环境和设施保护办法》，对县气象局气象探测环境和设施进行保护管理。2007年12月10日，县气象局分别在县建设局和县国土局对气象探测环境保护范围标准进行备案。

政务公开　2004年，县气象局开展“两公开、两监督”工作，对气象行政审批程序、服务内容、执法依据、收费标准等，实行户外公示、电视公告等广泛向社会公开；对干部任用、干部考核、工程招标等通过职工大会、办公系统、局内公开栏等向全体职工公开；对计划内及预算外经费开支、工资奖金、医疗保险等采取月、季度和年终定期公开，广泛接受干部群众和社会民主监督。

党建与气象文化建设

1. 党建工作

党的组织建设　1960—1971年，乐东县气象局没有设立党支部，党员编入县农委党支部管理。1972年，经乐东县机关工委批准成立乐东县气象服务站党支部。截至2008年底，共有党员6人，其中退休党员2人。2007年、2008年张剑巍同志被县机关工委评为优秀党员。

党风廉政建设　从1996年起，乐东县气象局积极开展廉政教育和廉政建设活动，努力建设文明机关、和谐机关和廉洁机关。县气象局负责人每年与乐东黎族自治县县委和海南省气象局签订廉政建设目标责任书，实行党风廉政一票否决制。

乐东县气象局为了进一步规范管理，增强党风廉政建设和领导干部作风建设长效机制，制定了《领导干部作风建设工作方案》、《民主决策制度》、《财务管理制度》、《岗位量化管理办法》、《财务管理制度》、《车辆管理规定》等规章制度，使管理工作进一步合理化和科学化，有力地调动了干部职工的工作积极性，提高了工作效率，推动各项业务工作稳定协调发展。

2. 气象文化建设

乐东县气象局积极开展气象文化和精神文明建设活动，倡导遵纪守法、爱岗敬业、乐于奉献的气象人文文化。始终坚持以人为本的科学发展观，弘扬自力更生、艰苦创业精神。长期以来积极开展精神文明创建活动，成立了以主要领导为组长的精神文明创建小组，并着力抓好软硬件建设及环境的整治工作。经常举办羽毛球、象棋等文体比赛活动，并鼓励职工参与海南省气象部门和当地有关部门组织的各类文体竞赛活动，丰富了干部职工的业余生活。

2000 年，乐东县气象局被县委、县政府评为县级文明单位。

3. 荣誉

2000 年 11 月，乐东县气象局被海南省政府文明办授予“1999—2000 年度文明单位”称号。2003 年 3 月，被中共海南省委、海南省人民政府授予“2000—2002 年度文明单位”称号。2003 年 12 月，被中国气象局评为 2003 年度重大气象服务先进集体。

台站建设

1961 年 6 月，乐东县人民政府拨款在抱由镇“镇郊”建立县气象站，土地面积为 5136 平方米，建设 4 幢平房，建筑总面积为 550 平方米，作为办公室、资料室、测报室、预报室、农气室、宿舍和厨房使用。1995 年，海南省气象局拨款 33.17 万元，建设 1 幢二层办公楼，面积 309 平方米。1999 年，建设县气象局新大门。

乐东县气象局在资金短缺的情况下，不断巩固和提高局大院环境的舒适性、优雅性。通过种植花草美化环境，把大院建成鸟语花香、整洁美观、舒适和谐的花园式庭院。

20 世纪 80 年代中期，乐东县气象局观测场及局大院全貌

2008 年 12 月建成的乐东黎族自治县气象局新观测场

1995 年建成的乐东黎族自治县气象局办公楼

陵水黎族自治县气象局

海南省陵水黎族自治县(简称陵水县)位于海南岛东南部,东濒南海,南与三亚市毗邻,西与保亭县交界,北与万宁市、琼中县接壤,全县总面积1128平方千米,海岸线长57.5千米,总人口34万,其中汉族人口占总人口的45%,黎族、苗族及其他少数民族人口占总人口的55%。

陵水县历史悠久,历朝归属多变。民国二年(1913年),陵水县属琼州镇守府。1921—1931年成立陵水县苏维埃政府。1950年4月陵水县解放,1951年8月成立陵水县人民政府。1958年12月,陵水、崖县、保亭三县合并为榆林县。1961年6月,恢复陵水县建制。1987年12月,成立陵水黎族自治县。1988年4月,海南建省,改称海南省陵水黎族自治县。

陵水县境内有海南省著名的旅游胜地——南湾猴岛、吊罗山国家森林公园等。陵水县是海南岛第一个苏维埃政权诞生之地,又是海南省三大南繁育种基地之一。

陵水县属热带海洋性季风气候,高温多雨,干湿季分明,夏秋多雨,冬春干燥。年平均气温25.0℃,年平均日照时数2374.5小时,年平均降水量1699.9毫米。光照充足,全年无霜,四季常青,是全国少有的天然温室,适宜热带作物和反季节菜的种植。

1990年5月1日,国家气象局局长邹竞蒙在海南省常务副省长鲍克明的陪同下,到陵水县气象局视察工作。

机构历史沿革

历史沿革 1955年7月,建立广东省陵水县气象站,站址在广东省陵水县陵城镇(2004年改名椰林镇)南门岭郊外;同年12月,正式观测记录。1965年9月,站址迁移到陵城镇双拥路(旧称“剪驻岭”处),位于北纬18°30′,东经110°02′,观测场海拔高度由原来的7.5米变为13.9米。

1959年3月,陵水、保亭、崖县合并,广东省陵水县气象站改名为广东省崖县陵水气象站。1960年3月,改称广东省崖县陵水气象服务站。1961年10月,恢复陵水县建制,改称广东省陵水县气象服务站。1969年10月,改称广东省陵水县气象站。1979年12月,升格为县科级单位,改称广东省陵水县气象局,实行局站合一的管理模式。1987年12月,陵水县改称陵水黎族自治县,广东省陵水县气象局改称广东省陵水黎族自治县气象局。1988

年 4 月，海南建省，改称海南省陵水黎族自治县气象局。

2007 年 1 月，广东省陵水县气象站改称国家气象观测站一级站，2009 年 1 月 1 日，恢复国家基本气象观测站称号。

管理体制　1955 年 7 月—1958 年 8 月，广东省陵水县气象站受广东省气象局直接领导。1958 年 9 月，实行广东省气象局与陵水县人民委员会双重领导，以陵水县人民委员会领导为主。1962 年 8 月，实行陵水县人民委员会与广东省海南行政公署气象局双重领导，以广东省海南行政公署气象局领导为主。1969 年 4 月，实行陵水县革命委员会与广东省海南行政区气象局双重领导，以陵水县革命委员会领导为主。1971 年 4 月—1973 年 8 月，实行陵水县革命委员会与陵水县人民武装部双重领导，以陵水县人民武装部领导为主。1973 年 9 月，实行陵水县革命委员会与广东省海南行政区气象局双重领导，以陵水县革命委员会领导为主。1981 年 1 月，实行广东省海南黎族苗族自治州气象局与陵水县人民政府双重领导，以广东省海南黎族苗族自治州气象局领导为主。1984 年 1 月，实行广东省海南行政区气象局与陵水县人民政府双重领导，以广东省海南行政区气象局领导为主。1985 年 1 月，实行广东省海南黎族苗族自治州气象局与陵水县人民政府双重领导，以广东省海南黎族苗族自治州气象局领导为主。1988 年 1 月，实行广东省海南行政区气象局与陵水黎族自治县人民政府双重领导，以广东省海南行政区气象局领导为主。1988 年 4 月，实行海南省气象局与陵水黎族自治县人民政府双重领导，以海南省气象局领导为主的体制。

机构设置　1979 年 12 月，广东省陵水县气象局设地面观测股和预报股。1995 年 10 月，海南省陵水黎族自治县气象局增设防雷技术所。2003 年 5 月，进行机构改革，设置办公室、地面测报股、人工影响天气办公室、气象台和防雷技术所。2008 年 1 月机构设置：办公室、测报股、预报股、防雷技术所、防雷工程部（农业气象）和人工影响天气办公室。

单位名称及主要负责人变更情况

<table>
<tr><th>单位名称</th><th>姓名</th><th>职务</th><th>任职时间</th></tr>
<tr><td rowspan="2">广东省陵水县气象站</td><td>邱继祥</td><td>站长</td><td>1955.12—1957.08</td></tr>
<tr><td rowspan="2">桑俊才</td><td rowspan="2">站长</td><td>1957.08—1959.02</td></tr>
<tr><td rowspan="2">广东省崖县陵水气象站</td><td>1959.03—1959.07</td></tr>
<tr><td rowspan="3">陈光照</td><td rowspan="3">站长</td><td>1959.07—1960.02</td></tr>
<tr><td>广东省崖县陵水气象服务站</td><td>1960.03—1961.09</td></tr>
<tr><td rowspan="3">广东省陵水县气象服务站</td><td>1961.10—1963.01</td></tr>
<tr><td>梁振森</td><td>站长</td><td>1963.01—1966.08</td></tr>
<tr><td rowspan="2">谭秀菊（女）</td><td rowspan="2">负责人</td><td>1966.08—1969.10</td></tr>
<tr><td rowspan="6">广东省陵水县气象站</td><td>1969.10—1971.06</td></tr>
<tr><td>孙永仕</td><td>站长</td><td>1971.06—1972.09</td></tr>
<tr><td>李之环</td><td>站长</td><td>1972.09—1976.07</td></tr>
<tr><td>颜景坦</td><td>指导员</td><td>1971.04—1973.01</td></tr>
<tr><td>陆俊杰</td><td>指导员</td><td>1973.01—1973.08</td></tr>
<tr><td rowspan="2">李尝君</td><td>副站长（主持工作）</td><td>1976.07—1979.12</td></tr>
<tr><td>广东省陵水县气象局</td><td>副局（站）长（主持工作）</td><td>1979.12—1987.12</td></tr>
</table>

续表

单位名称	姓名	职务	任职时间
广东省陵水黎族自治县气象局	李尝君	副局(站)长(主持工作)	1987.12—1988.04
海南省陵水黎族自治县气象局	潘家骁	副局(站)长(主持工作)	1988.04—1997.08
		局(站)长	1997.08—2002.07
	李君海	副局(站)长(主持工作)	2002.07—2003.05
		局(站)长	2003.05—

注:1971年4月—1973年8月,陵水县人民武装部派遣军代表——指导员到县气象站工作。县气象站主要负责人交接时间为1976年7月。

人员状况 1955年7月,陵水县气象站刚成立时编制仅5人。截至2008年底,在编人员15人,平均年龄38.5岁。其中,本科学历4人,大专学历2人,中专学历6人;中级职称1人,初级职称12人。在职党员6人,退休党员4人。

气象业务与服务

1. 气象业务

地面观测 1956年1月1日,陵水县气象站每天进行地方平均太阳时02、08、14、20时4次定时观测和05、11、17、23时4次补充观测,昼夜守班。02、05、08、14、17、20时6次发报,11、23时不发报。观测项目有:云、能见度、天气现象、气压、气温、湿度、风向、风速、降水、日照、蒸发、地温等。发报任务有天气报、航危报、重要天气报、台风加密报、气象旬(月)报。承担编制气象记录月报表(气表-1)和气象记录年报表(气表-21)的工作任务。

1957年7月—1979年2月,承担航危报发报任务。

1974年1月1日—1979年6月30日,承担向越南拍发台风报告任务。

1985年,全面推广使用PC-1500袖珍计算机地面测报业务程序,代替手工查算、编报和报表统计等工作,使工作效率和工作质量大幅度提高。1996年1月,开始用台式计算机编制气象报表。

2006年8月1日,自动气象观测站增加草温观测。

2007年1月1日,由国家基本气象站调整为国家气象观测一级站,并增加拍发11、23时天气报,即有原来的6次发报增加到8次发报。

地面遥测自动气象站 2004年1月1日,正式启用地面遥测自动气象站,自动观测项目有:温度、湿度、气压、降水、风向、风速、地温。2006年1月1日,地面遥测自动气象站投入单轨业务运行。

2006年1月—2008年12月,陵水县气象局在全县建成中尺度乡镇自动气象站13个和英洲、分界洲岛高速公路自动气象站。观测项目为:温度、气压、风向、风速、雨量5个要素。

农业气象观测 1958年1月,陵水县气象站开始开展水稻和物候观测。1963年,停止农业气象观测工作。1979年,恢复水稻生育期和物候观测。

1980年1月,陵水县气象站被确定为农业气象观测基本站,主要对水稻主要发育期和动植物物候期进行观测，并制作报表。开展物候观测项目有：苦楝树的萌芽、出叶、展叶期，燕子始见、终见期，青蛙始鸣、终鸣期。

1987 年 12 月—1990 年 2 月，中国“热带、亚热带西部丘陵山区农业气候资源及其合理利用研究课题”协作组在陵水县吊罗山白水岭设立 1 个观测点，主要观测气象要素及主要作物的物候期，陵水县气象局参加该观测工作。

气象信息网络建设 陵水县气象站建站初期，预报业务主要通过收音机收听广州中心气象台播发的天气形势与分区要素预报。1981 年 5 月，启用气象传真机接收天气图资料，并停止接收省气象台的广播，改变以往人工填图工作。1987 年 7 月，开通甚高频电话，实现与自治州气象局直接进行天气会商。1995 年，开通 X.25 终端信息系统。1996 年 9 月，实施计算机网络传输气象电报业务。2004 年 1 月，计算机网络通信由 X.25 专线改为宽带网；同年 12 月，计算机网络通信由宽带网改为光纤网数据传输，速率由1 兆比特/秒升级为 2 兆比特/秒。2005 年 1 月，开通 OA 网上无纸化办公；同年 3 月，安装视频会商系统。

天气预报 1958 年 6 月，陵水县气象站开始制作和发布补充天气预报。主要通过收听(接收)省气象台播发的天气形势与分区要素预报，结合单站气象要素时间剖面图和根据当地天象、物象特征进行综合分析，利用各类预报方法制作预报产品。1982 年以来，陵水县气象站共抄录整理 50 项资料、绘制简易天气图等 9 种基本图表。20 世纪 80 年代初，通过传真接收中央气象台，省气象台的旬、月天气预报，再结合分析本地气象资料、短期天气形势、天气过程的周期变化等制作旬、月、季天气趋势预报。

20 世纪 70 年代中期，短期气候预测(长期天气预报)制作开始起步。20 世纪 80 年代，建立一整套长期预报的特征指标和方法，一直沿用至今。短期气候预测主要有：冬春(11 月—翌年 4 月)天气趋势预报、汛期(5—10 月)天气趋势预报。

2. 气象服务

陵水县气象局坚持以经济社会需求为牵引，把公众气象服务、决策气象服务、专业气象服务和气象科技服务融入到地方经济社会发展和人民群众生产生活中，全力做好气象防灾减灾工作，保障人民生命财产安全，为地方经济社会发展提供优质服务。

①公众气象服务

陵水县气象站建站初期，公众气象服务只有通过县广播电台播出。1990 年 6 月，正式使用预警系统对外开展服务，每天上、下午各广播 1 次，服务单位通过预警接收机定时接收气象服务。1997 年 6 月，开通“12121”天气预报自动咨询电话。2004 年 9 月，建立“陵水县兴农网”。2005 年 11 月 1 日起，每天按时向陵水县人民政府网站提供天气预报。2007 年 3 月，电视天气预报节目正式在陵水县电视台播出。2008 年 6 月，开通气象预警短信发布平台，以手机短信方式向陵水县各级领导发送气象信息。2008 年 8 月 1 日，通过当地电视、广播以及各类网络等媒体发布乡镇气象要素预报。

②决策气象服务

陵水县气象站自建站以来，为地方各级党政领导的决策提供重要性、灾害性和关键性天气信息服务，逐步扩大到各类重要节假日和重大活动保障。1988 年 10 月上旬，陵水县连降几场暴雨，小妹水库蓄水已达警戒水位。下旬又遇上第 23、24 号台风的连续袭击，水库是“排洪放水”，还是“小排蓄水”，关系到水库安全度汛和次年用水的关键问题。陵水县气象局经过认真分析研究，预报第23号台风降雨量100～150毫米(实况101.8毫米)，第24号台风降雨量不超过100毫米(实况82.9毫米)，建议采用“小排蓄水”方案。结果水库仅排水2小时共80万立方米，水库既安全又最大限度地蓄足了水，为来年生产生活用水提供了保障。

2005年9月25日，第18号强台风“达维”严重影响陵水县，瞬时极大风速达32.2米/秒，接近12级大风，总降雨量332.6毫米，陵水县气象局提前50个小时做出准确预报。26日20时，陵河上游水库经过多天排洪，造成陵河水位猛涨，超警戒水位1.3米，致使陵河下游多个村庄受淹，险情危急。陵水县气象局立即向县委、县政府主要领导汇报，指出20时以后降水将明显减小，以小雨为主，建议停止排洪，全力抢救和转移受洪水围困的群众。当晚，陵水县委、县政府组织600多人组成的抢险队伍，安全转移群众1500名，各水库也没有发生明显险情，抗洪抢险工作进展顺利。

③专业与专项气象服务

气象专业服务　1985年，陵水县气象站开始开展气象专业服务。1988年6月，陵水县人民政府办公室转发《陵水县气象局关于开展气象有偿专业服务报告的通知》，对气象专业服务的对象、范围、收费原则和标准等内容进行规范管理。气象专业服务主要为全县各乡镇(农场)或相关企事业单位提供中、长期天气预报和气象资料，一般以旬天气预报为主。气象专业服务的产品和内容逐渐丰富，服务的对象更加广泛，范围涉及到各行各业。

人工增雨作业　1975年，陵水县气象局开展人工影响天气工作，主要开展人工增雨作业。1975—2001年，主要借用“三七”高炮进行人工增雨作业。2002年起，采用流动火箭作业车进行人工增雨作业。

1978年，由于长期连续干旱给陵水县造成严重灾害。同年3月9—10日，陵水县开展人工增雨作业，由县气象局、县三防办、驻军某部“三七”高炮炮团联合参与，县委书记林明玉坐镇指挥。经过县气象局日夜监测，并利用一次天气系统成功开展作业，全县普遍降雨50～250毫米，缓解了全县旱情。这次高炮人工增雨作业效果显著，得到中共海南黎族苗族自治州党委书记张日和的表扬，并亲自主持在陵水县召开的现场会，鼓励加以推广。

农业气象服务　20世纪60年代初，陵水县气象站定期与不定期地发布农业气象情报，分析主要气象要素的时空分布及其对主要农作物的影响；20世纪70—80年代，根据生产情况进行农业气象专题分析，如春播气候、春旱对早稻的影响等，供各级政府及农业生产部门使用。

20世纪80年代初期，陵水县气象局开展农业气候区划工作，组织编写了《陵水县农业气候区划报告》，提出陵水县适宜种植的农作物品种及合理安排生产季节的建议。20世纪80年代中后期，根据对早造杂交水稻与气象条件的分析试验，总结出“增加移栽插植苗数和推迟播种移栽期”的增产措施，20世纪90年代初期开始推广应用这项适用技术，使早造杂交水稻稳步增产。

防雷技术服务　1995年10月，陵水县气象局成立防雷技术服务所，承担全县防雷技术服务。

防雷技术所在陵水县气象局的监督和指导下，担负着全县新建、改建、扩建的建筑物防雷装置以及各类电子设备防雷装置安全性能的检测工作，并严格按照资质等级核准的业务范围从事防雷检测、设计、审核以及工程施工监督。防雷技术所技术人员严格执行国家防雷技术规范，严把质量关，全力消除雷害安全隐患，减少和杜绝雷击事故造成的损失，最大程度地保障了群众生命财产安全。

截至2008年底，防雷技术所为电力、通讯、石油化工、教育、工商等各行各业5000多个单位开展防雷检测、图纸审查技术服务，撰写检测报告和技术评价10000多份，取得了明显的社会效益和经济效益。

④气象科技成果

20世纪80年代初期，陵水县气象局组织编写《陵水县农业气候区划报告》，提出陵水县适宜种植的农作物品种及合理安排生产季节的建议。20世纪80年代中后期，总结提出"增加移栽插植苗数和推迟播种移栽期"的增产措施。

1984年，符福晏同志撰写的《晚稻产量波动的气候原因及其最优对策的分析》，被海南行政区科学技术协会评为优秀科学论文三等奖。

1986年，符福晏同志撰写的《利用气候资源建设甘蔗基地调查报告》，被海南行政区气象学会评为1985—1986年学术论文三等奖。

⑤气象科普宣传

县气象局通过电视、广播、网络媒体、发放宣传手册、专题讲座以及每年的"3·23"世界气象日、安全生产月活动等形式，进行气象科普知识宣传，不断加大力度宣传《中华人民共和国气象法》、《海南省实施〈中华人民共和国气象法〉办法》、《气象探测环境保护办法》、《防雷减灾管理办法》等法律法规。

气象法规建设与管理

依法行政 1996年1月15日，陵水县气象局、陵水县人事劳动局、陵水县公安局、陵水县消防大队联合下发《关于加强防雷安全管理的联合通告》(陵人劳〔1996〕4号)，2003年8月7日，陵水县人民政府办公室下发《关于加强防雷安全工作的通知》(陵府办〔2003〕70号)，2004年12月9日下发《关于印发县建筑物防雷装置设计审核竣工验收实施方案的通知》(陵府办〔2004〕36号)，强调依法做好雷电灾害防御管理工作。2008年10月6日，在陵水县行政服务中心设立气象行政许可服务窗口，在承担防雷工程的图纸设计审核、竣工验收和施放气球等气象行政审批工作。

政务公开 2003年以来，逐步规范政务、局务公开工作，在县政府行政服务中心设立气象行政许可服务窗口，在局办公楼显眼位置、局门户网站公开办事流程和办事程序，通过局内部网、会议和公开栏等形式和载体开展局务公开工作，公开内容主要有：财务收支、干部任免、目标考核、基础设施建设、工程招投标、奖金福利发放等。2008年被海南省气象局评为两公开工作质量考评一档单位。

党建与气象文化建设

1. 党建工作

党的组织建设 1971年6月以前，陵水县气象站仅有党员2人，编入县水电局党支部。1971年7月，成立陵水县气象站党支部。1986年11月6日，改称陵水县气象局党支部。

截至2008年底，县气象局党支部有在职党员6人，退休党员4人。

2008年，陵水县气象局党支部被县直属机关工委评为陵水县2007—2008年度先进基层党组织，李君海同志被评为陵水县2007—2008年度“优秀党务工作者”，周雪同志被评为陵水县“优秀共产党员”。

党风廉政建设 陵水县气象局加强党风廉政建设，制定并落实党风廉政建设目标责任制。

2. 气象文化建设

近年来，陵水县气象局通过抓制度建设，积极推进精神文明建设和气象文化建设。以台站综合改造为契机，通过美化、绿化、亮化台站环境，建成图书阅览室、文化宣传栏、局务公开栏、学习宣传栏等设施，还建设羽毛球场、篮球场、乒乓球场等室内外文体活动场所。

3. 荣誉

1955—2008年，陵水县气象局(站)获得县处级以上表彰的集体荣誉7次。其中，1986年被中国气象局授予8521号台风天气预报服务奖；1997年被海南省气象局评为海南省气象部门1996年度汛期气象服务先进集体；1998年被中共海南省委、海南省人民政府授予“海南省1996—1997年度文明单位”称号；1999年被海南省气象局授予“海南省气象部门1994—1998年双文明建设先进单位”称号；2000年被陵水县委、县政府授予“陵水县1998—1999年度创建文明单位工作先进单位”称号。

1978—2008年，陵水县气象局(站)个人获得县处级以上荣誉8人次。其中，1983年符福晏同志被国家民族事务委员会、国家人事劳动部、中国科学技术协会授予在少数民族地区长期从事科技工作荣誉证书。

台站建设

1955年，陵水县气象站建站之初，业务办公室仅20平方米左右，砖木结构平房职工宿舍面积约180平方米，1965年迁站后拆除。1978年，建成平房办公室，面积为120平方米。1987年，建成二层8套职工宿舍楼，面积560平方米。1993年1月，建成1幢二层业务办公楼，面积309平方米；同年建成二层4套间宿舍楼。1999年，建成二层3套职工集资宿舍楼，面积360平方米。2001年，建成四层8套职工集资宿舍楼，面积985.36平方米。2003年，自筹资金进行业务办公楼工作环境改造。2005年12月，中国气象局综合改造项目投资95万元，陵水县政府配套资金10万元，建成1幢三层的业务办公楼，面积701平方米。

截至2008年底，陵水县气象局占地面积0.82公顷，办公用房2幢1090平方米，职工住宅3幢1645.36平方米。

2005年，陵水县气象局组织力量编制台站总体规划，并多方面争取资金实施建设，加快一流台站建设。截至2008年底，已解决职工饮水难问题；对大院环境进行综合改造，整修道路，修建绿化设施和文体活动场所，植树种草，全局绿化率达到60%，建成庭院优美、具有现代生态气息的花园式单位。

1980年的陵水县气象站观测场全景

2008年的陵水黎族自治县气象局观测场全景

1978年建成的陵水县气象站办公平房

2006年8月建成的陵水黎族自治县气象局业务办公楼

陵水九所岭气象雷达站

海南省陵水黎族自治县九所岭位于陵水县城西南方向约20多千米的地方，为沿海平原一座突兀而起的山峰，山崖陡峭。九所岭气象雷达站就屹立在这座山峰上。

机构历史沿革

历史沿革 20世纪60年代末，为加强热带气旋监测的需要，经中央气象局批准，广东省气象局策划在广东沿海的汕头、惠州、海南、西沙等地布设探测台风雷达站，海南的第一个气象雷达站——陵水九所岭气象雷达站由此诞生。海南气象雷达站起初定名为广东省气象局海南二号观测站。雷达装备为广州白云山雷达站的国产仿苏式843型气象雷达，由天线、工作和供电等3辆车辆组成，雷达波长10厘米，脉冲功率2兆瓦，探测距离量程0～600千米。1969年，雷达站装备从广州白云山搬迁至海南行政区海口市龙岐村，并架设在海南行政区气象台大院内(即现海南省气象局大院新篮球场旁)。

1970年初，该843型气象雷达设备送往武汉雷达工厂大修，并着手进行海南气象雷达站的调研选址工作，提出了多个选址建设方案。中央气象局经综合比较后，确定将“广东省气象局海南二号观测站”定址在海南陵水县九所岭山上，位于北纬18°26′，东经109°55′，海拔高度426米。该项工程当时确定为广东省重大工程，主要是修筑上山的公路5千米和工作、生活用房。建站施工由海南建筑公司承担；修路工程由陵水县革命委员会组织、发动各公社民兵上山修路。整个工程费用20多万元。

在建站期间(山上公路未开通)，为了监测南海台风需要，1970年9月，总参气象局下令，气象雷达站暂迁往陵水县黎安公社海滩上开展台风探测工作，进行3个月的监测台风业务。

1970年，建站之初称广东省气象局海南二号观测站”，对外名称定为广东省气字702工程(筹)，1971年3月，工程完工后，改称为广东省海南901站，内部称陵水九所岭气象雷达站。1979年12月，因该站探测范围与西沙永兴岛雷达站和海口713气象雷达的探测范围重叠，故撤销。

管理体制 陵水九所岭气象雷达站(以下简称九所岭雷达站)一直由广东省气象局直接领导与管理，为广东省气象局直属单位，站领导由广东省气象局任命。1971年11月—

1973年7月，陵水九所岭雷达站实行气象部门与总参双重管理，由广东省气象局军管会与陵水县人民武装部双重管理，陵水县人民武装部派参谋蔡笃垂同志驻九所岭雷达站，任指导员。1973年8月1日，陵水九所岭雷达站归地方建制后，由广东省气象局领导。1980年3月撤销该站。

单位名称及主要负责人变更情况

单位名称	姓名	职务	任职时间
广东省气象局海南二号观测站	孙孟辉	站长	1969.07—1971.03
	陈志元	指导员	1970.10—1971.03
陵水九所岭气象雷达站（广东省海南901站）		站长	1971.03—1972.05
	蔡笃垂	指导员	1971.04—1973.08
	李　辉	站长	1972.05—1975.01
	苏华润	副站长（主持工作）	1975.01—1975.08
	江良梧	站长	1975.08—1976.12
	李之环	站长	1976.12—1980.03

人员状况　陵水九所岭气象雷达站设置：正副站长、指导员（军管期间）、操纵员、报务员、机务员、油机员、司机、炊事员等岗位。陵水九所岭雷达站始建时有10人，1974年站上有14人，1980年撤销时有16人。陵水九所岭雷达站还从军田公社聘请5名基干民兵到雷达站担任保卫雷达任务。他们还负责上山公路的修补维护。

雷达探测业务

台风探测　九所岭雷达站按照规定开展台风探测业务，监测半径600千米范围内热带气旋的活动。在每年的台风季节（6—10月），每天进行2次（1974年起改为1次）搜索性探测。当探测到热带气旋雨带至该雨带基本消失期间，在北京时02、08、14、20时进行4次定时探测，或再增加05、11、17、23时4次定时探测；当台风中心临近，或探测到台风眼，或能够较准确地分析出台风中心位置等情况时，根据广东省气象台指令增加到每小时探测1次。

观测项目　回波的位置、范围大小、强度、回波顶高度、形状、性质、移向、移速和演变趋势等。绘制回波素描图和进行回波拍照，按照观测到的台风眼区或螺旋雨带的特征分析确定台风中心的位置，按规定的格式编发台风雷达探测报告，发给广东省气象台和海口、广州机场以及附近部队机场及海军基地。

电报传输　1972年以前，台风雷达探测电报通过专线电话传到陵水县邮电局报房，通过邮电局发电报给收报单位。1972年，雷达站配备莫尔斯电码发报机，可直接发电报给广东省气象局通信台。非台风季节（11月—翌年5月）每周2次开机热机，开启电台与广东省气象台联系。

气象人精神

尽管生活条件艰苦，九所岭雷达站的工作人员对待业务一向严格要求。843雷达开机观测时，天线连车厢一起转。当受台风影响风速大时，雷达天线车厢风阻很大，以致天线转向逆风时，电机无法带动。这时雷达站人员就到室外去推雷达天线车厢转动；当天线转动方向顺风时，则要迅速躲避，以免被快速转动的天线打着；就这样，雷达站人员顶风冒雨，一下子推，一下子躲，坚持到探测完成，确保探测资料质量符合要求。风雨中抢修电话线、送报到邮电局也是九所岭雷达站常有的事。每当出现这样的情况，陈志元站长总是自告奋勇，在大风大雨中送报。抢修电话线，常需要逐段用电话机接上测试，这时往往会被总机发出的电脉冲击中，痛苦难耐。一位报务员在风雨中抢修通信线路时，被电脉冲击倒在地，缓过气又继续工作。有时一天数次冒雨出去作业，衣服湿透，浑身冰凉，行动不便，作业人员索性光着膀子，披着雨衣冲进风雨中去。

九所岭雷达站人员少，但设备、机械多，维修保养成大事。汽车出故障了送下山一修就是 10 多天，耽误工作。退伍军人杜发英上山后，发挥了个人技术特长，在同事们的帮助下，自己动手修汽车、修电机，连二级保养也自己做，节省了不少费用。

九所岭雷达站从 1969 年建站到 1980 年撤站，在短短的 11 年时间里，气象工作者发扬了气象人的“三苦”精神，长年坚持在高山上工作，为国家及省级气象部门、各级政府和军队提供大量的第一手气象资料，对气象部门预报台风路径、强度和暴雨起了重要作用，创造了不可磨灭的业绩。

台站建设

陵水九所岭雷达站机房和发电机房设在山顶上。雷达机房、发电机房等工作用房为 2 个 6 米宽 20 米长的半地下建筑，雷达天线 1 号车厢在机房北侧顶上。宿舍、车库和食堂建在半山腰，离山顶垂直高度差约 100 多米。走小路上山顶约需 10 多分钟，走盘山公路，约 1 千米长。雷达站宿舍区建有两幢相连的平顶宿舍房，共 10 间房(其中 1 间作站办公室，1 间作仓库)，食堂、车库、洗浴、厕所各 1 套。后来站上人多，加盖 1 幢瓦房，6 个房间。

九所岭雷达站地处偏僻山区，为解决生活需要，站里组织种菜、养鸡、养牛。站里集资买了 9 头黄牛回来养，3 年后发展到几十头，撤站时估计有近百头牛，因是散养，难以追回，任由附近村民处理了。

雷达站在高山上，交通不便；没有电灯，为节省油料，80％的夜间点柴油灯；文化娱乐活动很缺乏。为此，雷达站与地方政府沟通照顾分配电影票和文艺演出票给山上干部职工。广东省气象局配备了 1 辆解放牌汽车、1 辆捷克摩托车，方便雷达站人员下山补充给养、上街和看电影、看演出。

建站后，九所岭雷达站用汽车帮助周围的黎村苗寨送公粮、运牛粪，所在地的军田公社用车有求必应，如帮助运送民工去搞水利建设等。雷达站多次受到当地政府的表扬，附近村民都很感激。每年“八一”建军节，当地政府都派人到山上放电影慰问全体干部职工；每年春节，山下生产队都送花生给山上的干部职工。1973 年后，虽然驻扎在同一山头上的海军某部雷达站已撤走，九所岭雷达站已划归地方建制，但附近黎村苗寨仍然将雷达站气象人员视为“亲人解放军”，每逢“八一”建军节和重大节假日都上山进行慰问。

陵水九所岭气象雷达站办公室和宿舍

陵水九所岭气象雷达站宿舍和车库

白沙黎族自治县气象局

海南省白沙黎族自治县(以下简称白沙县)地处海南岛中部山区,位于黎母山脉中段西北麓、南渡江上游;东邻琼中县、南接乐东县、西连昌江县、北抵儋州市,总面积为2117平方千米,人口19.1万,境内大小山峰有440座,大小河流30条,是海南省生态核心区,三大水系——南渡江、石碌河、珠碧江的发源地。

白沙县西汉属儋耳郡至来县,东汉属合浦郡珠崖县,从元朝到民国,白沙境地先后属琼山、定安、儋县、临高、昌感等县。1935年4月设置白沙县,1958年11月并入乐东县,1961年恢复白沙县建制。1987年12月,成立白沙黎族自治县。

白沙县属热带海洋性季风气候,日照长,光热充足,具有热带山区气候特征。年平均日照时数2017小时,年平均气温22.8℃,年平均降雨量1897.6毫米。由于境内地形复杂,东南部多雨,西北部少雨。雨量主要集中在每年5—10月,占全年降雨量的85%;11月—翌年4月为旱季,雨量仅占全年雨量的15%,干湿季节明显。

机构历史沿革

历史沿革 白沙县气象局(站)始建于1958年12月,站址位于牙叉镇西侧郊外荒山顶上(今白沙县牙叉镇中路1号),当时称广东省东方县白沙气候服务站,为股级单位。承担国家一般气象站观测任务和气象服务。观测场位于北纬19°08′,东经109°15′,海拔高度215.6米。1961年6月,因东方县分开设立东方、昌感、白沙3县,故改称广东省白沙县气象服务站。1971年1月起,改称广东省白沙县气象站。1981年1月,升格为县科局级单位,更名为广东省白沙县气象局(站),实行局站合一、一套人马、两块牌子的体制,编制10人。1988年4月海南建省后,5月更名为海南省白沙黎族自治县气象局。2007年1月,白沙县气象站改称为国家气象观测站二级站。2008年12月31日20时,恢复为国家一般气象观测站。

管理体制 1958年8月—1961年5月,广东省东方县白沙气候服务站实行广东省气象局与东方县人民委员会双重领导,以东方县人民委员会领导为主。1961年6月,实行广东省海南行政公署气象局与白沙县人民委员会双重领导,以广东省海南行政公署气象局领导为主。1969年1月,实行广东省海南行政区气象局与白沙县革命委员会双重领导,以白沙县革命委员会领导为主。1971 年 4 月，实行白沙县革命委员会与白沙县人民武装部双重领导，以白沙县人民武装部领导为主。1973 年 9 月，实行白沙县革命委员会与广东省海南行政区气象局双重领导，以白沙县革命委员会领导为主。1981 年 1 月，广东省海南黎族苗族自治州气象局成立，实行广东省海南黎族苗族自治州气象局与白沙县人民政府双重领导，以广东省海南黎族苗族自治州气象局领导为主。1984 年 1 月，广东省海南黎族苗族自治州气象局被撤销，实行广东省海南行政区气象局与白沙县人民政府双重领导，以广东省海南行政区气象局领导为主。1985 年 1 月，恢复广东省海南黎族苗族自治州气象局建制，实行广东省海南黎族苗族自治州气象局与白沙县人民政府双重领导，以广东省海南黎族苗族自治州气象局领导为主。1988 年 1 月，广东省海南黎族苗族自治州气象局再次被撤销，实行广东省海南行政区气象局与白沙黎族自治县人民政府双重领导，以广东省海南行政区气象局领导为主。1988 年 5 月，成立海南省气象局，实行海南省气象局与白沙黎族自治县人民政府双重领导，以海南省气象局领导为主的体制。

机构设置　1981 年 1 月，广东省白沙县气象局设地面观测股和预报股。1995 年 5 月，海南省白沙黎族自治县气象局增设防雷技术所。截至 2008 年底机构设置：办公室、气象台、测报股、防雷技术所。

单位名称及主要负责人变更情况

<table>
<tr><th>单位名称</th><th>姓名</th><th>职务</th><th>任职时间</th></tr>
<tr><td>广东省东方县白沙气候服务站</td><td rowspan="2">周斯立</td><td>负责人</td><td>1958.12—1961.05</td></tr>
<tr><td rowspan="3">广东省白沙县气象服务站</td><td>站长</td><td>1961.06—1962.10</td></tr>
<tr><td>王仕明</td><td>站长</td><td>1962.11—1966.12</td></tr>
<tr><td rowspan="5">周斯立</td><td rowspan="2">站长</td><td>1967.01—1970.12</td></tr>
<tr><td>广东省白沙县气象站</td><td>1971.01—1980.12</td></tr>
<tr><td rowspan="2">广东省白沙县气象局</td><td>副局(站)长(主持工作)</td><td>1981.01—1984.09</td></tr>
<tr><td rowspan="2">局(站)长</td><td>1984.10—1988.04</td></tr>
<tr><td rowspan="6">海南省白沙黎族自治县气象局</td><td>1988.05—1989.06</td></tr>
<tr><td rowspan="2">羊其义</td><td>副局(站)长(主持工作)</td><td>1989.07—1991.06</td></tr>
<tr><td>局(站)长</td><td>1991.06—1997.09</td></tr>
<tr><td>罗步养</td><td>局(站)长</td><td>1997.09—1999.10</td></tr>
<tr><td rowspan="2">张振基</td><td>副局(站)长(主寺工作)</td><td>1999.10—2001.05</td></tr>
<tr><td>局(站)长</td><td>2001.05—</td></tr>
</table>

人员状况　1958 年建站时，白沙气候服务站只有工作人员 2 人，之后随着气象业务的增多，人员不断增加，尤其是 1965 年承担 24 小时航危报任务后，编制增加到历年最多的 15 人，但由于环境比较艰苦，人员长期未满编。20 世纪 80 年代以后，白沙县气象局编制又减至 10 人。截至 2008 年底，在编人员 10 人，其中(7 男 3 女)，有汉族、黎族。其中年龄结构为：31～40 岁 4 人，41～50 岁 4 人，51～55岁 2 人；学历结构为：本科学历 1 人，大专学历 4 人，中专学历 3 人，高中学历 2 人；职称结构为：初级及以下职称 10 人。有编外人员 5 人。党员 4 人(含退休党员 1 人)。

气象业务与服务

1. 气象业务

地面气象观测 1958年12月1日起，白沙气候服务站开始地面气象观测。观测项目有：气温、气压、温度、风向、风速、云、能见度、天气现象、降水、日照、小型蒸发、地面温度。每天地方平均太阳时08、14、20时3次定时地面观测并编发电报；不定时编发重要天气报和台风加密预约天气报。制作地面气象月报表和年报表。2005年1月，增加土壤湿度观测业务。

白沙县气象站从建站至1985年，使用查算表，人工计算气象观测结果及编发气象电报。1986年1月起，用PC-1500袖珍计算机编发报。1995年8月，开始使用台式计算机编发报和制作报表。

1962年1月1日—1964年3月30日，白沙县气象站担负北京、广州、遂溪、海口机场的05—22时航危报任务。1965年4月1日—1969年12月31日，调整为向北京、广州、遂溪、海口、陵水机场拍发00—24时的航危报。1970年1月1日起增加05—17时固定向加来、乐东机场拍发航危报任务。1980年12月1日起，改向海口、乐东、加来机场拍发00—22时的航危报。1985年1月1日起，只向乐东、海口拍发08—18时的航空报。1999年1月1日，取消所有航危报任务。

地面遥测自动气象站 2004年1月，白沙县气象站建成ZQZ-CII_1型遥测自动气象站，投入双轨业务运行，2004年1月，启用(OSSMO 2004版)地面气象测报业务软件。2006年1月，遥测自动气象站正式转入单轨运行，实现气象要素观测自动化，增加草面、深层和浅层地温自动观测项目。

区域自动气象站网建设 2006—2008年，白沙县气象局先后在南开、阜龙、青松、细水、元门、打安、龙江、大岭、邦溪、金波、珠碧江和芙蓉田建立12个中尺度乡镇自动气象站、农场建成四要素自动气象站。

农业气象观测 1959—1961年，白沙县气象局(站)曾经开展对花生、水稻等橡胶作物的物候及土壤湿度观测。1962年初，农业气象观测项目被撤销。

气象信息网络建设 1986年2月开始，白沙县气象局(站)改变原来通过收音机收听广东省气象局天气预报进行人工填图工作的方式，使用气象传真机接收天气图；同年8月，使用甚高频电话传递小天气图报和会商天气。1995年，开通计算机终端信息系统。1996年9月，实施计算机网络传输气象电报业务。2004年1月，计算机网络通信由X.25专线改为宽带网；同年12月，宽带网改为光纤网，数据传输速率由1兆比特/秒升级至2兆比特/秒。2005年1月，开通OA网上无纸化办公系统；同年5月，安装视频天气会商系统。

天气预报 自1958年建站起，白沙县气象局(站)就开展短期补充天气预报服务。20世纪60年代初期，参考上级气象台的预报和本站的气象要素演变以及天、物象特征，综合分析做出补充订正预报。每天早晚2次送县广播站向全县人民广播。

20世纪60年代中期起，天气预报推行“大、中、小结合，以小为主；长、中、短结合，以中为主；图(表)、资(料)、群(众)结合，以群为主”(即所谓的“三个三结合，三个为主”)的技术方针，台站一度养起乌龟、泥鳅等动物，通过收集天气谚语、走访老农等形式综合判断制作短期补充天气预报。同时，利用气象站气候资料变化特征找相似法，采用点聚图法、单站气象要素时间剖面图法、相关统计综合法、数理统计等多种方法和天气过程周期演变，制作中长期天气趋势预报。

20世纪80年代起，使用气象传真机接收地面天气图和资料；20世纪90年代，使用计算机网络接收各种图表资料制作天气预报；2005年，开始利用MICAPS（气象信息综合分析处理系统）软件制作天气预报。

2. 气象服务

①公众气象服务

从1958建站以来，白沙县气象局（站）发布的短期天气预报主要通过县广播站、电视台向社会公众提供服务。1997年，白沙县气象局与白沙县电信局合作开通天气预报自动咨询电话“12121”。2007年以前，中、长期天气预报通过邮局寄往县政府有关部门和各乡（镇）政府、农场，作为领导安排生产的依据。2007年初，建成白沙县气象局门户网站后，短期天气预报开始通过网站滚动实时显示。2008年6月，开始制作电视天气预报节目在县电视台播出。

②决策气象服务

20世纪80年代初，白沙县气象局开展决策气象服务主要以书面文字发送为主；20世纪90年代以来，提供决策产品的服务方式由电话、传真、信函等向电视、微机终端、互联网等转变，各级领导可通过计算机随时调看实时云图、雷达回波图、区域中尺度乡镇自动气象站的雨情。出现灾害性天气及时，通过预警预报平台发布信息。2007年9月，增加安装企信通手机群发软件，可迅速通过手机短信发布各类灾害性天气警报，提供县有关单位领导以及乡村防汛责任人科学指挥防灾救灾。

2008年1月23日—2月19日，白沙县出现40年来罕见的低温冷害天气过程，全县平均气温较常年同期偏低5.5℃，每天基本无日照，但白沙县气象局提早在冬春的气候预测中，就预测出了低温阴雨为近十几年来偏重的一年，并提出积极防范的建议，为地方党政领导决策赢得主动权，最大限度减少灾害损失。

③专业与专项气象服务

气象科技服务 在做好公益服务的同时，白沙县气象局（站）从1980年开始开展气象科技服务。起初的做法是提供单一气象资料，上门主动服务，签订服务合同。1988年海南建省后，为了做好对外服务工作，县气象局增设了一个服务股，先后与农林、建筑、交通、水利、电力、渔牧、保险等行业建立密切的业务联系，用户遍及全县各乡镇和农场，签订的服务合同也逐年增多，并向用户及时提供各种气象信息，取得较好的社会效益和经济效益。

人工增雨作业 白沙县气象局主要是为农业生产抗旱而实施人工增雨作业。20世纪60年代—70年代后期，曾用飞机进行人工增雨作业。1980年以后，多次采用“三七”高炮进行人工增雨作业。2003年以后，改为采用流动火箭作业车实施人工增雨作业。

1997年，白沙县春夏连旱，旱情严重，全县农作物处于干枯状态，县政府决定在牙叉镇、七坊镇、金波乡开展高炮人工增雨作业，由县气象局派技术人员到现场指挥。通过实施一个半月的人工增雨作业，大大地缓解了旱情。

2004—2007年，白沙县气象局连续4年开展火箭人工增雨作业，均取得明显效果。

防雷技术服务　1995年4月,成立白沙县防雷技术所,开展防雷装置设计、安装、检测和整改等业务。2002年底,海南祥云雷电防护有限公司驻白沙工程部成立后,将防雷装置安装、整改等业务划归公司管理。防雷技术所从事防雷装置检测工作。

④气象科技成果

1982年,周斯立编写的《白沙县低温霜冻预报》获海南黎族苗族自治州气象局科技论文一等奖,并在海南气象学会大会上发言。2008年,黄明祖撰写的《环境因素与白沙绿茶的关系》被海南省气象学会评为优秀气象科技论文奖二等奖。

⑤气象科普宣传

白沙县气象局充分利用每年的"3·23"世界气象日、科技活动月、安全生产月和法制宣传日等活动,宣传气象科普、法律法规、气象行政审批和防雷减灾等知识;并从2005年2月起编发《白沙气象》宣传刊物;2007年底,建立县气象局门户网站,对外扩大气象宣传。

气象法规建设与管理

依法行政　白沙县气象局从2003年起被列为县安全生产委员会成员单位,负责白沙县防雷安全管理和雷击灾害事故调查工作。有6人取得海南省行政执法证,每月在县境内进行2～3次执法巡查。2006年11月,在白沙县气象局办公大楼设立气象行政许可受理窗口,承担防雷工程的图纸设计审核、竣工验收和施放气球等气象行政审批工作。

政务公开　2005年,白沙县气象局开始规范政务公开工作,不断增加公开形式和丰富公开内容。从2007年执行"两公开"质量考核制度以来,白沙县气象局2008年被海南省气象局评为"两公开工作质量考评一档单位"。两公开形式包括气象局内部网公开、全局会议公开和公开栏公开;公开内容主要有财务收支、干部任免、目标考核、基础设施建设、工程招投标、奖金福利发放等。同时,不断完善内部管理体制,加强制度建设,先后出台了《白沙县气象局岗位量化考核方案》等18项规章制度,各项工作取得了显著的成绩。

党建与气象文化建设

1. 党建工作

党的组织建设　在1983年7月以前,白沙县气象(局)站因党员人数少,未设立党支部,党员编入县农业局党委;同年8月,成立白沙县气象局党支部,1989年又因党员人数少而被撤销。1996年,党员人数增加,符合条件,恢复白沙县气象局党支部。

截至2008年底,白沙县气象局党支部有党员4人(含退休党员1人)。

2007年张振基被中共白沙县委授予"优秀共产党员"称号;2008年,黄明祖被中共白沙县委授予"优秀共产党员"称号。

党风廉政建设　白沙县气象局自觉加强党风廉政建设,制定并落实党风廉政建设目标责任制。每年签订党风廉政建设责任制书,加强党员教育,使党风廉政建设得到加强。

2. 气象文化建设

1999年11月,白沙县气象局被县精神文明办评为文明单位。近10年来,县气象局围绕创建文明单位和气象文化建设，在环境整治、内部制度建设、职工集资建房等方面做了大量的工作。2003 年，调整县气象局文明单位创建领导小组，由局长任组长，下设办公室，负责文明创建的具体工作，督促检查各项工作的落实情况。

2006 年，白沙县气象局新办公楼落成后，着手气象文化建设，设立了气象人愿景词、局务公开栏和学习园地，图书阅览室拥有图书 2000 册，健身活动室配置乒乓球桌等器材。县气象局大院内还建设了羽毛球场、户外健身区等活动场所，并积极参加地方政府组织的各类文体活动。鼓励干部职工参加在职学历教育，不断提高干部职工的文化水平和业务素质。

3. 荣誉

1996—2008 年，白沙县气象局(站)获得县处级以上集体荣誉 4 项。其中，1996 年度、2008 年度白沙县气象局分别被海南省气象局授予“全省气象部门目标管理优秀达标单位”称号。2003 年，被海南省爱国卫生委员会授予“2003 年度卫生先进单位”称号。

2007—2008 年，白沙县气象局(站)个人获得县处级以上荣誉 3 人次。

台站建设

1958 年建站初期，白沙气候服务站利用 5000 元资金在荒山顶上平整土地建设观测场、住房、值班室，建设了 3 间约 50 平方米的简易小瓦房。其中一间用作办公兼值班室，另 2 间用作职工宿舍。之后，房屋改造和建设经历 7 次变化：一是 1962 年下半年筹建 1 幢 4 房宿舍；二是 1974 年新建 1 幢 5 间水泥槽瓦片顶宿舍及办公值班室，面积共 180 平方米；三是 1980 年，新建 1 幢 5 套简单的职工宿舍，每套 75.6 平方米；四是 1991 年，新建办公楼 309 平方米；五是在 2000 年，以职工集资为主和省气象局补助部分资金形式，新建 1 幢 8 套宿舍楼 832 平方米，每套 104 平方米；六是 2005 年底，利用中央零余额账户资金约 120 万元在旧办公楼原址上新建办公楼 623.6 平方米，2006 年 6 月投入使用；新办公楼设计美观、气派，功能齐全，成为县城的标致性建筑物；七是 2007 年拆除 1974 年的旧宿舍及办公值班室，新建羽毛球场、户外健身区。经过多年的台站建设和综合改造，县气象局大院的环境发生了巨大的变化，站容站貌焕然一新，院内美丽、舒适的环境已经成为居民散步、休闲的好去处。

1983 年的白沙县气象局观测场

2008 年白沙黎族自治县气象局大院全貌

1974年的白沙县气象站的办公用房

2006年建成的白沙黎族自治县气象局办公楼

1974年的白沙县气象站的职工住房

2000年建成的职工宿舍楼

保亭黎族苗族自治县气象局

海南省保亭黎族苗族自治县位于海南岛南部内陆、五指山南麓，面积1160.6平方千米，人口16.7万。保亭县原居民族为黎族和苗族，其他民族均为移民。保亭县城是海南省唯一的“全国卫生县城”、“国家园林县城”，境内的七仙岭是全省著名的旅游胜地。海南省保亭县于民国二十四年（公元1935年6月）建县。县名源自“宝停司”。1950年5月海南岛解放后，保留保亭县行政建制。1959年3月，保亭、陵水和原崖县3县合并成立崖县，1959年11月恢复保亭县建制。1987年12月30日，成立保亭黎族苗族自治县（以下简称保亭县）。

保亭县属热带季风气候，具有气候温和、降水充沛、光照充足、雨旱季分明的特点。年平均气温24.5℃，年平均降水量2124毫米，年平均日照时数1855小时。

机构历史沿革

历史沿革 1965年初，气象员黄杰和王茀椿二人受上级业务部门派遣到保亭县，负责筹划建设保亭县气象站事宜。1965年4月14日，他们向广东省气象局和海南行政区气象局出具筹备审定报告，地址选定在保亭县城郊外的一小山包上，土地面积0.97公顷。1965年9月，广东省保亭县气象服务站成立，属国家一般气候站，开始地面气象观测。观测场位于北纬18°39′，东经109°42′，海拔高度68.6米。1981年5月，成立广东省保亭县气象局，升格为科级单位，实行局站合一、两块牌子、一套班子的管理模式。1988年4月海南建省后，同年5月更名为海南省保亭黎族苗族自治县气象局。

管理体制 1965年9月，广东省保亭县气象服务站实行广东省海南行政区气象局与保亭县人民委员会双重领导，以广东省海南行政区气象局领导为主。1969年1月—1971年3月，实行广东省海南行政区气象局与保亭县革命委员会双重领导，以保亭县革命委员会领导为主。1971年4月—1973年8月，实行保亭县革命委员会与保亭县人民武装部双重领导，以保亭县人民武装部领导为主。1973年9月，实行广东省海南行政区气象局与保亭县革命委员会双重领导，以保亭县革命委员会领导为主。1981年1月—1983年12月，实行广东省海南黎族苗族自治州气象局与保亭县人民政府双重领导，以广东省海南黎族苗族自治州气象局领导为主。1984年1—12月，实行广东省海南行政区气象局与保亭县人民政府双重领导，以广东省海南行政区气象局领导为主。1985年1月—1987年12月，实行广东省海南黎族苗族自治州气象局与保亭县人民政府双重领导，以广东省海南黎族苗族自治州气象局领导为主。1988 年 1 月，实行广东省海南行政区气象局与保亭黎族苗族自治县人民政府双重领导，以广东省海南行政区气象局领导为主。1988 年 5 月成立海南省气象局，实行海南省气象局与保亭黎族苗族自治县人民政府双重领导，以海南省气象局领导为主的体制。

机构设置 1981 年 5 月，广东省保亭县气象局设置观测组和预报组。1982 年机构设置：办公室、测报股、预报股。1995 年海南省保亭黎族苗族自治县气象局机构设置：办公室、天气监测股、预报服务股、防雷技术股。2000 年测报股和预报股合并为基础业务股。2002 年机构设置：办公室、基础业务股、防雷技术所、防雷工程部。2008 年机构设置：办公室、业务股、防雷技术所、防雷工程部。

单位名称及主要负责人变更情况

单位名称	姓名	职务	任职时间
广东省保亭县气象服务站	程润琦	副站长(主持工作)	1965.09—1971.05
	黄守清	站长	1971.05—1981.04
广东省保亭县气象局		副局(站)长(主持工作)	1981.05—1985.10
	苏少霞(女)	副局(站)长(主持工作)	1985.10—1988.04
海南省保亭黎族苗族自治县气象局			1988.05—1992.05
	何家柏	副局(站)长(主持工作)	1992.05—1994.09
		局(站)长	1994.09—1997.10
	梁洪宝	局(站)长	1997.10—2000.04
	林觉雄	负责人	2000.04—2001.05
		副局(站)长(主持工作)	2001.05—2003.05
		局(站)长	2003.05—

人员状况 1965 年 9 月，保亭县气象局(站)成立时，在编人员 2 人。1978 年底，在编人员有 8 人。截至 2008 年底，有职工 12 人。其中，在编职工 10 人，自筹工勤人员 2 人；本科学历 2 人，大专学历 2 人；初级职称 5 人。党员 6 人，其中退休党员 1 人。

气象业务与服务

保亭县的雨季一般在 5 月开始，10 月底结束。全年降水量大多数集中在雨季，11 月—翌年 4 月降水量较少，常有季节性干旱，雨季与旱季分明。

主要气象灾害有：热带气旋、暴雨、干旱、雷暴、低温阴雨。热带气旋是主要灾害，平均每年有 3.5 个热带气旋影响保亭，影响最多年份是 1971 年共 7 次。每隔 8 年左右就有一次 12 级台风影响。1989 年 10 月连续 4 次遭强台风袭击。1995 年 8 月 4 日，什玲、加茂、保城方圆 30 千米范围内，出现局部性特大暴雨，日降水量 394.8 毫米，是站史上最大的日降水量。

1. 气象业务

地面气象观测 1965 年 9 月 1 日，保亭县气象站开始进行地面气象观测。观测项目有:云、天气现象、干球温度、湿球温度、降水、风向、风速、日照、蒸发。1966 年 1 月 1 日,增加气压观测。1969 年 11 月 21 日,开始使用电接风向风速仪。1972 年,开始观测本站气压及海平面气压,水银气压表海拔高度为 66.0 米。1973 年 2 月 1 日,开始观测能见度。1973 年 4 月 1 日,开始观测地温。每天进行北京时 08、14、20 时 3 次定时观测,夜间不守班。

1965 年 9 月 1 日,保亭县气象站业务运行后开始拍发小天气图报。1983 年 6 月 1 日,开始拍发 OBSER 广州小天气图报。每天 08、14、20 时观测后分别向广州、海口拍发除地温、日照、蒸发外的小天气图报。在海南黎族苗族自治州气象局管理期间,还向自治州气象局拍发小天气图报,1988 年 5 月停止发报。1989 年,停发 OBSER 广州小天气图报。

1973 年 4 月—1977 年 4 月,保亭县气象站担负预约拍发 OBSNY 海口、乐东机场航危报。

1965 年 9 月 1 日,保亭县气象站担负不定时拍发雨量过程报和大风实况报等重要天气报。2008 年 6 月 1 日,增加不定时拍发霾、浮尘、沙尘暴、雾、雷暴、龙卷风、冰雹等重要天气报,

保亭县气象站还担负拍发热带气旋加密报。经上级气象部门组织预约,在热带气旋期间每小时开展补充观测,拍发地面天气加密报告。

1965 年 9 月 1 日起,保亭县气象站担负每月编制地面观测月、年报表 3 份,分别寄往广东省气象局和海南行政区气象局各 1 份,站自存 1 份。在海南黎族苗族自治州气象局自治州管理期间,还向自治州气象局报送气象要素简表。1988 年 2 月,停止上报自治州气象局气象要素简表。1989 年 1 月,停止上报广东省气象局月报表(气表-1)和年报表(气表-21),仅向海南省气象局报送气表-1 和气表-21。

地面遥测自动气象站 2006 年 1 月 1 日,保亭县气象站建成 ZQZ-C$Ⅱ_1$ 型地面遥测自动气象站并投入使用,实行人工站和自动站平行观测。

区域自动气象站网建设 截至 2008 年底,保亭县气象站建成全县 9 个中尺度乡镇自动气象站和大本公路气象站并投入业务运行,基本形成覆盖全县的气象监测网络。

气象信息网络建设 1969—1988 年,保亭县气象站的气象报文是用专线电话报县邮电局报房,再由报房上传给收报单位。1986—1992 年,利用甚高频电话直接报送海南省气象台。1986 年 1 月,使用 PC-1500 袖珍计算机编制报文。1995 年 1 月,使用 X.25 网络传送气象报文。1996 年 1 月,开始用台式计算机编制气表-1。2005 年网络升级,使用光纤、交换机和路由器等组成的 2 兆宽带网络传送气象报文报表。2005 年 1 月,开通 OA 网上无纸化办公系统,通过 OA 系统传递气象报表和各种文件。2005 年 3 月,安装使用视频天气会商系统。

天气预报 保亭县气象站自 1969 年业务运行后,开始制作天气预报。通过接收大台天气广播和抄收全国有关台站实时气象资料,绘制天气形势简图和单站气象要素时间剖面图,结合预报经验制作未来 24 小时、48 小时晴雨天气预报,报送县广播站广播。在热带气旋等重大天气影响之前,制作专题天气预报,直接向县领导当面汇报,并报送县三防办、县委办公室、县政府办公室及有关部门。1986 年 5 月,通过气象传真接收天气形势图和卫星云图。1986 年 8 月,安装使用甚高频对讲机,实现县气象站和省气象台直接进行天气会商。1995 年 1 月 1 日,使用计算机网络终端直接调取天气形势图、卫星雷达等资料等。

保亭县气象站开展月天气趋势预报、今冬明春和汛期天气趋势预报的制作，并抄送县委县政府各部门和有偿服务单位。

2. 气象服务

保亭县气象局(站)积极做好气象服务，为保亭县委、县政府和决策部门指挥生产、组织防灾减灾、气候资源合理开发利用和环境保护等方面提供气象信息，主要有公众气象服务、决策气象服务、专业与专项气象服务(人工影响天气、防雷等)、气象科技服务与技术开发、气象科普宣传等。

公众气象服务 1969年，保亭县气象局(站)开始每天制作未来24小时和48小时的晴雨预报，送县广播站播报。1997年1月，县气象局和县电信局合作开通“121”天气预报自动咨询电话后，每天3次制作发布“121”天气预报；2005年1月，升级为“12121”天气预报自动咨询电话。2008年5月，启动气象预警信号发布服务。2008年6月，开始制作全县各乡镇电视天气预报，送县广播电视台播放。2008年8月，在县政府大楼安装使用第一块LED气象电子显示屏。

决策气象服务 保亭县地处海南岛内陆，主要气象灾害是热带气旋、暴雨。热带气旋年平均影响个数3.5个，给保亭县人民生命财产带来的损失极为严重。1989年10月，连受4次台风袭击，其中8926号强台风从陵水县沿海登陆，穿过保亭县境内，带来瞬间极大风速达40米/秒的狂风，日降水量220.5毫米，台风过程降水量241.0毫米，造成3人死亡、5人失踪，直接经济损失1.3亿元。

在这次重大气象灾害服务过程中，保亭县气象局提前26小时向县委、县政府及各有关部门汇报台风情况，发布台风警报3次、紧急警报2次、当面向县领导汇报1次。县气象局工作提前及时到位，保障气象信息的及时传递，为县委、县政府做防台决策起了很好的参谋作用。

1995年8月4日，保亭县城突发特大洪灾，即“8·4”洪灾。是由县城方圆30千米范围内的局部性特大暴雨所造成，日降水量394.8毫米，引起山洪暴发，县城被两次洪峰冲击，文明桥被冲断；受灾人数45277人，死亡11人、失踪1人、213人无家可归，直接经济损失1.37亿元。此次洪灾造成的损失比保亭县城地区有史以来的任何一次台风带来的损失都要大。在这次洪灾气象服务过程中，县气象局领导主动果断提出，申请三亚713天气雷达不间断跟踪热带云团移动，及时把雷达回波信息传递到县领导手中，为县领导的抗洪决策起到决定性作用，受到县委、县政府和省气象局的表彰。

专业与专项气象服务 1977年7月2—10日，保亭县气象局首次与部队联合开展高炮人工增雨作业，共发射163发炮弹，降雨量为27.9毫米。1995年5月4—13日，开展高炮人工增雨作业。县城发射炮弹160发，炮点降水量244.3毫米；新政镇发射炮弹180发，炮点降水量235.3毫米。1999年4月19日—5月5日，新政镇炮位开展人工增雨作业。几次增雨作业均取得较好效果，有效地缓解了旱情。

1996年，保亭县气象局开始从事防雷减灾气象服务，为各单位、国营农场的建筑物提供防雷安全服务。1997年，开始开展专项预报有偿服务，与各单位、国营农场签订气象有偿服务协议，制作旬、月天气预报及热带气旋动态等专项气象服务产品。同时，积极为中国保亭七仙温泉嬉水节等重大活动提供专项天气保障服务。

气象科技服务与技术开发 1975年,保亭县气象局开展预报改革,参加海南行政区气象局组织的2次预报改革大会战,利用单站气象要素时间剖面图制作台风影响及降水预报工具多套。1974年,应用数理统计方法制作7—9月台风影响个数预报工具3套;应用单站要素制作点聚图预报1—12月24～48小时晴雨预报工具1套。2007年,李健生的论文《计算机编程在雷击风险评估中的应用》发表于《气象研究与应用》增刊上。

气象科普宣传 2005年1月,开始每月编发《保亭气象》宣传刊物。2007年7月20日,保亭县气象局为了加强对学校的防雷知识宣传,与保亭县教科局在保亭中学多媒体教室举办有全县各中小学校长参加的防雷知识讲座。邀请了省气象局防雷专家讲解雷电基本知识。并向各中小学校分发防雷知识宣传光盘、防雷知识宣传挂图和防雷知识宣传手册。2008年3月,开通保亭县气象局公众网。2008年5月13—15日,保亭县气象局组织技术人员随同县宣传组到新政、什玲、南林等乡镇进行气象知识、防雷知识、气象法律法规的宣传,共发放《防雷知识宣传手册》、防雷知识宣传挂图、气象法律法规、《保亭气象》等宣传资料近1500份,接受科技咨询295人次。

气象法规建设与管理

依法行政 2004年1月,保亭县气象局成立海南省气象行政执法总队保亭分队,4人取得执法资格证。积极开展气象执法工作,依法在全县范围内进行气象执法巡查。

2008年2月2日,通过县政府印发《保亭黎族苗族自治县进一步加强气象灾害防御意见》(保府办〔2008〕9号,备案号QSF-2008-170010号)。

保亭县气象局的社会管理主要有探测环境保护、施放气球管理和防雷管理。2004年10月1日,施行《气象探测环境和设施保护办法》,保亭县气象局依法保护气象探测环境。截至2008年止,未出现破坏气象探测环境的事件。

2005年2月1日,施行《施放气球管理办法》,保亭县气象局依法对境内施放无人驾驶自由气球和系留气球进行行政审批管理。

2000年1月1日,实施《中华人民共和国气象法》,保亭县气象局依法执行防雷减灾管理职能。2008年,设立行政审批办公室,依法开展防雷设计审核和竣工验收的行政审批工作。

政务公开 2004年,保亭县气象局执行"两公开、两监督"制度,对政务、财务等方面进行广泛公开,公开方式有:会议公开、OA网上公开、政务公开栏上公开等。对干部任用、人员考核及财务开支等事项,实行先公开后实行制度。坚持每月进行1次财务公开,政务公开不定时进行,广泛接受群众监督。

党建与气象文化建设

1. 党建工作

党的组织建设 1965—1977年党建情况不详。1978年,保亭县气象局建立党小组。1980年2月,成立中共保亭县气象局党支部。1986—1991年,因县气象局党员人数不足3人,党员编入县农业局党支部。1992年—1995年1月,经县农业局党总支部批准成立县气象局党支部。1995年2月，因人员变动，党员不足3人，党员又编入县农业局党支部。1999年，成立中共保亭县气象局党支部。至2008年底，县气象局党支部已有党员6人，其中退休党员1人。党支部会议内容主要是民主生活会、局内工作安排、人事变动、学习等。1993年以来，何家柏、林觉雄、李健生先后被中共保亭县委和县直机关党委评为优秀共产党员。

党风廉政建设 1996年，保亭县气象局党支部积极开展廉政教育宣传工作以来，每年制定廉政工作计划，分别与省气象局和县政府签订廉政责任书，与局里各股室签订廉政分解责任书。2005年，开展以实践"三个代表"重要思想，保持中国共产党员先进性的教育活动。2007年，开展"八荣八耻"学习活动，通过一系列的学习，全局职工端正了思想意识，树立了正确的荣辱观。2008年，在县委、县政府的指导下，开展"再创作风新优势，再树干部新形象"的整风活动。

从2002年开始，保亭县气象局制度建设得到重视并逐步走上正轨。2002年，制定了《保亭县气象局岗位细化分解方法》，并逐年根据工作情况修正。截至2008年底，已制订并执行《民主决策制度》、《内部会议制度》、《应急服务制度》等。

2. 气象文化建设

2003年3月20日，保亭县气象局成立精神文明建设领导小组，林觉雄局长任组长，下设办公室，同时制定和制订了《保亭县气象局精神文明创建工作管理办法》、《保亭县气象局气象文明行业规范》、《保亭县气象局创建部门文明行业规划》、《保亭县气象局党支部会议制度》及《保亭县气象局精神文明建设年度工作计划》等，并付诸实施，详细规划了精神文明建设工作的方向。

从2004年开始，保亭县气象局大力开展创建精神文明建设活动，改善办公、生活环境，制作政务公开栏、学习园地宣传栏，设立图书阅览室、职工活动室。图书室拥有图书2500册。经常组织乒乓球赛、篮球赛等活动。2003年，在省气象局组织的首届全省气象部门男篮比赛中，参与东部队比赛，获得第三名。2007年，在省气象局组织的第二届全省气象部门男篮比赛中，参与南部队比赛，获得第四名。2008年4月1日，中共保亭黎族苗族自治县县委、县政府授予保亭县气象局为"保亭县2007年度文明单位"称号。

3. 荣誉

1989—2008年，保亭县气象局获得县处级以上集体荣誉7项。其中，1989年11月16日，保亭县气象局被海南省气象局授予"防台风先进单位"称号。1995年，被保亭县委、县政府评为"8·4"洪灾抗洪抢险先进单位。1997年6月27日，因机关工作作风建设成绩显著，被保亭县委、县政府授予先进单位称号。1998年，被中国气象局评为"防汛抗洪气象服务先进集体"。1999年，被海南省气象局评为"1998年重大灾害性天气服务优质服务单位"；同年，被海南省气象局评为"1998年目标管理优秀达标单位"。2008年6月，被保亭县政府授予"2007年度安全生产先进单位"称号。

1984—2008年，保亭县气象局个人获得县处级以上个人荣誉6人次。

台站建设

1965年初，广东省气象局和海南省行政区气象局派员对保亭县气象站进行选址勘察，选中保城镇“郊外”现在观测场的位置，建成面积为20米×16米的铁丝网观测场。1976年，建设1幢面积为84平方米的办公及宿舍平房。1982年12月，建成二层总面积为440平方米的宿舍楼和一排伙房及整个大院围墙。1992年1月15日，经保亭县国土局测量，大院土地总面积为9746.9平方米；2004年，经保亭县政府办公室（保府办函〔2004〕15号文）批准，面积增加669平方米，现总面积为10415.9平方米。1995年，将观测场铁丝网围栏改为面积25米×25米水泥墙结构围栏。2004年12月30日，建成面积为754.8平方米的办公楼。2005年，进行观测场改造，面积为20米×16米，围栏是以木排为主。2007年8月，职工集资建成总面积为660平方米的宿舍楼。2008年，改造大院后门、车库和生活区道路，较大地改善了干部职工的工作生活条件。

2006年1月建成的保亭黎族苗族自治县气象局观测场

20世纪70年代的保亭县气象服务站办公及宿舍用房

2004年12月建成的保亭黎族苗族自治县气象局办公楼

1982 年 12 月建成的保亭县气象局职工宿舍楼

2007 年 8 月建成的保亭黎族苗族自治县气象局职工集资宿舍楼

琼中黎族苗族自治县气象局

海南省琼中黎族苗族自治县(以下简称琼中县)地处海南岛中部的五指山北麓,总面积2693.1平方千米,辖10个乡镇和16个农、林、茶、牧场,总人口21.3万。琼中县是海南黎族农民起义领袖王国兴的故乡,境内有白沙革命起义纪念碑、百花瀑布、明朝水会所城遗址以及宋、明、清朝摩崖石刻遗迹等。

1948年3月始建琼中县。1950年6月撤销琼中县建制。1952年5月恢复琼中县建制。1987年12月成立琼中黎族苗族自治县(以下简称琼中县)。

琼中县属热带海洋性季风气候,年平均气温22.8℃,年日照时数1830.8小时,年雨量2438.8毫米,年暴雨日11天,是全国暴雨中心之一。

1991年11月17日,中国气象局副局长马鹤年到琼中县气象局检查指导工作。

机构历史沿革

历史沿革 1955年8月,建立广东省琼中气象站,为股级单位,站址位于乘坡乡,北纬18°54′,东经109°59′。1958年10月,改名为广东省琼中县气象站。1959年6月,站址迁至县城营根镇"郊外",地址为营根镇水潮巷6号,占地面积8465平方米,位于北纬19°02′,东经109°50′,观测场海拔高度250.9米。1959年7月,改名为广东省琼中县中心气象站。1960年4月,改名为广东省琼中县气象服务站。1968年5月,改名为广东省琼中县气象站革命领导小组。1968年12月,改名为广东省琼中县社会主义农村建设服务站气象组。1970年9月,改名为广东省琼中县气象站。1971年2月,改名为广东省琼中县气象服务站。1972年12月,改名为广东省琼中县气象站。1979年12月,升格为科级单位。1981年5月,名称为广东省琼中县气象局,实行局站合一的管理模式。1987年12月,名称为广东省琼中黎族苗族自治县气象局。1988年4月海南建省,5月名称变更为海南省琼中黎族苗族自治县气象局。2007年1月,确定为琼中国家气候观象台。2008年12月31日起,恢复国家基本气象观测站名称。

琼中县气象站是国家基本气象观测站、国家一级农气站。

管理体制 1955年8月建站初期,广东省琼中气象站属地方建制,实行广东省气象局与琼中县人民委员会双重领导,以广东省气象局领导为主。1958年10月,实行广东省气象局与琼中县人民委员会双重领导，以琼中县人民委员会领导为主。1962 年 8 月，实行广东省海南行政公署气象局与琼中县人民委员会双重领导，以广东省海南行政公署气象局领导为主。1969 年 1 月，实行广东省海南行政区气象局与琼中县革命委员会双重领导，以琼中县革命委员会领导为主。1971 年 4 月，实行琼中县革命委员会与琼中县人民武装部双重领导，以琼中县人民武装部领导为主。1973 年 9 月，实行广东省海南行政区气象局与琼中县革命委员会双重领导，以琼中县革命委员会领导为主。1981 年 1 月，广东省海南黎族苗族自治州气象局成立，实行广东省海南黎族苗族自治州气象局与琼中县人民政府双重领导，以广东省海南黎族苗族自治州气象局领导为主。1984 年 1 月，广东省海南黎族苗族自治州气象局被撤销，实行广东省海南行政区气象局与琼中县人民政府双重领导，以广东省海南行政区气象局领导为主。1985 年 1 月，恢复广东省海南黎族苗族自治州气象局建制，实行广东省海南黎族苗族自治州气象局与琼中县人民政府双重领导，以广东省海南黎族苗族自治州气象局领导为主。1988 年 1 月，广东省海南黎族苗族自治州气象局再次被撤销，实行广东省海南行政区气象局与琼中黎族苗族自治县人民政府双重领导，以广东省海南行政区气象局领导为主。1988 年 5 月，成立海南省气象局，实行海南省气象局与琼中黎族苗族自治县人民政府双重领导，以海南省气象局领导为主的体制。

机构设置 1980 年 12 月，广东省琼中县气象站设置地面测报股和预报农气股。1995 年 6 月，海南省琼中黎族苗族自治县气象局增设防雷技术所。2004 年 1 月，成立防雷工程部。2008 年 1 月机构设置：办公室、预报服务股、地面测报股、防雷技术所、防雷工程部。

单位名称及主要负责人变更情况

单位名称	姓名	职务	任职时间
广东省琼中气象站	崔铭昌	副站长（主持工作）	1955.08—1958.09
广东省琼中县气象站			1958.10—1959.06
广东省琼中县中心气象站			1959.07—1960.03
广东省琼中县气象服务站			1960.04—1960.07
	杨炯填	组长	1960.08—1962.03
	崔铭昌	副站长（主持工作）	1962.04—1962.07
	梁振森	站长	1962.08—1963.04
	梁利兴	站长	1963.05—1968.04
广东省琼中县气象站革命领导小组			1968.05—1968.12
广东省琼中县社会主义农村建设服务站气象组			1968.12—1970.08
广东省琼中县气象站			1970.09—1970.10
	詹尊严	站长	1970.11—1971.01
广东省琼中县气象服务站			1971.02—1971.03
	符致兴	指导员	1971.04—1972.11
广东省琼中县气象站	符策雄	指导员	1972.12—1973.09
	詹尊严	站长（股级）	1973.10—1979.11
		站长（科级）	1979.12—1981.04

续表

单位名称	姓名	职务	任职时间
广东省琼中县气象局	詹尊严	副局(站)长(主持工作)	1981.05—1981.09
	陆世光	副局(站)长(主持工作)	1981.10—1984.05
	文少娟(女)	负责人	1984.06—1984.09
	杜家河	副局(站)长(主持工作)	1984.10—1987.11
广东省琼中黎族苗族自治县气象局			1987.12—1988.04
海南省琼中黎族苗族自治县气象局			1988.05—1990.03
	陈家坤	副局(站)长(主持工作)	1990.04—1992.03
	杜家河	局(站)长	1992.04—1994.04
	陈家坤	局(站)长	1994.05—2003.05
	王信辉	局(站)长	2003.05—

人员状况 1955年建站初期只有5人，都是初中学历。1978年发展到17人，其中大专学历1人，中专学历3人，高中学历11人，初中学历2人。1980年12月，全站编制12人。2008年底在编人员16人，其中本科学历3人，大专学历12人，中专学历1人；中级职称2人，初级职称12人，实习生2人；年龄结构：20～30岁3人，31～40岁5人，41～50岁7人，51岁以上1人。外聘工勤人员5人。在职党员8人，退休党员1人。

气象业务与服务

1. 气象业务

地面气象观测 1955年11月1日起，每天开展01、07、13、19时(1960年6月之前采用地方平均太阳时，1960年7月以后采用北京时)4次定时气象观测，昼夜守班。同年11月15日起，进行02、05、08、11、14、17、20、23时8次定时观测，编发02、08、14、20时4次天气绘图报和05、11、17、23时补充绘图报。1961年4月，取消11时、23时补充绘图报发报，2006年起恢复发报。

1957年11月起，增加航空报、危险报任务，每天04—18时每小时观测和编发航空报、危险报。1963年3月，航危报改为每天06—18时每小时观测、发报，同年7月，航危报又改为每天00—24时每小时观测、发报。2001年起，航危报改为每天08—18时观测、发报。

另外，地面测报还担负农业气象旬(月)报、热带气旋加密观测报、陆地测站地面月报等编发报任务。

1955年11月—1995年9月，手工编制4份地面气象观测月、年报表，分别上报中国气象局、省气象局、区或州气象局各1份，自留底1份。1986年1月，采用PC-1500袖珍计算机编制气象报表。1995年10月，用台式计算机编制气象报表。2001年，停止向上级气象业务部门寄发纸质地面月、年报表，改为从计算机网络报送电子版本。

1955年11月1日，地面观测项目有：气压、气温(干、湿球，最高、最低)、风向、风速、云、能见度、天气现象、降水、蒸发量(小型)。1961年1月起，增加日照、地面0厘米、地面最高、地面最低和曲管5、10、15、20厘米地温观测。1997年7月1日，增加大直径E601-B型蒸发观测项目，2002 年 1 月 1 日起，停止小型蒸发观测。2006 年 7 月 28 日，增加草面温度观测。2006 年 9 月，安装闪电自动定位探测仪，自动观测和发报。

自记仪器有：乔唐式日照计，EL 型电接风向风速器，EN1 型风向风速计，气压计、温度计和湿度计，SJ1 型虹吸式雨量计。

地面遥测自动气象站 2003 年 10 月，建成 ZQZ-CⅡ型遥测自动气象站。2004 年 1 月 1 日起，实行人工站和自动站双轨运行，自动站观测项目有：气压、气温（干、湿球，最高、最低）、湿度、雨量、风向风速、日照、E601-B 型蒸发、地温（最高、最低、0～320 厘米）。

自动站每小时上传 1 次观测资料，编制 24 小时观测资料月、年报表。

区域自动气象站网建设 2005—2007 年，自筹资金在全县 10 个乡镇建成了 13 个四要素和五要素自动气象站并投入业务运行。2008 年，建成 1 个公路自动气象站。

气象信息网络建设 1955—1978 年，通讯设备是手摇式电话机。1986 年，配置单边带对讲机。1994 年，配置台式计算机。1995 年 4 月，实现计算机网络通信。2005 年 1 月，实现了 2 兆光纤通信、固定电话通信、手机通信、预报视频天气会商，开通 OA 网上无纸化办公系统。

天气预报 1959 年，琼中县气象站开始制作 24 小时和 48 小时补充订正天气预报。1964 年起，增加 72 小时天气预报和旬（月）天气趋势预报、冬春（11 月—翌年 4 月）、汛期（5—10 月）天气趋势预报。

20 世纪 60 年代，主要通过每天收听海南区气象台发布的天气系统分型和天气预报，利用天气图分析法制作天气预报。20 世纪 70 年代前期，李振加同志进行本站统计预报试验和研究工作。1973 年和 1975 年，预报人员分别参加海南区气象局在琼中县和乐东县举行的预报技术攻关活动，研制出一系列预报工具和图表，将气候变化特征相似法、点聚图法、相关分析、韵历法等数理统计预报法和单站综合要素时间剖面图，应用于本站长、中、短期天气预报业务。短期预报增加了广东省气象台发布的东亚地面、850 百帕、700 百帕、500 百帕天气实况分析资料填绘的简易天气图。1981 年 10 月，利用 123 型气象传真收片接收北京气象中心和长沙气象中心广播的天气实况分析图，后来增收日本的地面气压、降水 24～48 小时预报图。20 世纪 80 年代中后期，开展了数值 MOS 预报、PPM 预报方法的研究应用于短期天气预报。1995 年，使用计算机及其网络调取各种天气图资料做天气预报。2000 年，安装 PC-VSAT 单收站和气象信息综合分析处理系统（MICAPS1.0），利用卫星气象资料，在计算机上分析处理做出天气预报，使卫星云图分析法得到广泛应用。经过预报技术发展，短期天气预报质量不断提高，中、长期预报业务水平也得到一定提高。

农业气象观测 1958 年 1 月，开展农业气象观测工作，观测项目有水稻、蕃薯、甘蔗，1962 年 7 月停止观测。1973 年 1 月，恢复水稻观测。1980 年 1 月，增加物候（苦楝树、玉兰树）观测和土壤湿度试验观测。1982 年 9 月，停止土壤湿度观测。1983 年，物候观测增加燕子、青蛙项目。2005 年 1 月，增加自然坡地、旱地作物、橡胶林 3 种地段的土壤湿度观测和百花岭水库、大岭水库水情观测。

2. 气象服务

①公众气象服务

1959 年，通过县广播站为公众播出未来 24 小时和 48 小时天气预报、灾害性天气预报警报。1964 年，增加 72 小时天气预报，1979 年取消。1990 年，增加《琼中农业气象情报》。2000 年，增加农业气象专题服务、重大节日期间天气预报内容。

2005 年，除了通过县广播站每天 3 次播出天气预报外，还增加在县电视台电视字幕滚动播出天气预报。2008 年 6 月，改版为各乡镇天气预报，将自制语音天气预报节目送交县电视台播出。

2005 年，开通海南兴农网，每天提供当地物价和农业新闻。同年，创办琼中气象网，在网上提供短期天气预报、气象新闻、气象法律法规及气象科普知识等内容。2007 年，组建乡镇气象信息员队伍，通过手机短信形式提供灾害性天气预报信息服务。

②决策气象服务

2000 年以前，开展决策气象服务主要是在灾害性天气到来之前，为琼中县委、县政府及其他部门提供防灾减灾的书面报告及建议。2000 年以后，决策气象服务内容扩展到为县委、县政府举办重要性的大型会议、重大活动提供气象服务，服务方式也从过去的书面报告、电话报告发展到手机短信、网络等多种方式。

2004 年 9 月中旬，县政府要求县气象局在 11 月中下旬选出 3 天“好天气”作为召开“第三届中国柑橘产业化论坛暨首届海南绿橙节年会”的时间。9 月下旬，县气象局预测“11 月 20—22 日为最佳时段”，使年会按期成功举办，县长曾平代表县政府致电县气象局表示感谢。

2005 年 9 月 25—27 日，强台风“达维”袭击海南省，琼中县出现特大暴雨和 11 级大风，8 级大风维持近 32 小时。9 月 23 日，县气象局预报“强台风‘达维’将登陆本省，对本县造成严重影响”，并积极开展服务，取得了“大灾无人员伤亡、经济损失减少到最低限度”的效果，被县委、县政府评为“防风救灾先进单位”。

③专业与专项气象服务

人工增雨作业 1978 年，县气象局开始采用“三七”高炮进行人工增雨作业。2004 年起，采用流动火箭作业车进行人工增雨作业。

1995 年春季，琼中县发生严重干旱，县气象局提前做出干旱预测，并于 5 月 3 日—11 日开展人工增雨作业，累计增雨量 221.6 毫米。全县通过增雨，完成夏种作物 2501.1 公顷；罗解水电站发电量比增雨前增加 300 千瓦时；解除橡胶受旱面积 36118.8 公顷，全县提前割胶 10 天，收益 800 多万元。

防雷技术服务 1995 年 6 月，成立海南省防雷中心琼中县防雷技术所，为用户提供防雷装置检测、防雷工程技术服务。2004 年，成立海南防雷技术服务中心琼中防雷所和海南祥云雷电防护公司琼中工程部。县防雷所负责对全县建筑物防雷装置进行检测，工程部负责防雷工程设计和施工。

农业气象服务 早稻生产趋利避害服务：1969—1970 年，县气象局詹尊严等技术人员对早稻产量低而不稳的原因进行研究，得出“早稻花粉细胞分裂期及抽穗扬花期易受低温阴雨的危害，造成结实率低，产量低而不稳”的结论。此后，对早稻花粉细胞分裂期及抽穗扬花期影响较大的“清明风”进行研究，1974—1976 年对“清明风”进行准确预报，并提出“合理安排早稻生产品种与季节安排”的建议。建议被县政府采纳，在全县推广应用，使琼中县早稻连年获得大丰收，早稻平均亩产从 1972 年的 175 千克提高到 1976 年的 350 千克。

杂交水稻高产技术推广服务：1992 年，县气象局开展杂交水稻(汕优 63 号)适度密植大面积试验，面积 6.67 公顷，结果实测平均亩产 498.65 千克，比常规水稻品种亩产量增产 80％以上。《海南日报》、琼中县电视台对此进行了专题报道。海南大学农学系的 21 名师生来琼中县进行实地考察。琼中县政府组织各乡镇领导到试验田参观学习，在全县推高产技术。

“琼中海南绿橙”宣传服务：为扩大“琼中海南绿橙”知名度，2003 年 12 月，县气象局组织摄制介绍“琼中海南绿橙”的节目，送中央电视台第 10 频道天气预报节目播出。县委书记朱清敏说“县气象局为琼中人民办了一件大好事，我代表琼中人民表示感谢”。

④气象科技服务

1983 年，县气象局开始为各乡镇、国营农(林、茶)场、企业提供有偿气象科技服务。1995 年，为荔枝、龙眼、绿橙水果种植园主提供科技服务。服务的产品有：24 小时、48 小时短期晴雨预报、气象资料、旬(或月)天气趋势预报、汛期或冬春天气趋势预报、不定期 1～7 天中短期天气预报。1994 年 5 月，投资 3 万元建成气象信息预报警报发射系统，每天早、中、晚 3 次为用户播出短期天气预报、热带气旋消息、警报等。1997 年开通“121”天气预报自动答询电话，2005 年升级为“12121”天气预报自动答询电话，每天早、中、晚 3 次提供未来 6～48 小时晴雨、温度、天气预报等答询服务。

⑤气象科普宣传

1999 年起，每年在“3·23”世界气象日和安全生产月期间，县气象局开展气象法律法规和气象灾害防御知识宣传活动。在县城街道、乡镇、学校、农场悬挂宣传标语横幅、设立咨询点、散发宣传资料、用 PPT 讲课，邀请中小学生、社会公众到县气象局参观。2005 年 4 月，自办宣传月刊《琼中气象》，还将气象科普宣传片送县电视台播出。

⑥气象科技成果

1974 年以来，琼中县气象局干部职工对预报技术与服务做了探索，先后在《气象》、《气象科技》、《广西气象》、《热带作物学报》等刊物上发表论文 9 篇，获奖论文 14 篇。其中《琼中县“寒露风”及其预报》参加 1975 年“全国水稻‘寒露风’科研服务经验交流会”交流；《用最大限度分辨法做初台、最冷时段预报》参加 1976 年“全国长期天气预报经验会”交流；《清明风的调查与应用》和《西太平洋台风登陆纬度预报》1979 年获广东省科学大会优秀科技成果奖。

气象法规建设与管理

依法行政 2000 年 1 月，琼中县气象局依据《中华人民共和国气象法》等法律法规实施防雷和施放气球管理职能。2006 年 9 月，设立气象行政许可服务窗口，对外公布气象行政审批事项、程序、期限、制度，开展防雷装置设计审核、防雷工程竣工验收和气球施放行政审批工作。

2003 年 5 月，成立海南省气象行政执法总队琼中分队，每月开展气象行政执法巡查，取缔违法进行防雷施工、施放气球和危害观测环境等行为。

政务公开 抓好“两公开、两监督”工作，财务开支、基建投标、人事任免、职工福利、评优评奖等都在局务公开栏公布。2005 年，开始在 OA 办公网上公布，设置“六个一流”、“气象道德建设基本要求”标牌和政务公开栏等。

党建与气象文化建设

1. 党建工作

党的组织建设 在1971年3月以前，琼中县气象站党员编入县农林水党支部，1971年4月起党员编入县武装部党支部。1974年11月，成立县气象站党支部，有党员5人。截至2008年底，县气象局党支部有在职党员8人，退休党员1人。

2004—2006年王信辉同志被中共琼中县委评为“优秀党务工作者”。

党风廉政建设 1998年，琼中县气象局成立党风廉政建设工作领导小组，制定《民主决策制度》等制度，每年签订《党风廉政建设责任制书》，加强党员教育，使党风廉政建设得到加强，人人遵守党纪国法。

2. 气象文化建设

1986年1月，琼中县气象局开展精神文明建设和劳动竞赛活动。1997年，开展“讲文明，树新风”活动。2000年，制订《精神文明创建规划》并抓落实。2005年，开展“五好文明家庭”、“先进股室和先进个人”评比活动。发动大家向灾区人民、贫困学生捐款捐物。创办学习园地、图书阅览室、娱乐健身室、荣誉室。2006年，制订《精神文明建设实施方案》，成立领导小组，完善《琼中县气象局岗位量化考核办法》等20多项管理制度，抓政治理论学习、科技创新、人才队伍建设、气象业务现代化建设，积极为琼中防灾减灾和经济建设服务。同时，加强环境改造，使环境绿化、美化、净化、靓化。

3. 荣誉

1978—2008年，琼中县气象局(站)获得县处级以上集体荣誉40项。其中，1978年被中央气象局授予“全国气象部门‘学大庆、学大寨’先进单位”；1986年度被广东省气象局评为“两个文明”建设先进单位；2002—2005年度被海南省气象局评为“全省气象工作先进集体”；2003—2006年度被海南省委、省政府评为文明先进单位；2005年被海南省气象局授予“目标管理特别优秀达标单位”；2006年被中国气象局授予“全国气象部门文明台站标兵”称号；2007—2008年琼中县气象局被海南省气象局评为“重大气象服务先进集体”；2008年度被中央精神文明建设指导委员会办公室评为“全国精神文明建设工作先进单位”。

1978—2008年，琼中县气象局(站)个人获得县处级以上荣誉69人次。其中，1978年10月，詹尊严同志被评为“全国气象部门‘学大庆、学大寨’先进工作者”，受邀出席“全国气象部门‘双学’代表大会”，受到党和国家领导人的接见。

台站建设

1955年建站初期，仅有1间30平方米的茅草房。1959年，站址迁到营根镇“郊外”时，建有5间砖瓦房，总面积约55平方米。20世纪70年代，建起6间瓦房和5间水泥预制板平房，总面积 180 平方米。1980 年，建起第 1 幢三层钢筋混凝土综合楼，面积 400 平方米。1982—1983 年，又建成 1 幢二层职工住宅楼，面积 400 平方米；1 排平顶房，面积 100 平方米。1985 年，建起独立卫生间，在空地上种植槟榔树和果树，改造院内道路，并安装了自来水管，解决了干部职工的饮水问题。1999 年，在观测场东北边建起 1 幢综合业务楼，面积 340 平方米。2002—2003 年，发动职工集资建房，在旧址处建起 1 幢四层 8 套（B 幢）和 1 幢三层 6 套（A 幢）的住宅楼，面积共 1526 平方米。2004—2006 年，拆除院内全部瓦房，硬化道路，种植草皮、花草、树木，建起 1 个标准羽毛球场和标准篮球场，安装室外健身器材 13 件，并对周边围墙进行了全面改造。2007 年，将 1 座“烂尾楼”改造成二层的行政办公楼，面积 762 平方米。至 2008 年底，琼中县气象局拥有办公楼 2 幢、职工住宅楼 3 幢。院内遍地红花绿草，生机勃勃，绿树新楼相映，道路干净宽敞，体育设施齐备。

2002 年，琼中县气象局自筹资金购置小轿车 1 辆。之后，又相继购置复印机、扫描仪、计算机、打印机、摄像机、饮水机、空调机等设备，较大改善了干部职工的工作条件。

2008 年改建的琼中黎族苗族自治县气象局观测场

20 世纪 80 年代的琼中县气象局综合办公楼

20 世纪 70 年代的地面值班室和职工宿舍

2003 年建成的琼中黎族苗族县气象局职工宿舍楼

2007年建成的琼中黎族苗族自治县气象局办公楼

西南中沙群岛气象台

海南省西沙群岛、南沙群岛、中沙群岛分布在辽阔浩瀚的南海，是中国南海诸岛的主要组成部分，习惯上合并称为西、南、中沙群岛。它们的地理位置极为重要，是中国西出印度洋，南至新加坡、印度尼西亚的海上航线必经之地，在海防和护渔、护航等对敌斗争中占有重要地位，自古以来是中国神圣不可分割的领土。1959 年 3 月，在西沙群岛永兴岛上设立西沙群岛、南沙群岛、中沙群岛办事处，正县处级。1974 年 4 月，西沙永乐群岛自卫反击战的胜利，使西沙群岛全部回到祖国怀抱。永兴岛是西沙群岛中最大的岛屿，面积约 2 平方千米，珊瑚岛位于永兴岛西南，面积为 0.25 平方千米。

西南中沙群岛属南海热带海洋性季风气候，终年高温，雨量充沛，季风明显，常年遭受热带气旋的侵袭。西沙永兴岛年平均气温为 26.4℃，年降水量为 1520 毫米。西南中沙群岛气象台(站)的气候资料对热带天气系统监测预报预测、南海海气研究等方面具有重要的参考价值和指导意义。

西南中沙群岛气象台(站)的工作得到各级党政领导的关怀与重视。1985 年 12 月 31 日，中共中央总书记胡耀邦视察珊瑚岛，与珊瑚气象站工作人员进行亲切交谈并合影。

机构历史沿革

历史沿革 1957 年 7 月 1 日，建立西南中沙群岛气象台(站)，建站之始称广东省西沙气象站，为股级单位。站址位于西沙群岛永兴岛宣德路，北纬 16°50′，东经 112°20′，观测场海拔高度 4.7 米。永兴地面站观测场面积 16 米×20 米，1980 年 6 月扩建为 20.3 米×21.8 米。2003 年 8 月扩建为 25 米×25 米。承担国家基本气象站观测任务。1959 年 8 月，更名为广东省西南中沙群岛海洋水文气象站。1962 年 5 月，更名为广东省西沙群岛海洋水文气象服务站。1966 年 4 月，更名为广东省西沙群岛气象服务站。1971 年 6 月，更名为广东省西沙群岛气象站。1972 年 9 月，建立西沙气象雷达站。1975 年 2 月，西沙群岛气象站与西沙气象雷达站合并成立广东省西南中沙群岛气象台，为科级单位。1974 年 4 月，西沙永乐群岛自卫反击战收复珊瑚岛后，次年 1 月 1 日建立珊瑚岛气象站并成为该台下设的 1 个股级单位；站址位于北纬 16°32′，东经 111°37′，海拔高度 4 米，观测场面积 16 米×20 米。

1988年4月海南建省，同年5月广东省西南中沙群岛气象台更名为海南省西南中沙群岛气象台，为科级单位。

管理体制 1957年7月—1958年10月，广东省西沙气象站实行广东省气象局领导为主。1958年10月—1962年8月，实行广东省气象局与广东省西沙、南沙、中沙群岛革命委员会双重领导，以广东省气象局领导为主。1962年8月—1968年12月，实行广东省气象局与与广东省西沙、南沙、中沙群岛工委办事处双重领导，以广东省气象局领导为主。1969年1月—1971年4月，实行广东省气象局与与广东省西沙、南沙、中沙群岛革命委员会双重领导，以广东省气象局领导为主。1971年4月—1973年9月，实行军队管理，以广东省气象局领导为主。1973年10月—1980年12月，实行广东省西沙、南沙、中沙群岛革命委员会与广东省气象局双重领导，以广东省气象局领导为主。1981年1月—1988年4月，实行广东省气象局与广东省西沙、南沙、中沙群岛工委办事处双重领导，以广东省气象局领导为主。1988年5月，海南建省气象局成立，实行海南省气象局与海南省西沙、南沙、中沙群岛工委办事处双重领导，以海南省气象局领导为主的体制。

机构设置 1975年2月，广东省西南中沙群岛气象台机构设置：永兴地面站、永兴高空站、永兴雷达站。1988年5月，海南省西南中沙群岛气象台机构设置：办公室、永兴地面站、珊瑚气象站、永兴高空站、永兴雷达站。2005年9月，增设后勤服务站。2008年机构设置：办公室、永兴地面站、永兴高空站、永兴雷达站、珊瑚气象站、后勤服务站。

单位名称及主要负责人变更情况

<table>
<tr><th>单位名称</th><th>姓名</th><th>职务</th><th>任职时间</th></tr>
<tr><td rowspan="2">广东省西沙气象站</td><td>汪海泳</td><td>站长</td><td>1957.07—1958.05</td></tr>
<tr><td>韩玉丰</td><td>站长</td><td>1958.05—1959.08</td></tr>
<tr><td rowspan="2">广东省西南中沙群岛海洋水文气象站</td><td>蔡周风</td><td>站长</td><td>1959.08—1960.12</td></tr>
<tr><td rowspan="2">孙孟辉</td><td rowspan="2">站长</td><td>1961.01—1962.05</td></tr>
<tr><td rowspan="2">广东省西沙群岛海洋水文气象服务站</td><td>1962.05—1965.06</td></tr>
<tr><td rowspan="2">孟庆山</td><td rowspan="2">站长</td><td>1965.07—1966.03</td></tr>
<tr><td rowspan="4">广东省西沙群岛气象服务站</td><td>1966.04—1968.08</td></tr>
<tr><td>谢　省</td><td>站长</td><td>1968.09—1969.05</td></tr>
<tr><td>金浩德</td><td>指导员</td><td>1968.08—1969.10</td></tr>
<tr><td>刘瑞民</td><td>站长</td><td>1969.05—1971.10</td></tr>
<tr><td rowspan="5">广东省西沙群岛气象站</td><td>补家花</td><td>指导员</td><td>1971.06—1971.10</td></tr>
<tr><td>张万冬</td><td>教导员（总支书）</td><td>1971.11—1973.08</td></tr>
<tr><td>刘瑞民</td><td>站长</td><td>1973.09—1974.03</td></tr>
<tr><td>陈武爵</td><td>站长</td><td>1974.04—1974.12</td></tr>
<tr><td rowspan="2">薛鸿宽</td><td rowspan="2">台长</td><td>1975.01—1975.02</td></tr>
<tr><td rowspan="4">广东省西南中沙群岛气象台</td><td>1975.02—1976.03</td></tr>
<tr><td>陈志元</td><td>台长</td><td>1976.03—1980.10</td></tr>
<tr><td>梁汉标</td><td>台长</td><td>1980.10—1982.11</td></tr>
<tr><td>张沛林</td><td>台长</td><td>1982.11—1987.05</td></tr>
</table>

续表

单位名称	姓名	职务	任职时间
广东省西南中沙群岛气象台	罗承柒	台长	1987.06—1988.03
	符定联	副台长(主持工作)	1988.03—1988.05
海南省西南中沙群岛气象台		台长	1988.05—1990.03
	杜家河	台长	1990.03—1992.04
	刘付忠	台长	1992.04—1993.05
	李芳合	台长	1993.05—1996.05
	李有炜	台长	1996.05—1998.03
	李汉辉	台长	1998.04—2000.03
	杨昌贤	台长	2000.04—2002.03
	李传龙	副台长(主持工作)	2002.03—2003.01
	张国剑	台长	2003.01—2005.07
	赵学华	副台长(主持工作)	2005.07—2008.05
		台长	2008.05—

人员状况　1957 年 7 月—1968 年 8 月，西沙气象台的工作人员，由广东省气象局安排调动上岛工作。1968 年 9 月—1988 年 3 月，由广东省气象局从全省各气象台站抽调轮换上岛工作。1988 年 4 月海南建省后至 2001 年，工作人员主要由海南、广东、广西、湖南、湖北、江西、江苏 7 省(区)气象局派遣或支援，期间云南省气象局主动派遣高空探测人员支援工作。从 2002 年开始，工作人员全部由海南省气象局自行解决。

1968 年 9 月起，西沙气象台有干部职工 11 人；1976 年有 70 人；1980 年有 36 人；1988 年有 45 人；2002 年发展到 50 人。截至 2008 年 12 月底，共有 34 人，其中男职工 26 人，女职工 8 人；汉族 24 人，苗族 1 人；年龄结构为：23～30 岁 22 人，31～40 岁 8 人，41～50 岁 4 人；学历结构为：本科学历 14 人，大专学历 15 人，高中或中专学历 5 人；职称结构为：中级职称 1 人，初级职称 26 人。党员 7 人。

人员轮换值班与休假　1957 年建站初期至 20 世纪 70 年代末，因交通不方便，西沙气象台(站)的工作人员实行轮换值班制度，上岛时间为 2～4 年。1982 年 11 月改为雷达人员 2 年轮换 1 次，其他工作人员 1 年轮换 1 次。探亲休假实行每年一休制，每次休假时间约为 2 个月。2004 年后，实行两班人马轮换班制，探亲休假时间每年约为 5 个月。

气象业务与服务

1. 气象业务

地面气象观测　西沙气象台永兴岛地面站为国家基准站。1957 年 7 月 1 日起，观测次数为 12 次，观测时间为地方平均太阳时 01、07、13、19 时和北京时 02、05、08、11、14、17、20、23 时；发报时间为 02、05、08、11、14、17、20、23 时共 8 次。建站起的观测项目为：气压、气压自记、气温、气温自记、最高气温、最低气温、相对湿度、风向、风速、降水量、降水量自记、云量、云状、云高、能见度、天气现象、湿度、饱和差、日照、地面状态。1961 年 10 月，增加蒸发观测项目。1971 年 1 月，增加风向风速(自记)观测。1980 年 1 月，增加水汽压、地面温度、地面最高温度、地面最低温度观测。2004 年 1 月 1 日，开始 24 小时连续观测。2007 年 1 月 1 日起，实行 24 小时逐时观测，发报时次为 02、05、08、11、14、17、20、23 时共 8 次。编发电报种类有：天气报、重要天气报、气象旬(月)报、气候月报。2007 年 1 月新增气象旬报任务，同年 2 月新增气象月报任务。1963 年 1 月 1 日—2006 年 12 月 31 日为国家基本气象站。2007 年 1 月 1 日—2008 年 12 月 31 日为国家气候观象台，之后恢复为国家基准气候站。

西沙气象台珊瑚岛气象站为国家基本站。从建站起每天进行气候定时观测，观测时次为 02、08、14、20 时(北京时，下同)4 次；天气观测发报时次有 02、05、08、11、14、17、20 时共 7 次，夜间守班。主要观测项目有：气压、气压自记、气温、气温自记、最高气温、最低气温、相对湿度、风向风速、风向风速自记、降水量、降水量自记、蒸发、云量、云状、云高、能见度、天气现象、湿度。1980 年 1 月 1 日，增加观测项目有：湿球温度、水汽压、露点温度、日照、地温、地面最高温度、地面最低温度。1991 年 12 月 1 日，西沙永兴地面站开始日射观测，观测项目为总辐射。编发电报种类有：天气报、重要天气报、气象旬(月)报、气候月报，重要天气报为每小时编发 1 次台风联防报。1989 年 11 月 1 日地面天气电码(GD-01Ⅱ)部分修改；1991 年 11 月 1 日执行新版地面报告电码 GD-01Ⅲ和重要天气报告电码 GD-Ⅳ；1996 年 10 月 16 日天气报中全年拍发 05—05 时雨量。珊瑚岛建站之始起为国家基本气象站，2007 年 1 月 1 日—2008 年 12 月 31 日为国家气象观测一级站；2009 年 1 月 1 日为国家基本气象站。

观测报文编制：1985 年 1 月前永兴、珊瑚站为手工编发报。1986 年 1 月起，使用 PC-1500袖珍计算机编报。1995 年 10 月，应用地面测报软件编报和制作报表。

气象观测报文、资料传递方式：20 世纪 50—80 年代，永兴、珊瑚站以自设电台直接与广州(广东省气象局)通报；90 年代，利用 9210 工程 VSAT 卫星通信站传输电报；2005 年起，应用 CDMA-1X 无线网卡、电话、手机等通信方式传输电报。2008 年 8 月 20 日起，永兴站 2 兆光纤投入使用，永兴站报文通过网络传输。

观测使用仪器：20 世纪 50 年代开始，永兴、珊瑚站使用原苏联、德国等外国仪器，规格型号杂乱；到 20 世纪 60 年代，地面观测仪器基本实现国产化，设备品种质量都大有改进。1969 年 1 月起，开始配备电接风向风速仪。2006 年 9 月，安装闪电定位探测仪。

测报采用的技术规范：1957 年 1 月 1 日—1960 年 12 月 31 日，执行中央气象局颁发的《气象观测暂行规范(地面部分)》；1960 年 1 月 1 日—1979 年 12 月 31 日，执行中央气象局颁发的《地面气象观测规范》(1960 年版)；1980 年 1 月 1 日—2003 年 12 月 31 日，执行中央气象局颁发的《地面气象观测规范》(1979 年版)；2004 年 1 月 1 日至现在，执行中国气象局颁发的《地面气象观测规范》(2003 年版)。

地面报表制作及上报：永兴地面站和珊瑚岛气象站均定期向中国气象局报送气象记录月报表(气表-1)和年报表(气表-21)。建站初期至 1986 年，使用手工抄录制作月报表和年报表；1986 年开始应用 PC-1500 袖珍计算机开展观测业务工作；1995 年配备台式计算机进行气象观测、发报和编制报表。

高空气象观测 1957 年 9 月 15 日，开展高空探测业务。西沙气象台永兴高空站为全球交换气象情报网站。高空站探测的结果，按规定编发探空报、测风报和气候月报。建站时测报采用的技术规定是《地面气象观测暂行规范（高空部分）》。每天07时、19时2次进行观测；有台风业务试验时，增加01时、13时探空观测。1974年4月起，使用GD03Ⅲ、GD04Ⅲ电码；2002年增加补充电码。探测要素为：自地面至30千米范围内各规定高度层次的风向、风速、温度、露点、露点差、气压、湿度、高度、矢量风等参数。

永兴高空站制作每月08时气候月报，制作高表-1、高表-2月报表。

20世纪50—80年代，永兴高空站报文、资料传递方式与地面观测站一致，以自设电台与广州（广东省气象局）通报；20世纪90年代，利用9210工程VSAT卫星通信站传输电报；2005年起，应用网络、电话、手机等通信方式传输电报。

西沙气象台永兴高空站业务沿革：1957年9月，开始07时小球经纬仪测风；1958年4月，开始19时小球经纬仪测风；1957年11月，改为07时探空、大球经纬仪测风。1974年4月改为07时和19时探空、大球701雷达综合测风。2006年3月改为07时和19时L波段雷达综合测风。

探空仪的沿革：1957年11月—1967年9月使用苏式P3-049型探空仪（从前苏联进口）；1967年9月后，使用国产59型探空仪；1974年4月，开始使用701A雷达；1987年7月，改用701B型雷达。2006年使用国产GTS1型数字式探空仪。

使用接收计算设备：24型发射机XS-D10型收报机及用SOK7820052回答器接收。从1986年1月起，推广使用PC-1500袖珍计算机探空测风记录处理计算程序，使记录处理时效快、质量有较大的提高，结束了手工点图计算数据处理及手工编报。1995年，高空业务用PC-1500袖珍计算机换成台式计算机投入使用，计算机程式转型，结束了高空手工抄报表的历史。1999年7月1日，使用了高空探测数据处理软件系统，解决了多年来以人工接收数据处理及编制报表的问题。2005年10月，开始西沙探空L波段雷达建设，2006年3月1日正式投入业务运行，实现了探测数据采集、监测和集成的自动化。

小球测风、雷达单独测风、探空使用气球型号分别是：20号、80号、120号气球，气球所用氢气为药品化学反应自制。

制氢设备沿革：自建站以来至2005年底，使用制氢缸进行化学制氢。2002年，重建化学制氢房和灌球室。2005年12月，安装QDQ2-1型水电解制氢设备，采用雨水净化电解制氢。2006年，电解水制氢设备正式投入使用。

永兴高空站统一执行全国的业务技术规定。测报采用的技术有1957年1月起，执行中国气象局颁发的《气象观测暂行规范（高空部分）》。1977年4月起，开始统一执行中央气象局颁发的《高空气象观测规范》。2004年1月，执行《常规高空气象探测规范》（2003年版）。2009年1月，执行中国气象局颁发的《高空气象探测业务规章制度》（2008年版）。

天气雷达观测 1972年9月，建成西沙群岛永兴气象雷达站，雷达型号为843型，波长10厘米、探测距离600千米，1988年7月11日，843雷达因无线支架锈坏无法修复后停止使用。1987年5月，新建三层雷达楼1幢，改装成都784厂生产714型天气雷达，波长10厘米（S波段）、探测距离600千米。1996—2007年，由于岛上高温、高湿、高盐及交通不便，设备维护困难，714雷达业务工作处于瘫痪状态。2005年8月，开始建设新一代天气雷达，型号为CINRAD/SC，波长10厘米。2007年6月，新一代天气雷达装机并投入业务试运行，提供回波强度、径向速度与谱宽及其衍生产品共23种。

2007年，在新一代天气雷达启用前，天气雷达站在每年汛期(3月1日—11月5日)每天08、11、14、17、20、23时共6个时次开机探测，提供探测回波强度与距离资料。1981—1983年，永兴雷达站参加国际台风业务试验。非汛期不定时开机探测，视需要而定。2007年6月，新一代天气雷达试运行后，每有重大活动、重大天气过程、汛期24小时不间断连续开机探测；其余时段每天开机运行2小时(15—17时)。

西沙群岛位于影响海南热带气旋的必经之路，永兴雷达站担负编发热带气旋情报和重要特性回波系统报告任务。编报采用地面雷达天气报告FM20-Ⅷ-RADOB电码形式。

2007年6月，新一代天气雷达试运行，数据处理软件都建立在Windows2000下，采用Visual＋＋、MFC和宏汇编语言开发，利用雷达实时处理程序将采集到的原始极坐标雷达数据保存到磁盘上，再由各种输出产品相应的产品生成处理程序调用原始数据，而原始数据采集的实现是通过中频接收机将回波信号向RVP信号处理器传输，再经RVP信号处理器将采样信号送到数据接收处和实时显示终端的数据采集板而实现的。

酸雨观测　2006年7月1日，永兴地面站增加酸雨观测业务，当日8时至次日8时的降雨样品累积量达1.0毫米时，进行电导率K值、酸碱度pH值测量。测量结果形成报文按规定时间上传，一般是在有酸雨观测的当日20时以前上传前一日的酸雨资料；每月5日20时前传输上月酸雨资料。观测采用的技术是由中国气象局批准发布的《酸雨观测业务规范》(2006年版)。

地面遥测自动气象站　2003年8月，永兴地面站安装地面遥测自动气象站。观测项目有：气压、气温、最高气温、最低气温、湿度、相对湿度、风向、风速、降水、地面温度、地面最高温度、地面最低温度、5～320厘米地温。2004年1月，永兴地面站自动站与人工站双轨试运行，以人工站为主；2006年1月开始，以自动站为主。

1996年12月，珊瑚岛地面站安装第一套遥测自动气象站并投入使用，观测项目有：气压、气温、最高气温、最低气温、湿度、相对湿度、风向风速、降水。2002年自动站改造，同年3月1日—2004年6月30日，增加观测项目日照。2005年重建自动站，同年2月1日投入使用至2007年12月31日，开始自动站运行以来，实行人工站与自动站双轨平行观测。

2007年10月，安装渚碧礁、永暑礁、美济礁3个无人海岛自动气象站。

天气预报　1957年7月，西沙气象台建立后一直对外开展预报服务工作。主要开展以地方服务为主的补充天气预报，预报内容有短期、中期预报。短期预报时效为24小时和48小时，中期预报主要制作每旬天气过程趋势预报。

利用各类预报方法制作预报。每天早晚2次经部队军用电话、电报向当地军队、工委、渔民提供天气预报，预报主要以短期预报为主，内容为天空状况、晴雨、降水级别、最高最低温度、风向风速及海洋预报。1975年1月，开始发布西沙群岛海域的海洋天气预报。20世纪70年代，主要通过收听(接收)省气象台播发的天气形势图结合843天气雷达图与701A雷达高空资料，制作天气预报；20世纪80年代，采用省气象台发的天气图表和天气雷达资料，用甚高频电话同海南行政区气象台会商天气；20世纪90年代，用9210气象卫星综合应用业务系统接收卫星云图；2000年起，使用计算机通过网络接收各种天气图表资料制作天气预报，通过采取电话、广播、手机短信等方式为群众提供气象信息服务。

气象信息网络建设 20世纪50—90年代,西沙气象台(站)都是用莫尔斯电台发送报文。1991年7月1日起,海口与西沙短波单边带和广州与西沙莫尔斯通信双轨运行。从1992年9月1日起,海口至西沙短波低速数据通信系统投入业务使用。1999年建成9210工程VSAT卫星通信站,数传(PES)及话传系统投入使用。2004年通过CDMA1X将本地网并入全省气象局域网,实现网上无纸办公。2008年8月20日,西沙2兆光纤调试完成并正式投入使用,极大地提高了网络传输的速率及质量,使报文、自动站资料、雷达资料等上传时效上了一个新的台阶,也提高了西沙台的行政办公效率。

2002年8月,西沙气象台开始组建的卫星通信,解决了干部职工基本通话问题和地面气象观测资料的传送问题。2003年4月,中国移动手机正式开通,解决了西沙群岛人员两地通信问题。2004年,西沙气象台与中国联通合作开通了以CDMA为桥梁的内部通讯网络,保证了公文、气象电报、自动站资料的及时传送。2005年下半年,西沙气象台开通直拨电话,方便干部职工工作及与家人联系。2005年8月,由西沙气象台自行设计的西沙气象信息网正式开通,西沙气象网域名为www. xsqx. gov. cn。2005年9月15日,正式颁发西沙气象网的备案证书,号码为:琼ICP备05004558号。2005年8月,《西沙气象》电子版创刊,宣传西沙气象人精神。

2. 气象服务

公众气象服务 1957年,西沙气象站建站之初通过手抄传单和口头传报向驻岛军民提供短期预报服务。2005年,西沙气象台开始通过快报专报、电话、手机短信等方式向西沙工委、驻军和渔民提供气象预报服务。

决策气象服务 1975年1月25日,7501号台风进入南海,27日袭击西沙群岛。台风中心最大风力10～11级、阵风12级以上。据统计,琼海、文昌两县往西沙附近近海区作业渔船受毁坏44艘、失踪2艘。受灾人口522人,死亡5人,受伤20人,失踪55人。损失金额约90.1万元。7501号台风于25日下午刚进入南海,海南行政区气象台预报其海面有5～6级东北风。26日早晨发布台风和强风警报。西沙气象台向当地有关单位领导汇报台风情况,强调做好防风工作。

2006年12月13日凌晨5时,0623号台风"尤特"袭击西沙群岛,中心最大风力14级,最大风速达45米/秒,台风中心以每小时20千米的速度从西沙群岛永兴岛附近经过,永兴岛最大风力14级,附近海域浪高7～8米,12级以上大风持续了10个小时。由于风力大,加上海岛缺乏抗风的自然屏障,台风造成的损失非常严重:避风的渔船沉没1艘,搁浅5艘;永兴岛、鸭公岛、赵述岛、北岛等小岛渔民搭建的简易房屋被掀翻140间;永兴岛办公楼、宿舍门窗损坏达40%;岛上椰子树等树木损坏达90%。西沙气象台对这次台风预报准确、服务到位,得到地方政府的表扬。

影响西沙群岛较严重的台风还有2007年9月30日—10月3日的台风"利奇玛"和2008年4月15—18日的台风"浣熊"。每一次台风的袭击,西沙气象台全体干部职工一方面坚守岗位、团结协作、精心准备,把服务材料和最新的台风位置报送工委和水警区决策层领导及渔民、各工程队;另一方面积极投入到抗风抢险工作中去,帮助群众撤离和抢险救灾,协助工委做好防灾减灾工作,从而最大限度的减少因台风影响造成的人民群众生命财产损失。

科普宣传与科研成果 西沙气象台干部职工积极利用每年"3·23"世界气象日、安全生产活动月和"12·4"法制宣传日等时间，向驻岛军民开展气象科普知识和气象法制宣传活动，受到岛上军民的普遍欢迎。

西沙气象台结合业务工作实际开展相关科研活动，主要科研成果有8项。其中：1996年5月，与国家气候中心共同完成"正印太交汇区海气相互作用及其对我国短期气候的影响"国家973项目研究一期；2002年5月，与国家气候中心共同完成"正印太交汇区海气相互作用及其对我国短期气候的影响"国家973项目研究二期；2008年5月，与国家气候中心共同完成"正印太交汇区海气相互作用及其对我国短期气候的影响"国家973项目研究三期；2006—2007年完成"市县互联网站后台服务系统"项目研究（赵学华、陈长丘、吴兰）。

西沙气象台发表在省级以上刊物的主要气象科技论文4篇。分别为：《西沙群岛的风能资源》发表于2006年《广东气象》，作者为吴佳妮、陈长丘、陈海莉、赵学华；《台风"浣熊"的雷达回波分析》发表于2009年《海南气象》，作者为周海霞、赵学华、罗辉；《连续性暴雨位涡和湿位涡诊断分析》发表于2009年《海南气象》，作者为罗辉、赵学华；《2008年8月西沙云变化特征》发表于2009年《海南气象》，作者为欧阳海霞、赵学华、唐海荣。

气象法规建设与管理

依法行政 自2000年《中华人民共和国气象法》实施以来，西沙气象台干部职工全力保护气象探测环境。2001—2008年，西沙气象台干部职工共制止3起因建房种树破坏观测场探测环境的行为。

政务公开 2005年起，实行"两公开，两监督"工作制度，每月定期对重大决策、重大项目、财务开支、目标考核以及干部职工关心的其他事项等，通过全台职工大会、张榜公示、OA无纸化办公网或QQ群公告等方式给予公开。2007年，气象台制定了《领导班子重大事项议事规则》，进一步规范了廉政和政务公开工作。

党建与气象文化建设

1. 党建工作

党的组织建设 西沙气象台（站）在建站之初就成立了党支部，有4名党员。1971年4月，成立中共广东省西沙群岛气象服务站党总支，有26名党员。1975年1月，党总支更名为中共广东省西南中沙群岛气象台党总支。1982年撤销中共广东省西南中沙群岛气象台党总支，同时成立中共广东省西南中沙群岛台党支部。1988年5月更名为中共海南省西南中沙群岛气象台党支部。截至2008年12月，中共海南省西南中沙群岛气象台党支部有党员7名。

赵学华被海南省气象局评为2005—2006年度优秀共产党员。

党风廉政建设 2003年以来，西沙气象台党支部注重加强领导干部和职工政治思想教育，通过开展制度上墙、廉政宣传用语评比、节日发送廉政手机短信、开设廉政屏保、廉政书画比赛等活动大力宣传气象廉政文化，使气象廉政文化宣传深入人心、喜闻乐见。台站坚决贯彻落实党风廉政建设责任制，把党风廉政工作抓紧抓好。2004年起，气象台领导每年与省气象局党组和西沙工委签订党风廉政工作责任书，再将党风廉政工作层层分解落实，气象台领导与中层领导干部签订责任书。

2. 气象文化建设

西沙气象台自1957年建立以来，气象人员以艰苦为荣，以清苦为乐，扎根海岛，建设海岛，保卫海岛。2000年，西沙气象台成立精神文明建设领导小组。2004年，以双文明建设为契机制定台站改造计划，并完成《西沙气象台整体规划图》设计。2005年7月，启动基础设施改造计划。2007年6月，西沙新一代天气雷达楼及综合办公楼竣工投入使用。2004—2008年，先后制定和制订了《岗位考核办法》、《两公开、两监督工作制度》等30多个规章制度。2008年综合办公楼使用后，先后设立了气象人愿景词、政务公开栏、学习园地，图书室藏书近3000册，建设了体育健身室、篮球场、露天健身场等。西沙气象台经常组织干部职工参加形式多样的文体活动，丰富干部职工的业余生活。

1996年以来，西沙气象台气象文化建设工作硕果累累。1996—1997年，被中共西沙工作委员会评为年度先进单位；1999年，被海南省气象局评为“1994—1998年度全省气象部门双文明建设先进单位”。2000年，被海南省气象局评为“1998—1999年度全省气象部门双文明建设先进单位”。1999年、2000年、2001年、2003年分别被中共西沙工作委员会评为“双拥工作进步单位”。2000年、2002年、2003年、2006年、2007年分别被中共西沙工作委员会评为年度文明单位。2000年、2003年、2007年分别被西沙工作委员会评为“精神文明先进单位”。

国防教育 西南中沙群岛地处祖国海防线上。西沙气象台（站）自建站以来，永兴岛、珊瑚岛的工作人员每年都参加国防教育培训和民兵训练。岛上工作人员配备武器弹药，直到1981年5月西沙气象台才解除配备武器弹药。1986年8月，珊瑚岛气象站解除配备。1974年，西沙自卫反击战以前，永兴岛等岛屿实行全民皆兵制度，西沙气象台工作人员除了做好本职工作外，还参加岛上统一组织的军事演习、训练，建筑工事和站岗放哨，特别是承担保卫祖国领土，监视敌机侵犯领空的任务，及时向上级有关部门报告敌情，在对敌斗争中做出了应有的贡献。

3. 荣誉

1957年建站以来，西沙气象台（站）获得县处级以上表彰的集体荣誉有20次。其中：1964年，被广东省人民委员会评为全省气象部门先进单位。1978年，被中央气象局评为全国“学大庆、学大寨”先进单位。1982年，被国家气象局评为“祖国南海风云哨兵”称号。1996年、1997年连续两年被中共海南西南中沙群岛工作委员会评为先进集体。2001年，被评为“双拥先进单位”。2003年，永兴高空站被评为“业务优质气象观测站”。

1957—2008年，西沙气象台（站）个人获得综合表彰和各类业务奖励67人次。1985年6月，廖彩坚同志在“为边陲优秀儿女挂奖章”活动中，获银质奖章。

台站建设

西沙气象台(站)建设经历了3个重要的转折点和机遇期。一是建站期。1957年建站初期,永兴站只有4幢面积为348平方米的杉木板房,共16间,其中工作室6间约120平方米,宿舍6间约120平方米,仓库1间约20平方米,制氢房约48平方米,办公设施极度简陋。珊瑚站建站时有4幢钢筋水泥平房共18间,建筑面积为593平方米。二是雷达业务建设期。1972年9月843雷达站开始建设,站址位于部队码头东侧约100米处,距永兴站约有1000多米,占地面积为11422平方米,有工作房、油机房以及职工宿舍5间。1987年5月建设1幢三层714雷达楼,台站建筑面积进一步扩大,极大改善了职工工作、生活住房条件。三是新一代天气雷达建设期。2005年7月,在中国气象局、海南省委、省政府和省气象局的大力支持下,总投入3388万元,占地面积为9621平方米的西沙新一代天气雷达综合建设工程启动,2008年12月工程建成并投入使用。借助新一代天气雷达楼工程建设,建设了1幢气象综合办公楼、2幢职工宿舍楼(共35个套间)、大院围墙、篮球场等,硬化了庭院道路,同时改造了台站供电和蓄水供水系统,大院内种了椰子树和铺植了绿化草皮,站容站貌焕然一新。

2003—2008年,在海南省气象局的支持下,西沙气象台陆续购置计算机等办公设备,配备了3部汽车;用上了2兆光纤宽带网,加快推进新一代气象业务建设进程,干部职工的工作、生活条件发生了翻天覆地变化,大大加快了西沙气象业务现代化的步伐。

2003年8月建成的西沙气象台永兴地面观测场

2008年12月建成投入使用的西沙气象台办公楼

附　录

海南省基层气象台站史志编纂工作领导小组办公室

主　任：万才能（兼）
成　员：陈　明　林　熙　王　峰　吴　慧
　　　　陈　海　王　芳

《海南省基层气象台站简史》编写人员：
（按姓氏笔画为序）

王　芳　王明全　卢国仁　刘所波
刘银叶　吕林贵　孙　佳　朱木连
邢　俊　邢增闻　吴林训　吴雨生
吴登文　李树广　杜　关　陈廷文
陈成松　陈统强　陈　海　林觉雄
姚家钊　梁才治　符兴唐　黄明祖
黄　勇　黄耀武　戴丽琼

《海南省基层气象台站简史》审稿人员
（按姓氏笔画为序）

万才能　王　峰　李树广　陈　明　陈　海
吴　慧　何海龙　林　熙　赵懋忠

后 记

2009年5月18日，海南省气象局启动《海南省基层气象台站简史》编纂工作，下发《关于〈海南省气象部门基层台站史志编纂工作实施方案〉的通知》（琼气办发〔2009〕10号），确定了海南省基层气象台站史志编纂委员会及其办公室人选。编纂委员会办公室（简称编委办，下同）设在海南省气象局机关党委，具体负责此项工作。6月2日，编纂委员会会议按照中国气象局《关于印发〈基层台站史志编纂工作实施方案〉的通知》（气函〔2009〕81号）的部署和要求，分解任务，明确具体分工，全面开展海南省基层气象台站简史编纂工作。各市、县气象台站的简史文稿由各单位负责起草。各市、县气象台站对此项工作倾注了巨大热情，在人力、财力上给予大力支持，确保了编纂工作顺利进行。

2009年6月11日，海南省气象局举办全省基层气象台站史志编纂培训班。编委办主任万才能传达中国气象局和海南省气象局的《基层台站史志编纂工作实施方案》，布置《海南省基层气象台站简史》编写要求和完成时间表；特邀海南省地方志办公室陈家传讲授了《史志知识及编纂注意事项》。6月下旬，编委办主任万才能向各单位编纂人员传达长沙全国气象部门基层气象台站史编纂工作培训班精神。起初，《海南省基层气象台站简史》的编写提纲参照了中国气象局下发的参考提纲。编委办在各气象台站完成的第一稿简史中，确定定安、琼海、海口3个气象台站的史稿作为样本，并邀请海南省史志办陈家传审稿，提出第二份编写提纲。由于各气象台站工作繁杂，史料缺乏，以事叙史难以成章并显得杂乱，编委办允许气象台站按自身史料情况，从两个提纲中选择一个进行编写。

2009年9月3—4日，编委办主任万才能参加上海全国气象部门基层台站史志编纂工作研讨会议，将定安县气象局简史和琼海市气象局简史提交大会交流，同时邀请气象出版社白凌燕编辑提出修改意见。9月17日，编委办在海口召开海南省基层气象台站简史编纂工作研讨会，海南省气象局副局长徐友光进一步明确了各单位简史编纂工作进度和要求。

2009年9月中旬，全省基层气象台站简史陆续报送编委办。9月24—27日，编委办在琼海市进行第一次审稿，琼海、五指山、陵水、儋州等市县气象局的领导亲自到场参与改稿。10月初，编委办邀请蔡宏星、郑有平、符之趁、黄居添、王超琪等老干部对全省各市、县气象台站上报的简史文稿征求意见，老干部们提出了许多修改意见。据此，编委办于10月中下旬进行修改和第二次审稿。陵水九所岭气象雷达站当时是海南行政区第一个气象雷达站，因该站直接由广东省气象局管理，故海南省无该站任何档案可查。编委办向曾在该站工作的人员了解情况，广泛征集信息和照片，李树广、朱木连同志提供了书面材料。经过多方努力，陵水九所岭气象雷达站简史如期编写完成。11 月，编委办进行第三次审稿。12 月，编委办特邀赵懋忠同志对《海南省基层气象台站简史》文稿进行最后校正。

《海南省基层气象台站简史》一书从收集史料、整理资料到起草、编写、修改文稿、定稿等过程，历时半年，期间得到有关部门和单位的领导同志以及许多老领导、老专家、老同志的热情支持和大力帮助，特别是得到广东省气象局蔡周凤、陈志元、薛鸿宽、叶林、梁汉标、严嘉汉、江良梧等老领导、老同志的大力支持和帮助。在此，海南省基层气象台站史志编纂委员会表示衷心的感谢！

本书虽经过多次会审修改，但因年限跨度大、史料缺乏，尤其是气象台站始建档案记载不全，简史内容涉及面广，加之编写人员经验不足、水平有限，编写时间过于仓促，错漏之处在所难免，恳请读者批评、指正、谅解。

海南省基层气象台站史志编纂委员会

2009 年 12 月